स्मार्ट कृषि

नीपा जेनक्स इलेक्ट्रॉनिक संसाधन और समाधान प्राइवेट लिमिटेड
नई दिल्ली–110034

स्मार्ट कृषिः भविष्य की कृषि

वाई. एस. शिवे
रणबीर सिंह
टीकम सिंह

nipa®
नीपा जेनक्स इलेक्ट्रॉनिक संसाधन और समाधान प्राइवेट लिमिटेड
नई दिल्ली–110034

**नीपा जेनक्स इलेक्ट्रॉनिक संसाधन
और समाधान प्राइवेट लिमिटेड**

101, 103, विकास सूर्या प्लाजा, सी॰यू॰ ब्लॉक
एल.एस.सी. मार्किट, पीतम पुरा, नई दिल्ली–110034

दूरभाशः +91 11 2734 17 17
फैक्सः +91 11 2734 16 16
ईमेलः info@nipabooks.com
वेबः www.nipabooks.com

ग्राहक सुविधा के लिए सर्म्पक करें
दूरभाशः +91 11 2734 17 17
फैक्सः +91 11 2734 16 16
ईमेलः feedbacks@nipabooks.com

ISBN: 978-81-19072-14-9

लेखकों का परिचय

डॉ. वाई. एस. शिवे: भा.कृ.अनु.प. – भारतीय कृषि अनुसंधान संस्थान के सस्यविज्ञान संभाग में प्रधान वैज्ञानिक पद पर सेवारत हैं। आपने चन्द्रशेखर आजाद कृषि एवं प्रौद्योगिकी विश्वविद्यालय, कानपुर से स्नातन एवं स्नातकोत्तर तथा गोविन्द बल्लभ पंत कृषि एवं प्रौद्योगिकी विश्वविद्यालय से पीएचडी की उपाधियाँ सस्यविज्ञान में प्राप्त की है। डॉ. शिवे ने झेजियांग कृषि विश्वविद्यालय, हांग्जो (चीन) में पोस्ट–डॉक्टरेट अनुसंधान (1998–99) भी किया, और नॉर्वे के कृषि विश्वविद्यालय में विजिटिंग साइंटिस्ट (2003–4), नॉर्वेजियन यूनिवर्सिटी ऑफ लाईफ साईसिंस में विजिटिंग स्पेशलिस्ट (2008) थे। उन्होंने एनएआरसी, काठमांडू, नेपाल (2004) में सूक्ष्म पोषक तत्वों पर अंतर्राष्ट्रीय कार्यशाला, 24–28 मई 2007 के दौरान इस्तांबुल, तुर्की में आयोजित जिंक फसल 2007 अंतर्राष्ट्रीय सम्मेलन और सिंध कृषि विश्वविद्यालय, तंडोजाम में आयोजित कृषि, खाद्य और पशु विज्ञान पर अंतर्राष्ट्रीय सम्मेलन में 12–14 मई 2008 के दौरान पाकिस्तान में भी भाग लिया। 23–24 नवंबर, 2010 फसल संरक्षण कृषि संगोष्ठी में अराक, ईरान भी भाग लिया। 11–12 अगस्त 2014 के दौरान श्रीलंका में श्रीलंका की कृषि अनुसंधान नीति परिषद अंतर्राष्ट्रीय कृषि अनुसंधान संगोष्ठी में भाग लिया है, लंका फाउंडेशन, कोलंबो, श्रीलंका। चौथा अंतर्राष्ट्रीय जिंक संगोष्ठी: फसल उत्पादन और मानव स्वास्थ्य में सुधार 15–17 अक्टूबर, 2015 से साओ पाउलो, ब्राजील में आयोजित किया गया है और 5 वीं अंतर्राष्ट्रीय जस्ता संगोष्ठी: केयू में आयोजित किया गया फसल उत्पादन और मानव स्वास्थ्य में सुधार, लेउवेन, बेल्जियम सितंबर 05–07, 2018 तक सहभागिता की। डॉ. वाई. एस. शिवे ने भारतीय कृषि अनुसंधान संस्थान, नई दिल्ली में वैज्ञानिक (1991–2000), वरिष्ठ वैज्ञानिक (2000–2008) और प्रधान वैज्ञानिक (2008–अब तक) और प्रोफेसर (17 नवंबर 2015 से 17 नवंबर 2018) के रूप में भी कार्य किया। डॉ. शिवे ने भारत में 12 विशेष प्रशिक्षण कार्यक्रमों में भाग लिया है और चीन और नॉर्वे में क्रमशः फसल पोषण और पारिस्थितिक कृषि पर एक–एक कार्यक्रम में भाग लिया है। डॉ. शिवे पिछले 31 वर्षों से स्नाकोत्तर स्तर के छात्रों को पढ़ाने तथा अनुसंधान का कार्य कर रहे हैं। अभी तक आपके प्रतिष्ठित अंतर्राष्ट्रीय और राष्ट्रीय पत्रिकाओं में लगभग 295 शोध पत्र, 10 पुस्तकें, 80 समीक्षा पत्र, 138 लोकप्रिय आलेख तथा 29 पुस्तक अध्याय प्रकाशित हुए हैं। आपने वर्ष 2022 तक 13 पीएचडी और 8 एमएससी छात्रों का मार्गदर्शन भी किया है। आपने विभिन्न फसल प्रणालियों में पोषण प्रबंधन, खाद्यान्न फसलों का जैव संवर्द्धन, जैविक धान–गेहूँ उत्पादन तकनीकी उत्पादन के अनुसंधान में महत्वपूर्ण योगदान दिया हैं। डॉ. शिवे को यूपी बोर्ड की राष्ट्रीय प्रतिभा छात्रवृत्ति (1983–86), चीनी सरकार की छात्रवृत्ति (1998–99) और नॉर्वेजियन सरकार की छात्रवृत्ति (2003–04), एनएएएस एसोसिएट फेलो (2007), राष्ट्रीय कृषि विज्ञान अकादमी (एनएएएस) फेलोशिप (2017), इंडियन सोसाइटी ऑफ एग्रोनॉमी (2009) के फेलो, कृषि में नवाचार विकास के लिए सोसायटी से प्रतिष्ठित वैज्ञानिक पुरस्कार 2009, आईसीएआर–भारतीय

कृषि अनुसंधान संस्थान सर्वश्रेष्ठ शिक्षक पुरस्कार 2009, सर्वश्रेष्ठ हिंदी लेख 2010 के लिए आईसीएआर–आईएआरआई प्रथम पुरस्कार, एफएआई उत्कृष्टता 2012 का स्वर्ण जयंती पुरस्कार, एफएआई श्रीराम पुरस्कार 2012, 2015 और 2017, सर्वश्रेष्ठ हिंदी लेख 2012 के लिए आईसीएआर–आईएआरआई प्रथम पुरस्कार, एसएपी स्वर्ण पदक–2015, आईजेडए–एफएआई पुरस्कार 2016, द फाल्वे पुरस्कार 2016, भारत रत्न डॉ.सी. सुब्रमण्यम आईसीएआर के उत्कृष्ट शिक्षक 2018 के लिए पुरस्कार, कृषि में नवीन विकास सोसायटी, इंडियन सोसाइटी ऑफ प्लांट फिजियोलॉजी, फेलोशिप (2020) से उत्कृष्ट उपलब्धि प्राप्त। डॉ. शिवे बाईस प्रोफेशनल सोसायटी के आजीवन सदस्य भी हैं। आयोजन सचिव के रूप में 22–26 नवंबर 2016 को चौथी अंतर्राष्ट्रीय सस्य विज्ञान कांग्रेस का आयोजन किया गया जिसमें 22 देशों के 1,000 प्रतिभागियों ने भाग लिया। आयोजन सचिव के रूप में 24–26 अक्टूबर 2018 को इंडियन सोसाइटी ऑफ एग्रोनॉमी के द्विवार्षिक राष्ट्रीय संगोष्ठी का आयोजन किया गया जिसमें देश भर से 500 प्रतिभागियों ने भाग लिया। डॉ. शिवे ने द्विवार्षिक 1995–96 के दौरान कोषाध्यक्ष के रूप में इंडियन सोसाइटी ऑफ एग्रोनॉमी और 2015–16 और 2017–18 के द्विवार्षिक के दौरान सचिव के रूप में कार्य किया। डॉ. शिवे ने 21 पीजी छात्रों, जिनमें 4 एमएससी के लिए मार्गदर्शन किया है। (आईएआरआई), 4 एमएससी के लिए (अनास्तु, अफगानिस्तान) और 13 पीएचडी और वर्तमान में 5 पीएचडी स्कॉलर उनका मार्गदर्शन में काम कर रहे हैं। डॉ. वाईएस शिवे के निर्देशित 3 पीएचडी छात्रों ने आईएआरआई योग्यता पदक प्राप्त किए, तीन ने इंडियन सोसाइटी ऑफ एग्रोनॉमी सर्वश्रेष्ठ थीसिस पुरस्कार 2010, 2014 और 2015 प्राप्त किया और एक अन्य को एफएआई गोल्डन जुबली सर्वश्रेष्ठ थीसिस पुरस्कार 2014 मिला। डॉ. वाईएस शिवे मृदा उर्वरता, फसल पोषण, धान–गेहूँ फसल चक्र और पारिस्थितिक/जैविक कृषि अनुसंधान के क्षेत्रों में विशिष्ट उपलब्धि प्राप्त हैं।

डॉ. रणबीर सिंह, सहायक मुख्य तकनीकी अधिकारी, सस्यविज्ञान संभाग, भा.कृ.अनु.प.–भारतीय कृषि अनुसंधान संस्थान, नई दिल्ली में कार्यरत हैं। आपने एम.एस.सी. (कृषि) एवं नेट (सस्यविज्ञान), एम.ए. अर्थशास्त्र की उपाधियों के अतिरिक्त कोलम्बिया स्पेसपिक वरचूवल यूनिवर्सिटी, मथुरा से कृषि में मानद डिग्री ऑफ डॉक्टेरेट प्राप्त है। सिंह ने 134 से अधिक वैज्ञानिक व लोकप्रिय कृषि लेख लिखे हैं तथा 20 पुस्तकों तथा 14 प्रपत्रों का आलेखन भी किया है। आपने अनेक सेमिनारों/कार्यशाला/गोष्ठी में राष्ट्रीय एवं अन्तर्राष्ट्रीय स्तर पर भाग लिया है तथा दो कृषि समितियों के आजीवन सदस्य भी हैं। आपको कृषि लेखन कार्य के लिए पूसा संस्थान के अलावा उनकी पुस्तक "भारतीय कृषिः चुनौतियाँ एवं अवसर" के लेखन कार्य हेतु गृह मंत्रालय के "राजभाषा गौरव पुरस्कार" 2015 में महामहिम राष्ट्रपति जी के द्वारा पुरस्कृत व सम्मानित किया जा चुका है। श्री सिंह को सामाजिक विज्ञान एवं प्राकृतिक संसाधन प्रबंधन व कृषि अभियांत्रिकी विषय पर पुस्तक लेखन हेतु भारतीय कृषि अनुसंधान परिषद द्वारा "डॉ. राजेन्द्र प्रसाद पुरस्कार" 2016, 2019 एवं 2020 वर्षों में तीन बार यह पुरस्कार प्राप्त हो चुके हैं। आपको उक्त पुरस्कारों के अतिरिक्त भा.कृ.अ.सं. नई दिल्ली द्वारा पुस्तक लेखन हेतु "डॉ. रामनाथ सिंह" पुरस्कार द्विवार्षिक वित्तीय वर्ष 2017 व 2019 तथा राष्ट्रीय जलविज्ञान संस्थान, रूडकी से जल चेतना हेतु मौलिक पुस्तक लेखन के लिए

प्रथम पुरस्कार 2018 भी प्राप्त हुआ है। सम्प्रति आप भा.कृ.अ.प. – भा.कृ.अ.सं. नई दिल्ली स्थित सस्यविज्ञान संभाग के जैव पदार्थ उपयोग इकाई में विभिन्न फसल अवशेषों से जैविक खादों एवं वर्मी कम्पोस्ट को तैयार करने तथा उनके दक्षतापूर्ण प्रबंधन पर कार्य कर रहे हैं।

डॉ. टीकम सिंहः भा.कृ.अनु.प.–भारतीय कृषि अनुसंधान संस्थान के सस्य विज्ञान संभाग में प्रधान वैज्ञानिक के पद पर कार्यरत हैं। आपने राजस्थान कृषि विश्वविधालय के राजस्थान कृषि महाविद्यालय, उदयपुर से स्नातक एवं भा.कृ.अनु.प. –भारतीय कृषि अनुसंधान संस्थान से स्नातकोत्तर तथा पीएचडी की उपाधियाँ सस्य विज्ञान में प्राप्त की हैं। आपने वर्ष 2005 से 2012 तक महाराणा प्रताप कृषि और प्रौद्योगिकी विश्वविद्यालय, उदयपुर में सहायक प्रोफेसर के रूप में सेवा की तथा कृषि विस्तार और प्रौद्योगिकी के हस्तांतरण के क्षेत्र में काम किया। इसके बाद आपने सन् 2012 से 2017 तक भाकृअनुप–रा.च.अनु.सं.–क्षेत्रीय वर्षाश्रित निचली भूमि चावल अनुसंधान स्टेशन, गेरुआ, असम में वरिष्ठ वैज्ञानिक के रूप में काम किया, जहाँ आपने चावल आधारित फसल प्रणालियों में पोषक तत्वों, फसल अवशेषों और खरपतवार प्रबंधन पर अधिकांश काम किया। आप सन् 2017 से भारतीय कृषि अनुसंधान संस्थान के सस्य विज्ञान संभाग में स्नातकोत्तर स्तर के छात्रों के शिक्षण और अनुसंधान खासकर भारत के अर्ध–शुष्क क्षेत्रों के लिए वर्षा आधारित प्रौद्योगिकियों के विकास में योगदान कर रहे हैं। आपने सन् 2022 तक 2 स्नातकोत्तर छात्रों का मार्गदर्शन किया है। वर्तमान में आपके मार्गदर्शन में 2 स्नातकोत्तर छात्र अनुसंधान कर रहे हैं। डॉ. सिंह ने प्रतिष्ठित अंतर्राष्ट्रीय पत्रिकाओं में 17 से अधिक शोध पत्र, राष्ट्रीय पत्रिकाओं में 30, 2 पुस्तकें, 3 प्रशिक्षण और व्यावहारिक नियमावली और 28 से अधिक पुस्तक अध्याय प्रकाशित किए है। आपने सन् 2012 में महाराणा प्रताप कृषि और प्रौद्योगिकी विश्वविद्यालय, उदयपुर के सर्वश्रेष्ठ कार्यकर्ता पुरस्कार और 2016 के लिए इंडियन सोसाइटी ऑफ एग्रोनॉमी एसोसिएटशिप अवार्ड को प्राप्त किया है। आपको भाकृअनुप–भारतीय कृषि अनुसंधान संस्थान के सर्वश्रेष्ठ हिंदी लेख 2020 के लिए प्रथम पुरुस्कार दिया गया है। आपको प्रतिष्ठित भारतीय सस्य विज्ञान सोसाइटी के कोषाध्यक्ष पद के लिए 2 वर्ष 2022 एवं 2023 के लिए चुना गया है। भारतीय कृषि अनुसंधान परिषद् की 'सटीक कृषि पर नेटवर्क प्रोजेक्ट' के ऊपर एक बहुत ही महत्वकांक्षी परियोजना में डॉ टीकम सिंह सह–प्रमुख अन्वेषक के रूप में भी कार्य कर रहे हैं जिसमें भारतीय कृषि अनुसंधान संस्थान के साथ अन्य 15 भारतीय कृषि अनुसंधान परिषद् के संस्थान आने वाले 5 साल में भारत के छोटे एवं सीमांत किसानों के लिए सटीक एवं स्मार्ट कृषि के नये मॉडल तैयार किये जा रहे हैं। डॉ टीकम सिंह मृदा उर्वरता, फसल अवषेश प्रबंधन, खरपतवार नियंत्रण तथा वर्षाश्रित प्रौद्योगिकियों में विशिष्टता है।

डॉ. हिमांशु पाठक
DR. HIMANSHU PATHAK
सचिव (डेयर) एवं महानिदेशक (आईसीएआर)
Secretary (DARE) &
Director General (ICAR)

भारत सरकार
कृषि अनुसंधान और शिक्षा विभाग एवं
भारतीय कृषि अनुसंधान परिषद
कृषि एवं किसान कल्याण मंत्रालय, कृषि भवन, नई दिल्ली–110 001

GOVERNMENT OF INDIA
DEPARTMENT OF AGRICULTURAL RESEARCH AND EDUCATION (DARE)
AND
INDIAN COUNCIL OF AGRICULTURAL RESEARCH (ICAR)
MINISTRY OF AGRICULTURE AND FARMERS WELFARE
Krishi Bhavan, New Delhi 110 001
Tel: 23382629 / 23386711 Fax: 91-11-23384773
E-mail: dg.icar@nic.in

आमुख

कृषि क्षेत्र ने भारतीय के सामाजिक–आर्थिक विकास में समावेशी एवं स्थायी ढंग से सर्वाधिक उल्लेखनीय योगदान दिया है। भारतीय अर्थव्यवस्था में, एक क्षेत्र के रूप में, स्वतंत्रता प्राप्ति के समय से ही खेती का योगदान प्रमुख एवं महत्वपूर्ण है। हरित क्रांति के बाद हमने कृषि में इतिहास रचा है। अब नए तौर तरीकों से एक और इतिहास सृजन के मार्ग पर हम आगे बढ़ रहे हैं। भारत में अब कृषि नई दिशा दे रही है। बदलते समय के साथ तकनीक का प्रवेश इस क्षेत्र में भी हो रहा है और ऐसे किसानों की संख्या निरन्तर बढ़ रही है जो तकनीक के प्रयोग से खेती–किसानी को समृद्ध कर रहे हैं। इसका पूरा श्रेय देश के किसानों और वैज्ञानिकों को जाता है क्योंकि वैज्ञानिकों ने जो आधुनिक तकनीकी की खोज की, उन तकनीकों का समावेश अपने खेतों में किसानों के द्वारा किया गया और आज उसका परिणाम है कि हमारा देश अनाज उत्पादन के क्षेत्र में आत्मनिर्भर है। इसके अतिरिक्त सटीक खेती, फसल प्रबंधन और एग्रीटेक जैसी उभरती हुई खेती प्रौद्योगिकियों के माध्यम से स्मार्ट खेती को बढ़ावा भी दिया जा रहा है। भारत में मानव श्रम आश्रित खेती में मशीनीकृत फसल उत्पादन का चयन तीव्र गति से बढ़ा है। अब भारतीय किसान स्मार्ट फोन, आईटी, रोबोटिक्स, ड्रोन, मशीन लर्निंग इत्यादि तकनीकियों का प्रयोग करने में रुचि दिखा रहे हैं। स्मार्ट कृषि आज समय की आवश्यकता है। प्रौद्योगिकी उत्कर्ष के वर्तमान समय में आधुनिक प्रौद्योगिकी के व्यापक अनुप्रयोग से कृषि को उन्नत व स्मार्ट बनाया जा सकता है। जो लोग कृषि में तकनीकी सुधार एवं भागीदारी की खोज में है, उनके लिए स्मार्ट खेती का बहुत ही अच्छा अवसर हो सकता है। मैं डॉ. यशबीर सिंह शिवे एवं उनकी समस्त दल (टीम) के सदस्यों को बड़े संकलन में उनके प्रयासों के लिए बधाई देता हूँ। इस प्रकाशन में उपयोगी जानकारी की गुणवत्ता होने के कारण मुझे आशा ही नही पूर्ण विश्वास है कि प्रस्तुत पुस्तक छात्रों, शिक्षकों, वैज्ञानिकों और शिक्षण, अनुसंधान एवं प्रसार कार्यताओं के लिए भी उपयोगी होगी।

दिल्ली

(डॉ. हिमांशु पाठक)

प्रस्तावना

भारतीय कृषि, आजीविका, खाद्य, पोषण और पर्यावरण सुरक्षा में सुनिश्चिता और देश में लगभग 52 प्रतिशत श्रमिकों को रोजगार प्रदान करती है। भारतीय सकल घरेलू उत्पाद में सिर्फ 15–16 प्रतिशत के योगदान के बावजूद, आज भी कृषि और इससे जुड़े व्यवसाय, देश की अर्थव्यवस्था तथा 70 प्रतिशत जनसंख्या की आजीविका के आधार हैं। वर्तमान में किसानों, वैज्ञानिकों एवं नीति निर्माताओं के संगठित प्रयासों से भारतीय कृषि को ऊँचाई मिली है। देश–दुनिया में कृषि भूमि का आकार लगातार कम हो रहा है। सम्पूर्ण विश्व जीवित रहने के लिए कृषि पर निर्भर है। दुनिया की जनसंख्या में वृद्धि और लोगों को खाद्य सुरक्षा प्रदान करने की आवश्यकता को देखते हुए कृषि उत्पादन की मांग में वृद्धि हुई है। अब दुनिया के सामने अपने खाद्य उत्पादन को बनाए रखने या बढ़ाने और भोजन को सुरक्षित बनाने के लिए उत्पादकता में वृद्धि सबसे बड़ी चुनौती है। स्मार्ट खेती बेहतर कृषि प्रौद्योगिकियों की शुरुआत के साथ एक उज्जवल भविष्य की संभावना है, जिसका उद्देश्य कम लागत, खेती में बेहतर दक्षता और गुणवत्ता और उच्च उत्पादों का उपयोग करना है। भारत की बढ़ती जनसंख्या को खाद्यान्न उपलब्ध कराने में स्मार्ट खेती की भूमिका धीरे–धीरे बढ़ रही है। स्मार्ट खेती के अनुसंधान का उद्देश्य सम्पूर्ण कृषि प्रबंधन के लिए एक अच्छी पद्धति को परिभाषित करता है, जो संसाधनों के संरक्षण और सीमित लागत पर अधिकतम उपज और आय प्राप्त करने में सहायक है। स्मार्ट खेती ग्लोबल पोजिशनिंग प्रणाली और वैश्विक नेविगेशन उपग्रह प्रणाली के अनुप्रयोगों से सटीक खेती की प्रक्रियाओं में किसान को सक्षम बना रही है। स्मार्ट खेती में रियल–टाइम सेंसर का प्रयोग होता है, जो पत्तियों के क्लोरोफिल स्तर से जल की स्थिति को मापने के लिए बहु–विक्रमीय प्रतिबिम्ब के साथ विभिन्न पदार्थों का मापन करता है। इस आंकड़ों का उपयोग बीजों, स्प्रेयर, जल, उर्वरक, कीटनाशियों की मात्रा को बेहतर ढंग से खेत में वितरित करने के लिए किया जाता है। स्मार्ट खेती हेतु आज ऐसे मोबाइल अनुप्रयोग उपलब्ध है जो नवीनतम कृषि जानकारी जैसे कीटों और बीमारियों की पहचान, मौसम के बारे में रियल–टाइम आंकड़े, तूफानों की पूर्व चेतावनी, स्थानीय बाजार, सर्वोत्तम मूल्य, बीज, उर्वरक आदि की जानकारी किसानों को उनके द्वार तक देते हैं।

लेखक गण

अनुक्रमणिका

लेखकों का परिचय .... *v*

आमुख .... *ix*

प्रस्तावना .... *xi*

1. स्मार्ट कृषि का सिंहावलोकन 1
   - स्मार्ट कृषि एवं खेती का अर्थ 2
   - स्मार्ट खेती के मुख्य सिद्धांत 3
   - स्मार्ट खेती का उद्‌देश्य 3
   - स्मार्ट कृषि के तकनीकी अवयव 4
   - स्मार्ट कृषि हेतु उन्नत स्मार्ट तकनीकियां 4
   - स्मार्ट खेती का उपयोग 6
   - स्मार्ट खेती तकनीकियों का कृषि के महत्वपूर्ण में उपयोग 6
   - स्मार्ट कृषि में उपयोग की जाने वाली प्रौद्योगिकियां 7
   - स्मार्ट खेती का उपयोग करके फार्म पर कुछ प्रक्रियाएं 7
   - भारत में स्मार्ट खेती हेतु कार्यरत कुछ महत्वपूर्ण एग्री स्टार्टअप 8
   - स्मार्ट खेतीः कृषि का भविष्य 9
   - स्मार्ट खेती की संभावनाएं 10
   - स्मार्ट खेती का महत्व 10
   - स्मार्ट खेती से होने वाले कुछ लाभ 10
   - स्मार्ट कृषि के रोचक तथ्य 12
   - स्मार्ट खेती के लिए प्रभावी नीति निर्माण 12
   - कृषि के स्मार्ट परिवर्तन चरण 13
   - भारत में स्मार्ट खेती के लिए चुनौतियां 14
   - आगे का भविष्य 14
   - सरकारी पहल 15
   - स्मार्ट कृषि में सात–ई का विशेष महत्व 16

2. भारतीय कृषि के समक्ष चुनौतियां एवं अवसर 17
   - चुनौतियाँ एवं अवसर 18
   - कृषि क्षेत्र की भावी चुनौतियां एवं निवारण 19
   - कृषि में रोजगार के अवसर 20
   - कृषि विकास के उपाय 20

3. जलवायु स्मार्ट कृषि 23
- जलवायु–स्मार्ट कृषि तकनीकियां 24
- जलवायु–स्मार्ट कृषि (CSA) 24
- भविष्य का मार्ग 25
- खाद्य सुरक्षा के लिए भविष्य की योजना क्लाईमेट स्मार्ट खेती 25
- जलवायु स्मार्ट (आर्कषक) कृषि की गतिविधियां 26
- जलवायु स्मार्ट कृषि की तकनीकियां 26
- जलवायु स्मार्ट खेती हेतु महत्वपूर्ण अनुशंसाएं 28
- जलवायु परिवर्तन के अनुकूल भारतीय कृषि में प्रौद्योगिकियाँ 29
- लवणीय एवं क्षारीय भूमियों के लिये विकसित उन्नत प्रजातियां 31
- फसल विविधीकरण की आवश्यकता 32
- फसल विविधीकरण के लाभ संक्षेप में 33
- फसल विविधीकरण को प्रभावित करने वाले कारक 33
- मौसम पूर्वानुमान का महत्व 37
- मौसम पूर्वानुमान के प्रकार 37
- सारांश 38

4. स्मार्ट कृषि के लिए उन्नत कार्य प्रणालियां 39
- उच्च संसाधन उपयोग दक्षता के लिए उपयुक्त कार्य प्रणालियां 41

5. स्मार्ट कृषि हेतु समेकित कृषि प्रणाली 49
- परिचय और पृष्ठभूमि 49
- कृषि प्रणालियों की अवधारणा 52
- कृषि प्रणाली पर केंद्रित है 52
- कृषि प्रणाली का संचालक किसान या कृषक परिवार है 53
- एकीकृत कृषि प्रणाली 53
- एकीकृत कृषि का सिद्धांत 54
- समेकित कृषि प्रणाली के लाभ 54
- खाद्य, पोषण सुरक्षा और किसानों की आय दोगुनी करने के लिए आईएफएस 57
- सिंचित कृषि–पारिस्थितिकी तंत्र के लिए एकीकृत कृषि प्रणाली मॉडल 57
- एक हेक्टेयर वाले सीमांत और छोटे किसानों के लिए IARI नई दिल्ली में IFS मॉडल 58
- किसानों की आय दोगुनी करने के लिए आईएफएस 59
- जैव विविधता संरक्षण और पारिस्थितिकी तंत्र सेवाओं के लिए आईएफएस 60
- समेकित कृषि प्रणाली में संसाधन पुनर्चक्रण 61
- निष्कर्ष 62

6. स्मार्ट कृषि हेतु हाइटेक खेती 63
खड़ी खेती के लाभ 65
खड़ी खेती के सिद्धांत 66
हाइड्रोपोनिक्स विधि की विशेषताएं 68
बिना मृदा के पौधों को कैसे उगाएं 68
हाइड्रोपोनिक्स के लाभ 69
भारत में हाइड्रोपोनिक्स खेती का भविष्य 69
एरोपॉनिक तकनीक से आलू का बीज उत्पादन 70
एरोपॉनिक सिस्टम की रचना 71
एरोपॉनिक के लाभ 72

7. स्मार्ट खेती में इंटरनेट आधारित तकनीकियां (इंटरनेट ऑफ थिंग्स) 75
स्मार्ट कृषि में IoT के शीर्ष अनुप्रयोग 77
कृषि के लिए क्लाउड मॉनिटरिंग IoT सेवाएं 79
कृषि में फसल प्रबंधन हेतु आईओटी 80
ड्रोन का कृषि में अनुप्रयोग 83
स्मार्ट ग्रीनहाउस के लाभ 86
कृषि क्षेत्र में IoT का उपयोग 88

8. स्मार्ट कृषि में प्रयुक्त कृषि मोबाइल ऐप 89
स्मार्ट कृषि मोबाइल एप 89
एग्री मीडिया वीडियो ऐप 91
इफको किसान ऐप 91
एग्री ऐप 91
किसान योजना ऐप 92
फार्मबी ऐप (Farmby App) 92
किसान सुविधा ऐप 92
ग्रामोफोन कृषि ऐप 92
जेफार्म सर्विसेज़ ऐप 92
जैविक खेती–बाड़ी ऐप 93
कृषि मित्र या आरएमएल किसान 93

9. स्मार्ट कृषि में नैनो उर्वरक की भूमिका 97
नैनो उर्वरक से बदलेगी कृषि का स्वरूप 99
नैनो उर्वरक निर्माण की विधि 100
नैनो उर्वरक के रूप में नाइट्रोजन 100

जिंक ऑक्साइड नैनो कण 100
जिंक ऑक्साइड नैनो कण 101
आयरन ऑक्साइड नैनो कण 101
नैनो उर्वरक उपयोग के तरीके 102
नैनो उर्वरक उपयोग विधि 102
नैनो उर्वरकों का उपयोग के निर्देश तथा सावधानियां 102
नैनो उर्वरक के लाभ 103

10. स्मार्ट कृषि हेतु तरल नैनो यूरिया 105
नैनो यूरिया का अर्थ 105
मात्रा बनाने की विधि 108
नैनो यूरिया की प्रयोग विधि और सामान्य सुझाव 108
नैनो यूरिया अनुप्रयोग के लिए उपयुक्त फसलें 109
नैनो यूरिया है पर्यावरण के अनुरूप 109
नैनो यूरिया का कार्य 110
नैनो यूरिया की विशेषताएं 110
नैनो यूरिया के लाभ 111
यूरिया की कालाबाजारी से भी मिलेगा छुटकारा 112
तरल नैनो यूरिया की उपयोग विधि 112
उपयोग करने के दिशा निर्देश तथा सावधानियाँ 113
नैनों यूरिया की कीमत 113
नैनों यूरिया की कीमत और बिक्री केन्द्र 114

11. स्मार्ट कृषि हेतु नीम लेपित यूरियां 115
नीम लेपित यूरिया का आशय 117
नीम लेपित (कोटेड) यूरिया का अर्थ 117
नीम लेपित यूरिया के लाभ 117
नीम लेपित यूरिया को अपनाने के कारण 119
नीम लेपित यूरिया के प्रभाव पर अध्ययन 119
नीम लेपित यूरिया के अंगीकरण में सरकार की भूमिका 119

12. स्मार्ट कृषि में रोबोटिक तकनीक 123
रोबोट और रोबोटिक में अंतर 125
कृषि रोबोट 125
कृषि में रोबोट और ड्रोन का उपयोग 126
कृषि के विभिन्न कार्यो में रोबोटों के अनुप्रयोग 127
कृषि रोबोट के प्रकार 128

भारत में स्मार्ट कृषि हेतु रोबोटिक कार्य 129
कृषि रोबोट के लाभ 130
स्मार्ट खेती के रोबोटिक उपकरण 130
स्मार्ट खेती में रोबोट की भावी संभावनाएं 132

13. स्मार्ट कृषि में ड्रोन का उपयोगी 135
ड्रोन का अर्थ 136
ड्रोन के कार्य करने का सिद्धांत 137
कृषि क्षेत्र में ड्रोन के अनुप्रयोग 137
आधुनिक कृषि में ड्रोन की उपयोगिता और लाभ 137
कृषि में ड्रोन की बढ़ती भूमिका 138
ड्रोन की आवश्यकता 138
कृषि ड्रोन के अनुप्रयोग 139
कृषि व्यवसाय से जुड़े ड्रोन के प्रकार 141
सरकार द्वारा ड्रोन के उपयोग को बढ़ावा 141
ड्रोन को बढ़ावा देने के लिए सरकारी योजनाएं 142
खेती में ड्रोन का उपयोग 142
ड्रोन पायलट का प्रशिक्षण (ट्रेनिंग) 143
भारत की ड्रोन इंडस्ट्री 143
किसानों को ड्रोन मिलने का तरीका 144
कृषि मंत्री ने जारी की ड्रोन की स्टैंडर्ड ऑपरेटिंग प्रोसीजर (SOP) 144
ड्रोन या एरियल रोबोट का भारत में भविष्य 145
सारांश 146

14. स्मार्ट कृषि में प्रयुक्त संवेदक (सेंसर) 149
संवेदक की परिभाषा 150
कृषि में संवेदकों की आवश्यकता 150
सेंसर के प्रकार 151
फिंगरप्रिंट सेंसर 151
वॉइस टाइपिंग सेंसर 151
सेंसर की कार्यप्रणाली 152
कृषि सेंसर 152
सेंसर आउटपुट लागू 154
लघु कृषि के लिए स्केलिंग 156
मृदा नमी सेंसर प्रणाली की कार्य पद्धति 157
मृदा नमी सेंसर आधारित स्वचालित ड्रिप सिंचाई प्रणाली में प्रयोग होने वाले उपकरण 157

सेंसर व आधुनिक तकनीक का कृषि में बढ़ता उपयोग 160
मक्का की फसल में सटीक उर्वरक उपयोग 161
मक्का की फसल में उर्वरक उपयोग का नजदीक दृश्य 161

15. स्मार्ट कृषि में प्रयुक्त कृषि उपकरण 163
प्रस्तावित प्रणाली 165
स्मार्ट खेती हेतु कस्टम हायरिंग मॉडल 178
कस्टम हायरिंग के लाभ 178
कस्टम हायरिंग केन्द्र इकाई 179
कस्टम हायरिंग केन्द्रों की स्थापना 179
कस्टम हायरिंग केन्द्रों के लिए संभावनाएं 179
कस्टम हायरिंग केन्द्रों के लाभ 179
कस्टम हायरिंग केन्द्र के उद्देष्य 180
कस्टम हायरिंग केन्द्रों का प्रभाव 182
स्मार्ट कृषि में यांत्रिकीकरण हेतु महत्वपूर्ण सुझाव 182

16. स्मार्ट कृषि में स्मार्ट डेरी तकनीक 185
स्मार्ट डेरी के घटक 186
डेरी सॉफ्टवेयरों की महत्वपूर्ण विषेषताएं 187
स्मार्ट डेरी के लाभ 189

17. स्मार्ट कृषि में सस्य तकनीकियों द्वारा फसल जैव संवर्द्धन 191
फसल जैव संवर्धन के लाभ 191
फसलों में जैव संवर्धन की प्रमुख विधियां 192
सस्य तकनीकियों द्वारा जैवसंवर्द्धन 193
खाद्य फसलों में सस्य तकनीकियों द्वारा जैवसंवर्द्धन 195
धान फसल का जैवसंवर्द्धन 196
गेहूँ का जैवसंवर्द्धन 197
मक्का फसल का जैवसंवर्द्धन 197
ज्वार का सस्य तकनीक द्वारा जैवसंवर्द्धन 198
जौ का जैवसंवर्द्धन 198
दलहनी फसलों का जैवसंवर्द्धन 198
दलहनी फसलों में सस्य तकनीक द्वारा जैवसंवर्द्धन 199
एग्रोनॉमिक बायोफोर्टिफिकेशन की चुनौतियां 199
मानव पोषण और स्वास्थ्य की स्थिति पर सस्य तकनीकी बायोफोर्टिफिकेशन का प्रभाव 201
मानव पोषण और स्वास्थ्य की स्थिति पर सस्य बायोफोर्टिफिकेशन का प्रभाव 201
निष्कर्ष 202

18. स्मार्ट कृषि में अक्षय ऊर्जा का उपयोग 203
सौर ऊर्जा पर सरकार द्वारा अनुदान 209
सोलर प्रकाशवोल्टीय प्रणालियां 210
सौर प्रणाली का कार्य एवं रखरखाव 211
सोलर इन्वर्टर और आवेश नियंत्रक 211
सौलर बैटरी 211
जंक्शन बक्से 211
सौर ऊर्जा से लाभ 212
ऊर्जा संरक्षण उपायों पर भी ध्यान दें? 213

19. स्मार्ट जल प्रबंधन 215
स्मार्ट जल क्षेत्र 216
स्मार्ट जल प्रबंधन का अर्थ 218
स्मार्ट जल प्रबंधन के उद्देश्य 218
स्मार्ट जल प्रबंधन के लाभ 219
स्मार्ट जल प्रबंधन की तकनीक 220
जल सेंसर 221
स्मार्ट वॉटर मीटर 221
स्वचालित जल वितरण प्रणाली 221
स्मार्ट सिंचाई 222
स्मार्ट वर्षा जल प्रबंधन 223
निष्कर्ष 223

20. स्मार्ट खरपतवार प्रबंधन 225
पारम्परिक खरपतवार प्रबंधन प्रणालियों की सीमाएं 226
स्मार्ट खरपतवार प्रबंधन की आवश्यकता 228
स्मार्ट खरपतवार प्रबंधन तकनीक 229
एरियल और उपग्रह सुदूर संवेदन 232
ऑन–ग्राउंड रिमोट सेंसिंग 233
मानव रहित हवाई वाहन (UAV) 233

21. स्मार्ट कृषि हेतु सूचना एवं संचार तकनीकियां 239
कृषि की विभिन्न परियोजनाओं में सूचना एवं संचार तकनीक का उपयोग 248
कृषि एवं ग्रामीण क्षेत्र में सूचना एवं संचार तकनीक की समस्याएं 248

22. स्मार्ट कृषि हेतु सरकारी योजनाएं 251
राष्ट्रीय गोकुल मिशन के उद्देश्य 259

संदर्भ ग्रंथ 265

1

स्मार्ट कृषि का सिंहावलोकन

कृषि विश्व की अर्थव्यवस्था में महत्वपूर्ण भूमिका अदा करती है; सम्पूर्ण विश्व जीवित रहने के लिए कृषि पर निर्भर करता है। यह इस तथ्य के लिए जिम्मेदार है कि कृषि बुनियादी मानवीय आवश्यकताओं के स्रोत के रूप में कार्य करती है। वर्षों से, दुनिया की जनसंख्या में वृद्धि और दुनिया के विभिन्न हिस्सों में खाद्य सुरक्षा प्रदान करने की आवश्यकता को देखते हुए कृषि उत्पादन की मांग में वृद्धि हुई है। भारत सहित विश्व में तेजी से वृद्धि से बढ़ती जनसंख्या ने मानव समाज के सामने खाद्यान्न आपूर्ति की चुनौती खड़ी कर दी है। ऐसे में तेजी से बढ़ती जनसंख्या की सेवा के लिए कृषि पद्धतियों को विकसित करना आवश्यक है। आजकल विकसित देशों में आधुनिक खेती को लाभकारी एवं टिकाऊ बनाने हेतु स्मार्ट कृषि पर जोर दिया जा रहा है। खाद्य एवं कृषि संगठन के अनुसार 2050 तक भारत में खाद्यान्न की मांग में 60 प्रतिशत की वृद्धि हो जाएगी। मौसम में औसतन 2° सेल्सियस तापमान की वृद्धि के साथ इस मांग का केवल 12 प्रतिशत उपलब्ध कराया जा सकेगा। इसका सीधा प्रभाव यह होगा कि भारत को खाद्यन्न आयात बढ़ाना पड़ेगा। इन सबको ध्यान में रखते हुए कृषि में नए प्रयोग किए जा रहे हैं। प्रौद्योगिकी में शुरूआत और उन्नति के साथ, खेती के नए तरीकों को अपनाया गया है, जो धीरे–धीरे खेती में उपयोग होने वाले कुछ पारम्परिक तरीकों की जगह ले रहे हैं। वर्तमान में भारत अन्न उत्पादन के मामले में आत्मनिर्भर बनने की और अग्रसर है। यह किसानों के श्रम का ही परिणाम है और यह संभव हो पा रहा है क्योंकि सरकार प्रयासरत है किसानों की सहायता के लिए कृषि गतिविधियों के संचालन में तकनीकियों का उपयोग करके कृषि से अधिकतम लाभ प्राप्त किया जा सकता है। कृषि क्षेत्र की उन्नति और किसानों की समृद्धि के लिए भारत सरकार ने इसलिये अगले वित्त वर्ष 2022–23 के बजट में लाभकारी और गुणकारी कृषि पद्धति के साथ–साथ स्मार्ट व टिकाऊ कृषि पर विशेष बल दिया गया है, क्योंकि स्मार्ट कृषि आज के समय की आवश्यकता है। प्रौद्योगिकी उत्कर्ष के मौजूदा दौर में आधुनिक प्रौद्योगिकी के व्यापक अनुप्रयोग

से कृषि को उन्नत व स्मार्ट बनाया जा सकता है। स्मार्ट कृषि एक बिल्कुल नया शब्द है और अधिकांश किसान इसके पीछे वास्तव में क्या है, इसके बारे में नहीं जानते हैं। स्मार्ट कृषि शब्द का अर्थ आपके खेत में इंटरनेट ऑफ थिंग्स, सेंसर, लोकेशन सिस्टम, रोबोट और आर्टिफिशियल इंटेलिजेंस जैसी तकनीकों के उपयोग से है। अंतिम लक्ष्य मानव श्रम का उपयोग करते हुए फसलों की गुणवत्ता और मात्रा में वृद्धि करना है। स्मार्ट खेती कुछ और नहीं बल्कि एक उभरती हुई अवधारणा है जहाँ हम सूचना, संचार प्रौद्योगिकी आईओटी (IoT) सक्षम सेंसर एक कैलेंडर वर्ष में फसलों की संख्या बढ़ाने के लिए भविष्य बताने वाला विश्लेषण और स्वचालन है। इसके अतिरिक्त, मानव श्रम पर निर्भरता कम करने और कृषि उत्पादों की गुणवत्ता बढ़ाने पर भी विचार किया जा सकता है स्मार्ट खेती के माध्यम से कृषि में आईओटी (IoT) सिंचाई को स्वचालित करने के लिए खेतों की निरंतर निगरानी के लिए एक पूँजी–गहन दृष्टिकोण प्रणाली।

चित्र 1.1 स्मार्ट खेती के घटक

स्मार्ट कृषि एवं खेती का अर्थ

स्मार्ट बनने का तात्पर्य यह है कि सूचना प्रौद्योगिकी के माध्यम से हम उपयोग में आने वाली हर वस्तु और सेवाओं का दक्षतापूर्वक प्रयोग कर सकें और उसकी निरंतरता को भी बनाये रखें।

स्मार्ट कृषि से तात्पर्य वर्तमान समय की प्रौद्योगिकी से प्रबलित व यंत्रीकृत कृषि पद्धति के अनुप्रयोग से है जो लचीला होने के साथ–साथ आत्मनिर्भरता प्राप्त करने में सहायक है। कृषि क्षेत्र को आत्मनिर्भर बनाने और इसे आगे भी कायम रखने के लिए सरकार दूरगामी सोच के साथ आगे बढ़ रही है और इस दिशा में प्राकृतिक खेती को प्रोत्साहन एक अहम कदम है।

स्मार्ट खेती एक कृषि प्रबंधन अवधारणा है जो कृषि उद्योग को उन्नत तकनीक का लाभ उठाने के लिए आधारभूत ढांचा प्रदान करने पर केंद्रित है। इसके अंतर्गत बड़े आंकड़े, उपग्रह आधारित विशिष्ट फसल प्रबंधन, क्लाउड एवं वस्तुओं के इंटरनेट (इंटरनेट ऑफ थिंग्स), आधारित उपकरणों जैसे; सेंसर, रोबोट, ड्रोन आदि के प्रयोग के आधार पर एक कृषि प्रबंधन अवधारणा सम्मिलित है। छोटे और बड़े पैमाने पर वर्षों से स्मार्ट खेती सभी किसानों के लिए उपयोगी हो गई है, इसमें किसानों को प्रौद्योगिकियों और उपकरणों तक पहुँच मिलती है जो खेती की लागत को कम करते हुए उत्पादों की गुणवत्ता और मात्रा को अधिकतम करने में सहायक है।

स्मार्ट खेती के मुख्य सिद्धांत

स्मार्ट खेती में सेंसर द्वारा आंकड़ों को एकत्र किया जाता है और मौसम की जैसी स्थिति हो, मृदा की गुणवत्ता, फसल की वृद्धि की प्रगति या मवेशियों का स्वास्थ्य आदि से सम्बन्धित आंकड़ों को एकत्र करते हैं। इन आंकड़ों का उपयोग कृषि व्यवसाय की स्थिति को सामान्य रूप से ट्रैकिंग करने के लिए किया जाता है जिसमें किसानों का प्रदर्शन, उपकरण दक्षता आदि भी सम्मिलित होता है और यह एक महत्वपूर्ण भूमिका निभाते हैं।

आंकड़ों पर आधारित स्मार्ट खेती से आंतरिक प्रक्रियाओं पर बेहतर नियंत्रण होता है और परिणामस्वरूप उत्पादन का जोखिम कम होता है। उत्पादन के जोखिम दूर करने की क्षमता किसान को बेहतर उत्पाद वितरण की योजना बनाने के लिए प्रेरित करती है। किसान को इस बात की जानकारी फसल की कटाई से पूर्व ही हो जाती है कि वह कितनी फसल काटने जा रहा है और वह यह भी सुनिश्चित कर सकते है कि कितने उत्पादन को बाजार भेजना है और कितना भंडार में रखना है। स्मार्ट खेती में जब उत्पादन पर नियंत्रण बढ़ता है तो लागत प्रबंधन और अपशिष्ट में कमी आती है।

स्मार्ट खेती का उद्देश्य

स्मार्ट खेती का उद्देश्य उन्नत सूचना और नियंत्रण प्रणालियों के माध्यम से प्राकृतिक संसाधनों के नुकसान को कम करना, फसल प्रतिफल में वृद्धि और उत्पादन से वातावरण प्रदूषण को कम करना है। मृदा के प्रसंस्करण से लेकर कटाई तक उत्पादन के लगभग प्रत्येक चरण में बुद्धिमान खेती की तकनीकियों

का उपयोग किया जाता है और उन्हें न केवल उचित स्थान, बल्कि दूर से भी उपग्रह के माध्यम से नियंत्रित किया जा सकता है।

स्मार्ट कृषि के तकनीकी अवयव

स्मार्ट खेती में मुख्यतः निम्नलिखित तकनीकों का अलग–अलग प्रकार से उपयोग समाहित है, जैसे;

1. सेंसरः जल, प्रकाश, आर्द्रता और तापमान प्रबंधन तथा मृदा स्कैंनिंग के लिए विभिन्न प्रकार के सेंसर का उपयोग किया जाता है।
2. दूरसंचार प्रौद्योगिकयां जैसे उन्नत नेटवर्किंग और जीपीएस।
3. वस्तुओं के इंटरनेट के नवाचार (आईओटी) आधारित समाधान, रोबोटिक्स और स्वचालन को सक्षम रहने के लिए हार्डवेयर और सॉफ्टवेयर।
4. निर्णय लेने और कीट, रोग एवं मौसम आधारित भविष्य अनुमान हेतु आंकड़ा विश्लेषण उपकरण।
5. फसल की पैदावार, मृदा–मानचित्र, जलवायु परिवर्तन, उर्वरक अनुप्रयोगों, मौसम आंकड़े, मशीनरी और पशु स्वास्थ्य से सम्बन्धित महत्वपूर्ण आंकड़ों का संग्रह।
6. दूरस्थ निगरानी एवं लगातार आंकड़े संग्रह करने हेतु उपग्रह और ड्रोन आधारित सूचना तकनीक पद्धति।

स्मार्ट कृषि हेतु उन्नत स्मार्ट तकनीकियां

स्मार्ट खेती आधुनिक खेती की पर्याय बन चुकी है अतः इसकी परिकल्पनाओं को मूर्त रूप देना बदलते परिवेश में खेती के लिए आवश्यक है। इसके लिए निम्नलिखित तकनीकियों का ज्ञान किसानों को होना आवश्यक है, जैसे;

1. **जलवायु स्मार्ट तकनीकियां**: मौसम के पूर्वानुमान की जानकारी किसानों को उनके मोबाइल फोन पर संदेश द्वारा दी जाती है। किसानों को फसल की कीटों से सुरक्षा, बीमारी, सिंचाई इत्यादि की जानकारी देना। इस तरह की एसएमएस की सेवाएं कृषि विश्वविद्यालय, कृषि विज्ञान केन्द्र, कृषि एवं किसान कल्याण मंत्रालय के एम किसान पोर्टल से दी जा रही है। जिससे तात्कालिक फसल सम्बन्धी विभिन्न पहलुओं पर निर्णय लेने में सहायता मिलती है।

2. **जल स्मार्ट तकनीकियांः** स्मार्ट जल तकनीक का तात्पर्य है जल की गुणवत्ता को बनाए रखते हुए उसका प्रबंधन एवं वितरण। इसके अंतर्गत धान की सीधी बुवाई, फसल विविधीकरण कर मक्का की खेती, मेड़ के ऊपर बुवाई, भूमि समतलीकरण, धान में वैकल्पिक जल प्रबंधन एवं जीरो टिलेज तकनीक इत्यादि की जानकरी होनी चाहिए।
3. **पोषक तत्व स्मार्ट तकनीकियांः** खेत में पोषक तत्व प्रबंधन, मक्का एवं गेहूँ में पोषक तत्व विशेषज्ञ सॉफ्टवेयर के द्वारा उर्वरक की मात्रा का निर्धारण, ग्रीन सीकर से यूरिया की गणना कर प्रयोग, दलहनों का दो धान्य फसलों के बीच समावेश की जानकारी दी जाती है।
4. **ऊर्जा स्मार्ट तकनीकियांः** कम ईंधन की खपत से अधिक खेत की बुवाई करना जैसे जीरो टिलेज रोटरी डिस्क सीडड्रिल से बुवाई करना। टर्बो हैप्पी सीडर से अधिक फसल अवशेषों में बुवाई करना। फसल अवशेष का प्रबंधन, धान की सीधी बुवाई करना इत्यादि।
5. **ज्ञान स्मार्ट तकनीकियांः** आधुनिक खेती ज्ञान आधारित होती जा रही है। अतः क्षमता विकास के द्वारा किसानों और उनके साथ काम करने वाली संस्थाओं के सदस्यों को समय–समय पर विभिन्न प्रशिक्षण द्वारा कुशल बनाने का प्रयास किया जाता है। ज्ञान स्मार्ट में सूचना एवं प्रसारण तकनीकियां, महिला सशक्तिकरण व क्षमता विकास मुख्य तकनीकियों को सम्मिलित कर ज्ञान का शीघ्र संचार आवश्यक है। इसमें इंटरनेट आधारित विभिन्न ऐप का प्रयोग आवश्यक है।

सारणी 1.1: विश्वभर में स्मार्ट कृषि मुख्यतः वस्तुओं के इंटरनेट (आईओटी) आधारित कृषि की वृद्धि एवं भविष्य अनुमान

वर्ष	**इंटरनेट ऑफ थिंग्स (आईओटी) आधारित कृषि फार्म**
2000	52 करोड़ 25 लाख कृषि फार्म इंटरनेट ऑफ थिंग्स से जुड़े
2016	54 करोड़ कृषि फार्म इंटरनेट ऑफ थिंग्स से जुड़े
2035	78 करोड़ कृषि फार्म इंटरनेट ऑफ थिंग्स से जुड़ेंगे
2050	200 करोड़ कृषि फार्म इंटरनेट ऑफ थिंग्स से जुड़ेंगे

स्रोतः स्मार्ट खेती पर आधारित विभिन्न अनुसंधान द्वारा संकलित

स्मार्ट खेती का उपयोग

स्मार्ट खेती एक प्रबंधन अवधारणा है जो कृषि उद्योग को उन्नत तकनीक का लाभ उठाने के लिए बुनियादी ढांचा प्रदान करने पर केंद्रित है। जिसमें बड़े आंकड़े, मौसम और इंटरनेट ऑफ थिंग्स (IoT) शामिल हैं। संचालन पर नजर रखने, स्वचालित करने और विश्लेषण करने के लिए उपयोग होते हैं। स्मार्ट खेती में उपग्रह आधारित उपकरणों जैसे; सेंसर, रोबोट, ड्रोन आदि के प्रयोग से उत्तम खेती, उत्पादकता और आयु बढ़ाना, जलवायु के अनुकूल खेती और उच्च उत्पादन के साथ–साथ फसलों में अंतर और क्षेत्र परिवर्तनशीलता को देखने, मापने और आंकड़े के विश्लेषण के आधार पर अच्छे कृषि प्रबंधन को अपनाकर स्मार्ट खेती की जा सकती है।

स्मार्ट खेती तकनीकियों का कृषि के महत्वपूर्ण में उपयोग

1. **फसल जल प्रबंधनः** कृषि गतिविधियों को कुशल ढंग से करने के लिए पर्याप्त जल आवश्यक है। सिंचाई के लिए उचित जल प्रबंधन सुनिश्चित करने एवं जल की बर्बादी को कम करने के लिए कृषि आईओटी को वेबमैप सर्विस और सेंसर ऑब्जर्वेशन सर्विस के साथ समेकित किया गया है।

2. **सटीक कृषिः** मौसम की जानकारी के संदर्भ में उच्च सटीकता की आवश्यकता होती है जिससे फसल के नुकसान की संभावना कम हो जाती है। कृषि आईओटी किसानों को मौसम की भविष्यवाणी, मृदा की गुणवत्ता, श्रम की लागत और कीट एवं रोगों के संदर्भ में वास्तविक समय के आंकड़ों की समय पर पहुँच सुनिश्चित करता है।

3. **समेकित कीट प्रबंधनः** कृषि आईओटी पद्धति तापमान, नमी, पौधों की वृद्धि और कीटों के स्तर की उचित जीवन आंकड़ों की निगरानी के माध्यम से किसानों को सटीक वातावरण आंकड़े प्रदान करता है ताकि उत्पादन के दौरान उचित देखभाल की जा सके।

4. **खाद्य उत्पादन एवं सुरक्षाः** कृषि आईओटी पद्धति कृषि उत्पाद भंडारण हेतु गोदाम के तापमान, शिपिंग परिवहन प्रबंधन प्रणाली जैसे विभिन्न मापदंडों की सटीक निगरानी करती है और क्लाउड आधारित रिकॉर्डिंग प्रणाली को भी समेकित करती है।

स्मार्ट कृषि में उपयोग की जाने वाली प्रौद्योगिकियां

- सटीक सिंचाई और सटीक पौध पोषण
- ग्रीनहाउस में जलवायु प्रबंधन और नियंत्रण
- सेंसर–तापमान प्रबंधन के लिए जल, मृदा, प्रकाश, नमी के लिए
- सॉफ्टवेयर प्लेटफॉर्म
- स्थान प्रणाली–जीपीएस, उपग्रह, आदि
- संचार प्रणाली–मोबाइल कनेक्शन, लोरावन आदि पर आधारित
- रोबोटों
- विश्लेषण (एनालिटिक्स) और ऑप्टिमाइज़ेशन प्लेटफॉर्म

इन सभी तकनीकों के बीच कनेक्शन इंटरनेट ऑफ थिंग्स है–यह सेंसर और मशीनों के बीच जोड़ने का एक तंत्र है, जिसके परिणामस्वरूप एक जटिल प्रणाली प्राप्त होती है जो प्राप्त आंकड़ों के आधार पर आपके खेत का प्रबंधन करती है। अब किसान अपने खेतों पर प्रक्रियाओं की निगरानी कर सकते हैं और दूर से रणनीतिक निर्णय ले सकते हैं। किसान अपने टैबलेट, फोन या अन्य मोबाइल डिवाइस से खुले मैदान, ग्रीनहाउस, बाग, अंगूर के बाग आदि में आसानी से निगरानी एवं निर्णय ले सकते हैं।

स्मार्ट खेती का उपयोग करके फार्म पर कुछ प्रक्रियाएं

1. **आंकड़े संग्रहः** खेत में सभी महत्वपूर्ण स्थानों पर स्थापित सेंसर मृदा, हवा आदि के बारे में आंकड़े एकत्र और संचारित करते हैं।
2. **निदानः** एकत्र किए गए आंकड़ों द्वारा विश्लेषण किया जाता है और निगरानी की गई वस्तु या प्रक्रिया की स्थिति के सम्बन्ध में निष्कर्ष निकाले जाते हैं। संभावित समस्याओं की पहचान की जाती है।
3. **निर्णयः** लेना पिछले चरणों में पहचानी गई समस्याओं के आधार पर, सॉफ़्टवेयर प्लेटफ़ॉर्म और या प्लेटफ़ॉर्म का प्रबंधन करने वाला मानव उन कार्यों पर निर्णय लेता है जिन्हें लेने की आवश्यकता होती है।
4. **क्रियाएंः** पिछले चरण में पहचानी गई क्रियाएं निष्पादित की जाती हैं। सेंसर द्वारा मृदा, हवा, नमी आदि पर एक नया माप किया जाता है और पूरा चक्र फिर से शुरू हो जाता है।

इस स्वचालित स्मार्ट खेती प्रक्रिया का परिणाम है– उच्च परिशुद्धता और 24/7 नियंत्रण, अंततः उपयोग किए जाने वाले सभी प्रमुख संसाधनों में काफी बचत होती है– जल, ऊर्जा, उर्वरक, रणनीतिक लोगों द्वारा बिताया गया समय, कम योग्यता वाले मानव संसाधनों द्वारा बिताया गया समय। अपने खेतों में ओएनडीओ स्मार्ट कृषि समाधान का उपयोग करने वाले ग्राहक पानी की खपत में 85% तक और ऊर्जा की खपत में 50% तक की बचत कर सकते हैं। वे फसल की उपज में 40% तक की वृद्धि की भी रिपोर्ट करते हैं, जबकि भौतिक और रासायनिक उपचार की लागत को कम करते हुए और मानवीय त्रुटि से होने वाले नुकसान को 60% तक कम करते हैं।

भारत में स्मार्ट खेती हेतु कार्यरत कुछ महत्वपूर्ण एग्री स्टार्टअप

1. **सेटस्यौरः** वर्ष 2016 शुरुआत में स्थापित यह कम्पनी सेटेलाइट प्रतिबिम्ब प्रोसेसिंग, बड़े आंकड़े क्षमताओं और आईटी को कृषि क्षेत्र में फसलों और फसल तनाव की आपूर्ति के आंकड़ों की जानकारी देने के लिए मोबाइल ऐप प्लेटफार्म बनाया गया है। यह निर्णय लेने में सहायता करता है कि कब बुवाई करना है, कब सिंचाई करनी है या उर्वरक देना है। वर्तमान में, स्टार्टअप के समाधानों का उपयोग आंध्र प्रदेश सरकार द्वारा किया जा रहा है।
2. **फसलः** यह स्टार्टअप फार्म से अधिक आंकड़े एकत्र करता है। एआई–आधारित सूक्ष्मजलवायु पूर्वानुमान एल्गोरिथम वास्तविक इन खेत की जानकारी को शामिल करता है और इसे सार्वजनिक रूप से उपलब्ध मौसम पूर्वानुमान से जोड़ता है, ताकि किसान खेत में दिन–प्रतिदिन के कार्यो के लिए प्रासंगिक वास्तविक समय, कार्रवाई योग्य जानकारी से लाभ उठा सकें।
3. **एआई बोनो**ः यह स्टार्टअप आपूर्ति और मांग के वास्तविक समय के सिंक्रोनाइजेशन द्वारा समर्थित सटीक खेती तकनीकी प्रदान करता है। रीयल टाइम सटीक खेती जानकारी को किसानों तक पहुँचाना इसका पहला उद्देश्य है।
4. **गोबसकोः** यह स्टार्टअप आंकड़ा संचालित ऑनलाइन कृषि बाजार स्थान उत्पादकों को खरीदारों दोनों के लिए सर्वोत्तम मूल्य देता है। इसके कुछ समाधानों में लेन–देन की खोज, खरीद अनुकूलन और रीयल टाइम आंकड़ों के साथ परिवहन का अनुकूलन शामिल है जिससे इससे जुड़े किसानों के लिए कृषि विपणन आसान हो गया है।

5. **क्रॉपइनः** बेंगलुरु स्थित क्रॉपइन कृषि प्रबंधन, निगरानी और विश्लेषण समाधान प्रदान करता है। वर्तमान में यह 50 लाख किसानों को कृषि प्रबंधन और फसल चक्र निगरानी की सुविधा दे रहा है।
6. **इटेलो लैब्सः** बेंगलुरु स्थित इस स्टार्टअप ने संगणक विजन आधारित समाधान विकसित किए है जो फसल के चलचित्रों से महत्वपूर्ण आंकड़ा लेकर फसल निरीक्षण और कृषि उत्पाद ग्रेडिंग करते हैं।

स्मार्ट खेती में फार्म ऑटोमेशनः स्मार्ट खेती में आज विश्व भर में स्वचालित ऐसी मशीनें उपलब्ध कराना है जो दूर से भी रिमोट के द्वारा चलाई जा सके। अधिक सटीकता के साथ काम करें और कृषि सम्बन्धी जटिल और कठिन कार्यों को बेहतर ढंग से कर सकें। इनमें रोबोट का उपयोग कर कटाई करना, बुवाई यंत्र, इलेक्ट्रोस्टैटिक स्प्रेयर इत्यादि के प्रयोग समाहित है। अधिक से अधिक एग्रीटेक स्टार्टअप कम्पनियां ड्रोन, ऑटोनोमस ट्रैक्टर, रोबोटिक हार्वेस्टर, स्वचालित वाटरिंग और बुवाई रोबोट की तकनीक पर काम कर रही है। इन तकनीकों की मांग भी तेजी से बढ़ रही है क्योंकि ये एक साथ उपभोक्ताओं की प्राथमिकता, श्रमिकों की कमी और जलवायु परिवर्तन जैसे अनेक पहलुओं का समाधान पेश करता है।

स्मार्ट खेतीः कृषि का भविष्य

वर्ष 2015 में किए गए एक शोध में यह पाया गया कि कृषि उपयोग के लिए उपलब्ध भूमि में लगभग 0–7 प्रतिशत की कमी है। दुनिया को अपने खाद्य उत्पादन को बनाए रखने या बढ़ाने और भोजन को सुरक्षित बनाने के लिए, उत्पादकता में वृद्धि की आवश्यकता है। हालांकि, चीजों की स्थिति के साथ, पारंपरिक खेती के तरीकों का पालन किया जाए तो पर्यावरण में तनाव के बिना उत्पादन में कोई वृद्धि संभव नहीं है। हालांकि, स्मार्ट खेती बेहतर कृषि प्रौद्योगिकियों की शुरुआत के साथ एक उज्जवल भविष्य का वादा करती है, जिसका उद्देश्य कम लागत, खेती में बेहतर दक्षता और गुणवत्ता और उच्च उत्पादों का उपयोग करना है। उदाहरण के लिए, स्मार्ट खेती के साथ आपको अपने खेतों की आवश्यकताओं को प्रभावी ढंग से मॉनिटर करने का अवसर मिलता है, उर्वरकों और कीटनाशकों का अच्छी तरह से एवं चुनिंदा रूप से उपयोग किया जाता है, साथ ही साथ यह भी तय किया जा सकता हैं कि आप बेहतर और स्वस्थ आउटपुट के उद्देश्य से खेती की प्रणालियों का उपयोग कैसे करते हैं।

स्मार्ट खेती की संभावनाएं

स्मार्ट खेती की काफी संभावनाएं हैं कि स्मार्ट खेती या कृषि को शानदार तरीके से बदल देगी। स्मार्ट खेती से विकासशील और विकसित दोनों देशों में बड़े और छोटे पैमाने के किसानों के बीच की खाई को पाटने की उम्मीद है। कृषि में प्रौद्योगिकी को अपनाने में तकनीकी प्रगति, इंटरनेट में वृद्धि और स्मार्टफोन की शुरूआत ने बेहद योगदान दिया है। विभिन्न देश इन प्रौद्योगिकियों के मूल्य को समझते हैं, और बताते हैं कि क्यों अधिकांश देश सटीक कृषि तकनीकों के कार्यान्वयन को बढ़ावा देने के लिए उत्सुक हैं। इसमें कोई संदेह नहीं है कि परम्परागत रूप से प्रचलित अधिकांश कृषि कार्यों में आजकल काफी बदलाव आया है। मशीनों, उपकरणों, सेंसर, और सूचना प्रौद्योगिकी के उपयोग के रूप में स्मार्ट खेती तकनीकों और कार्यप्रणालियों को अपनाना आदि को तकनीकी उन्नति के लिए जिम्मेदार ठहराया जा सकता है। वर्तमान में किसान प्रतिबिम्ब, नमी और तापमान सेंसर, जीपीएस तकनीक और रोबोट जैसी अत्याधुनिक तकनीकों का उपयोग करते हैं। इस तरह की तकनीक खेती को न केवल लाभदायक उपक्रम बनाती है बल्कि पर्यावरण के अनुकूल, सुरक्षित और कुशल भी बनाती है।

स्मार्ट खेती का महत्व

इस सभी स्मार्ट खेती और कृषि प्रौद्योगिकी के महत्व के बारे में चिंतित हैं। वर्तमान में, किसानों को पूरे खेत में समान रूप से कीटनाशक, उर्वरक और पानी लगाने की कोई आवश्यकता नहीं है। कृषि और विशेष रूप से स्मार्ट खेती में प्रौद्योगिकी की शुरूआत अपने खेत के कुछ क्षेत्रों को लक्षित कर किसानों को इन तत्वों की उपयुक्त एवं कम मात्रा का उपयोग कर अच्छा उत्पादन प्राप्त करने की क्षमता देती है।

स्मार्ट खेती से होने वाले कुछ लाभ

1. **उच्च फसल उत्पादकताः** स्मार्ट खेती को अपनाने से खेती में बेहतर तकनीकों का उपयोग उत्पादकता में सुधार करता है क्योंकि इसमें आदानों को अधिकतम करने और अपव्यय को कम करने पर ध्यान दिया जाता है।
2. **कीटनाशकों, उर्वरकों और जल के उपयोग में कमीः** परम्परागत कृषि में किसान जल, उर्वरकों और कीटनाशकों की मात्रा निर्धारित किए बिना एवं बिना आवश्यकता वाली भूमि में उनका उपयोग करते आये हैं। हालांकि, स्मार्ट

कृषि, पानी और अन्य रसायनों को जब भी और जहाँ भी उनकी आवश्यकता होती है और सही मात्रा में उपयोग करने की क्षमता देती है इन रसायनों के कम उपयोग से खाद्य पदार्थों की कीमतें कम हो जाती हैं, क्योंकि खेती की लागत कम हो जाती है।

3. **पर्यावरण पर कम दबावः** आजकल, स्मार्ट खेती ने रसायनों, पानी और खेत में उपयोग होने वाले अन्य तत्वों की कम से कम मात्रा के द्वारा उत्पादकता बढ़ाने के बेहतर तरीके पेश किए हैं, निहितार्थ यह है कि हानिकारक रसायनों के अत्यधिक आवश्यकता वाले स्थान पर संयमित उपयोग के द्वारा पर्यावरण को खराब होने से बचाया जा सकता है।
4. **किसानों और श्रमिकों की सुरक्षा में वृद्धिः** स्मार्ट खेती मशीनों और बेहतर प्रौद्योगिकियों के उपयोग का परिचय देती है जिससे श्रमिकों की भागीदारी इस क्षेत्र में सीमित हो जाती हैं, अंततः अब किसानों को श्रमिकों की सुरक्षा के बारे में चिंता करने की कोई आवश्यकता नहीं है।
5. **भूजल और नदियों में रसायनों का कम निपटानः** स्मार्ट खेती रसायनों के उपयोग और पर्यावरण के अनुकूल कृषि पद्धतियों को अपनाने के लिए प्रोत्साहित करती है। इसका तात्पर्य यह है कि नदियों में और सामान्य रूप से पर्यावरण में कोई भी हानिकारक रसायन जमा नहीं होगा।

विदित है कि स्मार्ट खेती एक उत्तम खेती अवधारणा है जिसे अगर सही तरीके से लागू किया जाए तो किसानों को बेहतर उत्पादन, बेहतर गुणवत्ता और कम लागत सहित कई लाभ मिल सकते हैं। हालांकि, इस तरह के नवाचार के लिए पूँजी, ज्ञान और कौशल की आवश्यकता होती है। खेती के लिए जुनून से अधिक संयोजन करने की आवश्यकता है, खेत में आंकड़ों का विश्लेषण, खाता और मॉनिटर करने के लिए सही तकनीकों और कौशल, बाजार और मूल्य परिवर्तनों का विश्लेषण आदि की आवश्यकता होती है। दूसरी ओर, आपको अपने खेत में स्मार्ट खेती को अपनाने के लिए पर्याप्त पूँजी की आवश्यकता होगी। हालांकि, आपको स्मार्ट खेती में बहुत अधिक निवेश करने की आवश्यकता नहीं है क्योंकि आप भविष्य में एक उपकरण या प्रौद्योगिकी और अपस्केल के साथ खेती शुरू कर सकते हैं। अतः यह कह सकते हैं कि स्मार्ट खेती कृषि में बेहतर उत्पादकता (आउटपुट) का वादा करती है, अपने कृषि लक्ष्यों और जरूरतों के साथ संरक्षित करने वाली सर्वोत्तम विधियों पर बड़े पैमाने पर शोध करना आज की आवश्यकता है।

स्मार्ट कृषि के रोचक तथ्य

- स्मार्ट खेती प्रणाली अपशिष्ट को कम कर उत्पादकता में वृद्धि करती है। साथ ही रिमोट सेंसिंग के माध्यम से संसाधनों के कुशल प्रबंधन को सक्षम बनाती है।
- स्मार्ट खेती में कचरे को कम कर लाभ बढ़ाने और पर्यावरण की गुणवत्ता बनाए रखने के लिए एक एकीकृत फसल उत्पादन प्रबंधन प्रणाली बनाने के लिए रिमोट सेंसिंग, इंटरनेट ऑफ थिंग्स (आईओटी) डिवाइस, रोबोटिक्स, बिग डेटा एनालिटिक्स और आर्टिफिशियल इंटेलिजेंस (एआई) सहित कई प्रौद्योगिकियां शामिल की गई हैं।
- बढ़ती वैश्विक जनसंख्या, उन्नत फसल उपज की बढ़ती मांग, प्राकृतिक संसाधनों का कुशलतापूर्वक उपयोग करने की आवश्यकता, सूचना और संचार ज्ञान के बढ़ते उपयोग और जलवायु–स्मार्ट कृषि की बढ़ती आवश्यकता के कारण स्मार्ट खेती महत्वपूर्ण है।

स्मार्ट खेती के लिए प्रभावी नीति निर्माण

पहलाः स्मार्ट खेती कृषि उत्पादकता बढ़ाने के साथ ही कृषि प्रणाली की दक्षता को बढ़ाने में उल्लेखनीय भूमिका निभाती है। 'किसान–ड्रोन' का उपयोग कीटनाशकों, घुलनशील उर्वरकों और पोषक तत्वों के छिड़काव के साथ ही साथ विभिन्न चरणों में फसलों और पशुओं की निगरानी के लिए किया जाएगा। ड्रोन खेती कृषि कार्यों में शारीरिक श्रम की जगह लेगी जिसके परिणामस्वरूप प्रवासियों में बेरोजगारी बढ़ सकती है।

दूसराः ब्लॉकचेन खेत में सेंसर–आधारित उपकरणों की मदद से भूमि रिकॉर्ड को डिजिटलाइज़ करने में सहायक हो सकता है। डिजिटलाइज्ड भूमि रिकॉर्ड से सरकार को सब्सिडी और योजनाओं के लाभों को युक्तिसंगत बनाने और किसानों के बीमा सम्बन्धी दावों से निपटान में सहायता मिलेगी।

तीसराः स्मार्ट कृषि की क्षमता के बावजूद, छोटे जोतदार किसान कैसे ड्रोन या मानव रहित हवाई वाहन का उपयोग छोटी जोत के लिए करेंगे और कैसे अपनी आय में सुधार करेंगे, इसके लिए अनुभवजन्य अन्वेषण और अनुसंधान की आवश्यकता है। उदाहरण के लिए, 2017 में कर्नाटक में स्थापित एक स्टार्ट–अप वीड्रोन ने हवाई रोबोटिक्स और मैपिंग तकनीक के लिए 500 किसानों से एक एकड़ भूमि के लिए 400 से 800 रुपये का शुल्क लिया था। सरकार, ड्रोन नीति 2021 के आधार पर लाइसेंसिंग, मूल्य निर्धारण को विनियमित करने के साथ ही

सम्बन्धित स्टार्ट–अप को कृषि में ड्रोन तकनीक का उपयोग करने की अनुमति दे सकती है।

चौथा: ड्रोन प्रौद्योगिकी का अनुप्रयोग बड़े किसानों के लिए प्रासंगिक हो सकता है, जिनके पास 10 हेक्टेयर से अधिक भूमि है या जो क्लस्टर खेती में संलग्न हैं। ड्रोन को अपनाना उनके लिए सकारात्मक लाभ–लागत अनुपात के लिए उचित है। भारत में, केवल 45 प्रतिशत कृषक कृषि मशीनरी और कृषि उपकरण ों का उपयोग करते हैं। ऐसे में सीमित कृषि मशीनीकरण और कम प्रति व्यक्ति जोत की उपस्थिति के कारण ड्रोन का प्रयोग अभी भी एक दूर की कौड़ी है।

पांचवां: कृषि में 'प्लेटफार्म बिजनेस' समय के साथ वृद्धि करने की क्षमता रखता है क्योंकि कृषि तकनीक व्यवसाय की बाजार क्षमता ईवाई रिपोर्ट के अनुसार 2019–20 में 24 बिलियन डॉलर थी। वर्ष 2013 और 2017 के बीच निवेशक फंडिंग के आंकड़ों के अनुसार, 59 प्रतिशत स्टार्ट–अप (1 मिलियन डॉलर से कम फंडिंग वाले) आरंभिक चरण में हैं और केवल 9 प्रतिशत (5–20 मिलियन डॉलर) विकास के चरण में हैं। ऐसे में 40 से 50 कृषि–तकनीकी संस्थाएं अपने उत्पादों और सेवाओं से लगभग 1–2 प्रतिशत कृषि जनसंख्या की आवश्यकताओं को ही पूरा कर सकती है।

छठा: वित्त एक सफल व्यावसायिक उद्यम का सबसे महत्वपूर्ण घटक है। बजट में, मिश्रित पूँजी सह–निवेश मॉडल के साथ ही 60 करोड़ रुपए का आवंटन कृषि और ग्रामीण उद्यमों के लिए स्टार्ट–अप को वित्तपोषित करेगा, जो कृषि–उत्पाद मूल्य श्रृंखला पर ध्यान केंद्रित करेगा। नाबार्ड पात्र स्टार्ट–अप को पुनर्वित्त के माध्यम से मिश्रित पूँजी मॉडल की सुविधा प्रदान करेगा।

कृषि के स्मार्ट परिवर्तन चरण

1. कृषि 1.0 में कम उत्पादक और श्रम प्रधान उत्पादन पद्धति है।
2. कृषि 2.0 में उत्पादन में विभिन्न पीड़कनाशियों, उर्वरकों और कृषि यंत्रों को सम्मिलित किया गया है, जिससे लागत में बचत हुई और उत्पादकता में वृद्धि हुई।
3. कृषि 3.0 सन 1990–2000 के दशक की अवधि थी जब ग्लोबल पोजिशनिंग सिस्टम संकेतों को सभी के उपयोग के लिए कृषि में समेकित किया गया था और उत्पादन में विभिन्न तकनीकी अनुप्रयोगों को सम्मिलित किया गया था।

4. कृषि 4.0, स्मार्ट खेती और डिजिटल खेती जैसे नामों से व्यक्त की जाने वाली प्रक्रिया आमतौर पर खेती में संवेदक, स्वचालित निर्णय प्रणाली, सूचना और संचार तकनीकी आधारभूत ढांचे सहित स्मार्ट तकनीकियों के एकीकरण करती है।

भारत में स्मार्ट खेती के लिए चुनौतियां

कनेक्टिविटी और बैंडविड्थ पहलुः अच्छी कनेक्टिविटी की कमी या खराब नेटवर्क प्रदर्शन और बैंडविड्थ की गति डिजिटल तकनीक को अपनाने में बाधा उत्पन्न कर, स्मार्ट और टिकाऊ कृषि के विकास को धीमा कर देगी। चूंकि मृदा सेंसर, उपग्रह मानचित्रण प्रणाली और निगरानी उपकरण जैसे कई सटीक कृषि उपकरण डेटा भंडारण, पहुँच और संचरण के लिए क्लाउड सेवाओं पर निर्भर हैं, इसलिए दूरस्थ क्षेत्रों में क्लाउड–आधारित कंप्यूटिंग में भी उल्लेखनीय सुधार की आवश्यकता है।

आंकड़ों का प्रबंधनः जहाँ आंकड़े स्मार्ट कृषि में एक अनिवार्य भूमिका निभाता है, वहीं कई किसानों और कृषि व्यवसायियों के लिए डेटा प्रबंधन एक सतत चुनौती है। यहाँ तक कि एक छोटा सा खेत भी सम्बंधित संचालन और विपणन निर्णयों को सूचित करने के लिए बड़ी मात्रा में डेटा एकत्रित और संग्रहीत करता है। ऐसे में पूरे एक मौसम के दौरान दैनिक/साप्ताहिक आधार पर उन सैकड़ों हजारों डेटा बिंदुओं की निगरानी या विश्लेषण करना लगभग असंभव हो जाएगा। लघु भूमि जोत, खराब बुनियादी ढांचा, किसानों में जोखिम लेने की प्रवृत्ति का अभाव, सामाजिक और आर्थिक स्थितियों के साथ ही जनसांख्यिकीय स्थितियों के कारण भारत में स्मार्ट कृषि अभी अपने प्रारंभिक चरण में है।

जोत का छोटा आकारः अधिकांश भारतीय कृषि में जोत का छोटा आकार वर्तमान में उपलब्ध स्मार्ट कृषि तकनीक से आर्थिक लाभ को सीमित करता है। भारत में, छोटी और सीमांत जोत (< 2 हेक्टेयर) कुल जोत का 86 प्रतिशत है, जबकि बड़ी जोत (> 10 हेक्टेयर) कुल भूमि जोत का केवल 14 प्रतिशत भाग ही है।

आगे का भविष्य

- किसान संगठनों को प्रौद्योगिकी समाधानों का उपयोग करने के बारे में जागरुक करने की आवश्यकता है। 450–500 स्टार्ट–अप जो बड़े आंकड़ो का एनालिटिक्स, वैल्यू चेन या मार्केट लिंकेज, इंटरनेट ऑफ़ थिंग्स (आईओटी)

आधारित संचार निगरानी और ट्रैकिंग के साथ ही लागत प्रभावी खेती के लिए नवाचारों का नेतृत्व करते हैं। कृषि व्यवसाय फर्मों को किसान संगठनों से जोड़ने के लिए एक संस्थागत एजेंसी आवश्यक है।

- सुझाए गए नीतिगत आयाम स्मार्ट कृषि पारिस्थितिकी तंत्र को पोषित करने, कृषि क्षेत्र में व्यवस्थित तकनीक के साथ ही संदर्भ–विशिष्ट दक्षता को बढ़ावा देने के लिए महत्वपूर्ण हैं।
- बजटीय आवंटन घटकों के आधार पर विशेष रूप से स्मार्ट कृषि और प्लेटफार्म एकीकृत कृषि व्यवसाय के लिए स्पष्ट होना चाहिए।
- अनुदान या तकनीकी सहायता निधि का उपयोग किसान संगठनों को कृषि–तकनीकी फर्मों की बारीकियों के साथ ही रोपण, वितरण और विपणन को मजबूत करने के लिए उन्हें किन सेवाओं की आवश्यकता है, को जानने में सक्षम बना सकता है।
- कृषि तकनीकी संस्थाओं की बाजार क्षमता और बाजार हिस्सेदारी को देखते हुए, सरकार को डिजिटल कृषि के तौर–तरीकों को तैयार करने, उत्पादन आदान और प्रतिफल कृषि बाजारों को एकीकृत करने और राज्य सरकारों और प्रमुख फर्मों को तैयार करने की आवश्यकता है।

सरकारी पहल

सरकार ने भारतीय किसानों की कृषि क्षमताओं को सुरक्षित करने के लिए कृत्रिम बुद्धिमत्ता (एआई) का उपयोग करने के लिए आईबीएम के साथ एक समझौते पर हस्ताक्षर किया है। पायलट अध्ययन मध्य प्रदेश, गुजरात और महाराष्ट्र जैसे राज्यों में किया जाएगा। प्रायोगिक अध्ययन के बाद, आईबीएम का वाटसन निर्णय मंच कृषि क्षेत्र में सुधार के लिए जमीनी समाधान प्रदान करेगा।

कृषि क्षेत्र में नवीन तकनीकों को आगे बढ़ाने और संभावित निवेशकों से जुड़ने में सक्षम बनाने के लिए, सरकार ने चंडीगढ़, अहमदाबाद, पुणे, बेंगलुरु, कोलकाता और हैदराबाद जैसे शहरों से 40 कृषि स्टार्ट–अप को सलाह देने के लिए एग्री–उड़ान कार्यक्रम भी लॉन्च किया है।

सरकार, ड्रोन नीति 2021 के आधार पर, लाइसेंसिंग और मूल्य निर्धारण को विनियमित कर सकती है। साथ ही सम्बन्धित स्टार्ट–अप को कृषि में ड्रोन तकनीक का उपयोग करने की अनुमति दे सकती है।

स्मार्ट कृषि में सात–ई का विशेष महत्व

- स्मार्ट कृषि में सात–ई का विशेष महत्व होता है। वे इस प्रकार हैं:
- उच्चतर उत्पादकता के जरिए उत्पादन बढ़ाना (Enhancement) आर्थिक दृष्टि से कृषि की स्वीकार्यता (Economical)
- जीवाश्म ईंधन की ऊर्जा (Energy) का सीमित उपयोग
- सीमित प्राकृतिक संसाधनों का कुशल (Efficient) उपयोग
- कृषि समुदाय में लाभों का समान वितरण (Equitable)
- उच्च आय स्तर हेतु रोजगारों का सृजन (Employment)
- पर्यावरण एवं पारिस्थितिकीय (Environmental)

अगर आप अपनी कृषि भूमि, अन्य सम्पत्ति, पुराने ट्रैक्टर, कृषि उपकरण, दुधारू मवेशी व पशुधन बेचने के इच्छुक हैं और चाहते हैं कि ज्यादा से ज्यादा खरीददार आपसे सम्पर्क करें और आपको अपनी वस्तु का अधिकतम मूल्य मिले तो अपनी बिकाऊ वस्तु की पोस्ट ट्रैक्टर जंक्शन पर निःशुल्क करें और ट्रैक्टर जंक्शन के विशेष अवसर का अधिक लाभ उठाएं।

स्मार्ट खेती तकनीक उपज के अनुमान, स्थानीय मौसम पूर्वानुमान, बीमारियों और आपदा की संभावनाओं की जानकारी देती है। यह खेती की आवश्यकताओं के उचित विश्लेषण के साथ सही कार्य योजना प्रस्तुत करती है। लाभदायक और टिकाऊ खेती के लिए डिजिटल आधारित स्मार्ट कृषि पर जोर दिया जा रहा है जो कि भारत के लिए सुनहरा अवसर है। रिमोट सेंसिंग, जीपीएस टेक्नोलोजी, आर्टिफिशियल इंटेलीजेंस, मशीन लर्निंग, कनेक्टेड सेंसर और आईओटी जैसी उभरती हुई प्रौद्योगिकियों का उपयोग करके कृषि को स्मार्ट बनाया जा सकता है।

2

भारतीय कृषि के समक्ष चुनौतियां एवं अवसर

विश्व की कुल जनसंख्या के आधार पर भारत दूसरे स्थान (16.7 प्रतिशत) पर व भौगोलिक क्षेत्रफल (2.4 प्रतिशत) के आधार पर तीसरे स्थान पर है। हमारे देश में वर्ष 2011 की जनगणना के अनुसार कुल 121.02 करोड़ जनसंख्या थी। जिसमें 31.16 प्रतिशत शहरों में और 68.84 प्रतिशत लोग गांवों में निवास करते थे और उसकी रोजी–रोटी का साधन खेतीबाड़ी था। कृषि ज्यादातर भारतीय ग्रामीणों की आजीविका का साधन होने के साथ ही उद्यमिता और रोजगार के अवसर भी उपलब्ध करा रही है। भारत एशिया महाद्वीप का एक कृषि प्रधान देश है। एक रिपोर्ट के अनुसार, देश के ग्रामीण क्षेत्रों में रहने वाली लगभग 70 प्रतिशत जनसंख्या आज भी जीविकोपार्जन के लिए कृषि पर निर्भर है। भारत के गांवों में आज भी कृषि और सम्बन्धित उद्योग ही आजीविका और रोजगार का मुख्य आधार हैं। एक अनुमान के अनुसार वर्ष 2005 से 2012 के बीच लगभग 3.7 करोड़ लोगों ने खेतीबाड़ी छोड़ दी। अनुसंधानों से ज्ञात हुआ है कि आज भी 60 करोड़ किसान परिवारों में से 40 प्रतिशत खेती छोड़ने को तैयार हैं। इसका कारण स्पष्ट है कि महंगे रासायनिक उर्वरकों, जेनेटिकली मॉडिफाइड बीजों एवं तकनीकों ने जहाँ एक ओर किसान को मजबूर किया है, वहीं दूसरी ओर खेती मौसम पर आधारित होने के कारण जलवायु परिवर्तन द्वारा प्रभावित हुई है। ऐसी स्थिति में किसानों को कृषि से जोड़े रखना एक चुनौती है। सीमित भूमि एवं जल की उपलब्धता, जलवायु, प्राकृतिक संसाधनों का क्षरण, हमारी खाद्य–सुरक्षा सुनिश्चित करने के लिए नई चुनौतियाँ हैं। लगातार बढ़ते कृषि आदानों की कीमतों की वजह से खेती में लागत बढ़ी है तथा उसके अनुरूप आमदनी नहीं बढ़ पाई है। एक तरफ किसानों को कृषि से मुख मोड़ना और दूसरी तरफ कृषि में घटती हुई आमदनी इस समय सबसे बड़ी चुनौती बनती जा रही है। जलवायु परिवर्तन से वर्षा की मात्रा, तीव्रता एवं वितरण में बदलाव आ गया है। जिसके परिणामस्वरूप भू–क्षरण, जल अधिकता, उर्वरता ह्रास, सूखा गुणवत्ता में निरन्तर कमी से किसान की आर्थिक स्थिति कमजोर होती जा रही है। इसलिये बढ़ती

जनसंख्या को खाद्य सुरक्षा आदि उपलब्ध कराने के लिये व जलवायु परिवर्तन के प्रभावों को कम करने हेतु उपाय संरक्षण कृषि, जैविक ईंधन का उपयोग, उपयुक्त जल एवं पोषक तत्व प्रबंधन तथा पशुओं के आहार में परिवर्तन करना आवश्यक है। इसके लिये हमें अपने उपलब्ध प्राकृतिक संसाधनों का समुचित उपयोग एवं उनका प्रबंधन करने पर गंभीर विचार करना होगा। ऐसा प्रतीत होता है कि आज भारतीय कृषि एक चौराहे पर खड़ी है और इसके समक्ष जहाँ एक ओर अभूतपूर्व चुनौतियाँ हैं, वहीं अनेक अवसर भी उपलब्ध हैं।

चित्र 2.1: भारत की सकल घरेलू उत्पाद में कृषि का योगदान

चुनौतियाँ एवं अवसर

भारतीय कृषि के समक्ष वर्तमान चुनौतियाँ इस प्रकार से हैंः घरेलू खाद्य एवं पोषण सुरक्षा सुनिश्चित करना, कृषि आय में वृद्धि, गरीबी उन्मूलन और जलवायु परिवर्तन के कारण उत्पादन खतरों को कम करना, समग्र प्राकृतिक संसाधन और पर्यावरण सुरक्षा सुनिश्चित करना। लवणता के माध्यम से भूमि में गिरावट, जल जमाव, ईंधन की कीमतों, खाद्य कीमतों, वित्तीय संकट, तत्काल नीतिगत हस्तक्षेप की आवश्यकता एवं अन्य प्रमुख सम्बन्धी चुनौतियाँ हैं। दूसरी ओर, उच्च आर्थिक वृद्धि और बढ़ती उपभोक्ता आय के परिणामस्वरूप नये अवसर दोनों घरेलू और वैश्विक बाजारों में कृषि वस्तुओं के लिये वृद्धि की मांग के रूप में खुलासा कर रहे हैं। धान, गेहूँ और मक्का के अलावा कपास, सोयाबीन, मछली, अंड़ा इत्यादि के लिए बढ़ती अंतर्राष्ट्रीय मांग भी निर्यात के लिए एक बड़ी चुनौती है। इसके अलावा ऐसे में घरेलू बाजार में उच्च वस्तुओं

जैसे फल, सब्जियां, दूध, मांस, फूल इत्यादि और कृषि प्रसंस्कृत उत्पादों के लिए बढ़ती मांग संभावित समृद्धि की ओर प्रदर्शित कर रही है जिसे कृषि क्षेत्र में और अधिक बढ़ावा देना है।

खेती में लगातार एक ही प्रकार की फसलें उगाने व एक ही तरह के आदानों का प्रयोग करने से न केवल फसलों की पैदावार में कमी बल्कि उनकी गुणवत्ता में कमी दर्ज की गयी है। एक फसल प्रणाली न तो आर्थिक दृष्टि से लाभदायक है और न ही पारिस्थितिक दृष्टि से अधिक उपयोगी है। वर्तमान समय में जोत का आकार लगातार घटता जा रहा है, मौसमी हेर–फेर से अक्सर फसल खराब होने की संभावना बन जाती है और खेती का लाभ भी प्रभावित होता है, इसके अलावा किसानों को ऊर्जा संकट, विशेष आर्थिक क्षेत्र, कृषि आदानों की बढ़ती कीमतें और ग्लोबल वार्मिंग जैसी गंभीर समस्याओं का सामना करना पड़ रहा है।

कृषि क्षेत्र की भावी चुनौतियां एवं निवारण

वैश्विक स्तर पर निरंतर जारी कृषि अनुसंधान एवं कार्यकलापों के कारण इस क्षेत्र की चुनौतियां नये रूप में सामने आ रही है। भारत जैसे विकासशील देश की बात करें तो इस क्रम में अनेक समस्याओं का उल्लेख किया जा सकता है, जिनका सामना किसानों को करना पड़ता है। इनमें विशेषरूप से दिन–प्रतिदिन छोटी हो रही जोत, वर्षाधीन खेती पर निभंरता, ग्रामीण क्षेत्रों में आवश्यक विनिमार्ण का अभाव, कृषि मंडियों की कमी इत्यादि है, जैसे;

1. **जलवायु परिवर्तनः** विश्व भर में जलवायु परिवर्तन के कारण कृषि उत्पादन पर प्रतिकूल प्रभाव पड़ता है। इस स्थिति के निदान हेतु कृषि वैज्ञानिकों द्वारा जलवायु परिवर्तन अनुकूल कृषि रणनीतियों का विकास किया जा रहा है। इसके अंतर्गत बढ़ते तापमान और सूखे की स्थिति को सहने वाली फसलों और उनकी किस्मों की पहचान करने के अतिरिक्त उन्नत किस्मों का विकास करने पर भी बल दिया जा रहा है।

2. **डिजिटल कृषि अर्थव्यवस्थाः** इसमें कोई दो राय नहीं है कि कृषि क्षेत्र में विकास की राह डिजिटल तकनीकी के प्रयोग पर निर्भर है। इस तकनीकी के प्रयोग से कृषि क्षेत्र आदान आपूर्ति श्रृंखला, फसल प्रबंधन चक्र, भंडारण और बाजार से जुड़े कार्यों में विशेष परिवर्तन होने की संभावनाएं हैं। संभवतः इसके अंतर्गत सटीक कृषि, जलवायु स्मार्ट कृषि, संसाधन प्रबंधन हेतु डिजिटल प्लेटफार्म आधारित कृषि स्टार्टअप बड़ी संख्या में आ रहे हैं।

3. **किसान उत्पाद संगठन (एफपीओ):** किसान समुदाय के सशक्तिकरण हेतु इस तरह के संगठन बनाए जा रहे हैं। वर्तमान में 900 से अधिक ऐसे पंजीकृत संगठन बनाये जा चुके हैं। ऐसे संगठनों द्वारा अन्य कार्यकलापों के अतिरिक्त अपने सदस्य किसानों के कृषि उत्पाद के विक्रय के व्यावसायिक स्तर पर प्रयास भी किये जाते हैं।

4. **जल प्रबंधन:** कृषि क्षेत्र में लगभग 80 प्रतिशत जल का उपयोग किया जाता है। इसके कारण केवल 47 प्रतिशत भूभाग ही सिंचित किया जा सकता है। प्रधानमंत्री कृषि सिंचाई योजना द्वारा अधिकारिक क्षेत्र को सिंचित श्रेणी के अंतर्गत लाने का प्रयास किया जा रहा है। वर्षा की अनिश्चिता और भूजल संसाधनों के जल स्तर में गिरावट के कारण अपेक्षित परिणाम नहीं आ पा रहे हैं।

कृषि में रोजगार के अवसर

भारत में कृषि विकास के क्षेत्रों में युवा किसानों को जोड़कर रोजगार प्रदान करने के लिए प्रमुख विकल्प हैं। जैविक खेती और उत्पादों का बाजार, तिलहन एवं दलहन उत्पादन और आत्मनिर्भरता, मधुमक्खी पालन, मुर्गी पालन, मछली पालन, पशुपालन, मशरूम की खेती, रेशम की खेती, फूलों की खेती, औषधीय व सगंधीय पौधों की खेती, कृषि वानिकी प्रबंधन, खाद्य प्रसंस्करण उद्योग, सब्जियों का संरक्षण एवं भंडारण, फल परिरक्षण कार्य, सोयाबीन खाद्य उपयोग एवं स्वास्थ्य लाभ का कार्य, डेरी उद्योग, अनुबंध खेती, ई–खेती, मिश्रित खेती, शुष्क मृदा क्षेत्रों का विकास एवं खेती, बागानों में अर्न्तवर्ती खेती, कृषि तकनीकी का विस्तार कार्य, कृषि आदानों का क्रय एवं विक्रय, कृषि आदानों, बीज, खाद व उर्वरक का व्यवसाय, मोबाइल कृषि तकनीकी हस्तांतरण, कृषि यंत्रों एवं उपकरणों का निर्माण, भूमि सुधार, फूड पार्क, फलों से पेय पदार्थो का निर्माण, खाद्य सामग्री पैकेजिंग, जैविक खाद, वर्मी कम्पोस्ट का निर्माण, कृषि पर्यटन स्थलों का निर्माण, कृषि विपणन, कृषि कौशल विकास केन्द्रों की स्थापना तथा प्रधानमंत्री फसल बीमा योजना।

कृषि विकास के उपाय

1. भारतीय कृषि को विभिन्न प्रकार के जोखिम और अनिश्चितताओं के नए रूपों का सामना करना पड़ता है। ये राष्ट्रीय आपदाओं, वैश्विक जलवायु परिवर्तन, जैव ईंधन के लिए भोजन का उपयोग तथा कीमतों पर अनिश्चिताओं इत्यादि से

संबंधित है। इसलिए, आदानों की आपूर्ति, ऋण, फसल और पशुधन बीमा आदि के लिए ज्ञान प्रणाली और संस्थागत तंत्र की भूमिका हमारे कृषि में बहुत आवश्यक लचीलापन प्राप्त करने के क्रम में महत्वपूर्ण होगा। साथ ही साथ, कृषि में रसायन, पानी, ऊर्जा के कुशल उपयोग पर हमारी निर्भरता और अन्य आदानों सहित छोटे से खेत में यंत्रीकरण और जैव ऊर्जा, समय पर कृषि कार्य पर जोर देकर इच्छानुसार कृषि क्षेत्र में तीव्र गति से वृद्धि की जा सकती है।

2. जलवायु परिवर्तन के समाधान के लिए अनुकूलन और नीतियों दोनों के निवेश विकल्प विशेष रूप से संरक्षण कृषि, कार्बन जब्ती के रूप में प्रौद्योगिकी इत्यादि और विधियों को अपनाने के लिए छोटे किसानों को प्रोत्साहन देना, तत्काल आवश्यकता है।

3. ऐसी मुख्य फसलों/उत्पादों को पहचानकर कृषि में विविधीकरण लाने की आवश्यकता है, जो छोटे किसानों को अपनी आय बढ़ाने में सहायक हो।

4. खाद्य प्रसंस्करण और विकास के क्षेत्र को मजबूत करने की आवश्यकता है, जिससे कृषि प्रसंस्करण विशेष रूप से ग्रामीण क्षेत्रों में किसानों और निजी क्षेत्रों दोनों के लिए एक आकर्षक विकल्प बन जाए।

5. कृषि का वैश्वीकरण हमारे उत्पादन की गुणवत्ता में सुधार, मूल्य संवर्धन, बाजार सूचना और लंबी अवधि में अच्छी तरह से देश के भीतर और बाहर दोनों में एक अनुकूल वातावरण प्रदान किया जा सकता है।

6. गैर हरित क्रांति वाले क्षेत्रों एवं वर्षा आधारित क्षेत्रों में उत्पादन बढ़ाने और कृषि आय को बढ़ाने के लिए कार्यक्रम बनाया जा सकता है।

7. कृषि के विकास के लिए जल सर्वाधिक महत्वपूर्ण संसाधन है। खेती में जल के अविवेकपूर्ण उपयोग का हमारी कृषि के उत्पादन पर प्रतिकूल प्रभाव पड़ रहा है। जल उपयोग की दक्षता बढ़ाकर सिंचित क्षेत्रों का विस्तार किया जा सकता है। सिंचाई विभाग, निजी क्षेत्र तथा जल उपयोग करने वाले किसानों की संगठनों के सम्मिलित प्रयास के माध्यम से जल उपयोग की दक्षता को वांछित स्तर पर लाकर सतही और भू—जल के नियंत्रण तथा मूल्य निर्धारण में नवीनता लाना, सभी स्टेकहोल्डर्स के लिए लाभदायक सिद्ध हो सकता है। खाद्य सुरक्षा का लक्ष्य हासिल करने के लिए जल और जमीन जैसे संसाधनों का उचित प्रबंधन होना ही चाहिए।

8. राष्ट्रीय खाद्य सुरक्षा सुनिश्चित करने के लिए कृषि उत्पादकता को बढ़ाने के लिए वर्तमान उपज और उपज क्षमता में विद्यमान अंतर को समाप्त करना होगा। इसके लिए कृषि नीति पर ध्यान, वर्तमान तकनीकी का प्रसार और इनपुट आपूर्ति व्यवस्था के पुनर्जीवन और किसानों की उभरती आवश्यकताओं को पूरा करने के लिए बदले जाने की आवश्यकता है।
9. उत्पादकता की दृष्टि से सतत् विकास के लिए किसानों को प्रौद्योगिकी का सहारा देते रहना आवश्यक है।
10. किसानों को बाजार से जोड़ना, कृषि उत्पादन और विपणन प्रणाली, मूल्य श्रृंखला और विपणन क्षमता के प्रभावी कार्यक्रम को अपनाना है।
11. भारत सरकार ने सन् 2022–23 के अंत तक किसानों की आय को दोगुनी करने का लक्ष्य रखा है, जिसे प्राप्त करने के लिए कृषि और किसान विकास से जुड़े सभी कार्यक्रमों पर समेकित रूप से तीव्र गति से सभी सम्बन्धित कार्य करने हैं।

भारत में कृषि और सम्बद्ध क्षेत्र आजीविका का मुख्य स्रोत है। ऐसे में एक तरफ खेती को बनाए रखने की आवश्यकता है तो दूसरी तरफ, युवाओं को भी अपनी आकांक्षाओं और जीवनशैली को पूरा करने के लिए गैर–कृषि रोजगारों की आवश्यकता है। भारत में 60 प्रतिशत कृषि श्रमिकों के पास औपचारिक प्रशिक्षण नहीं है, उन्हें सम्मान जनक रोजगार के लिए कौशल की आवश्यकता है। कृषि एवं सम्बद्ध क्षेत्र में तकनीकी कौशल और नवाचार पर काफी जोर दिया जा रहा है और इन प्रयासों के सकारात्मक परिणाम भी सामने आ रहे हैं। केन्द्र एवं राज्य सरकारों के स्तर पर सीमित संसाधनों के कारण कृषि चुनौतियों का सामना करने के लिए अनेक योजनायें और कार्यक्रम चलाये जा रहे हैं। निस्सदेंह इनके संचालन से कुछ बदलाव भी देखने को मिल रहे हैं।

अध्याय 3

जलवायु स्मार्ट कृषि

चित्र 3.1: जलवायु अनुकूल खेती

भारत में कृषि, सुनिश्चित खाद्य एवं पौषण सुरक्षा, टिकाऊ विकास एवं गरीबी उन्मूलन में एक महत्पूर्ण क्षेत्र है। देश की बढ़ती जनसंख्या के लिए रोजगार के अवसर पैदा करने हेतु यह एक प्रमुख क्षेत्र है। कुछ समय से कृषि क्षेत्र जलवायु परिवर्तन एवं प्राकृतिक संसाधनों के अपघटन के साथ मिलकर खाद्य एवं ऊर्जा से जुड़ी चुनौतियों का सामना करना पड़ रहा है। जलवायु परिवर्तन भारत की ही नहीं वरन् विश्व के अनेक देशों की वैश्विक समस्या बन गयी है, जिसको लेकर हर वर्ष विभिन्न देशों में अंतर्राष्ट्रीय जलवायु परिवर्तन विषय पर सम्मेलन आयोजित किये जाते रहे हैं। जलवायु परिवर्तन के कारण ग्लेशियरों का पिघलना, ग्लोबल वार्मिंग, आंधी–तूफान, अतिवृष्टि, सूखा, सूनामी एवं अनेक प्रकार के कीड़े–मकाड़े तथा बीमारियां आदि समस्याएं सामने आ रही हैं।

सम्पूर्ण विश्व भर में बदलती जलवायु एवं बढ़ती जनसंख्या और उससे जुडी खाद्य आपूर्ति एक चिंता का विषय बना हुआ है। संयुक्त राष्ट्र के खाद्य एवं कृषि संगठन (एफएओ) के अनुसार भविष्य में दुनिया की जनसंख्या के भरण–पोषण हेतु कुल कृषि उत्पादन में 60 प्रतिशत की वृद्धि की आवश्यकता होगी परन्तु बदलते जलवायु परिवेश में प्रति हेक्टर उपज को बढ़ाना एक कठिन चुनौती है।

जलवायु स्मार्ट कृषि (सीएसए) खाद्य सुरक्षा और जलवायु परिवर्तन के आपस में जुड़े चुनौतियों का समाधान करने के लिए एक एकीकृत उपाय है।

जलवायु–स्मार्ट कृषि तकनीकियां

चित्र 3.2: उन्नत सस्य क्रियाएं

- पलवार
- अंतवर्तीय खेती
- संरक्षण कृषि
- फसल चक्र
- कृषि वानिकी
- उन्नत चारागाह
- समेकित फसल पशुधन प्रबंधन
- उन्नत जल प्रबंधन
- नवाचार प्रक्रियाएं जैसे; उन्नत मौसम पूर्वानुमान, तीव्र सूचना तकनीक एवं जोखिम बीमा

जलवायु–स्मार्ट कृषि (CSA)

यह एक दृष्टिकोण है, जो बदलती हुई जलवायु में खाद्य सुरक्षा सुनिश्चित करने के लिये कृषि प्रणालियों को परिवर्तित और पुनर्जीवित करने के लिये आवश्यक क्रियाओं को निर्देशित करने में मदद करता है। **CSA** के निम्न तीन मुख्य उद्‌देश्य हैं:–

1. कृषि उत्पादकता और आय में लगातार वृद्धि प्राप्त करना
2. जलवायु परिवर्तन के प्रति लोचशीलता का निर्माण करना
3. ग्रीनहाउस गैस उत्सर्जन को कम करना या हटाना।

CSA स्थानीय से लेकर राष्ट्रीय और अंतर्राष्ट्रीय स्तर पर कार्य करता है तथा विभिन्न हितधारकों को उनकी स्थानीय स्थितियों के अनुकूल कृषि रणनीतियों की पहचान करने में मदद करता है। CSA, FAO के रणनीतिक उद्देश्यों के तहत संसाधन जुटाने के लिये 11 कॉर्पोरेट क्षेत्रों में से एक है। यह सतत् खाद्य और कृषि के लिये FAO के दृष्टिकोण के अनुरूप है तथा कृषि, वानिकी एवं मत्स्य पालन को अधिक उत्पादक व अधिक टिकाऊ बनाने के लिए FAO के लक्ष्य का समर्थन करता है।

भविष्य का मार्ग

बढ़ते जलवायु परिवर्तन ने भारतीय मौसम आधारित फसलों की सुभेद्यता को और तीव्र कर दिया है जहाँ नवीन तथा परंपरागत कृषि प्रणालियों यथा–जैविक कृषि, ज़ीरो बज़ट नेचुरल फार्मिंग, परमाकल्चर, प्राकृतिक कृषि आदि को अपनाया जाना चाहिये।

जलवायु–स्मार्ट कृषि के प्रमुख तीन आधार स्तंभों यथा–उत्पादकता और आय में वृद्धि, जलवायु परिवर्तन के प्रति अनुकूलन और पारिस्थितिक तंत्र के लचीलेपन का निर्माण एवं ग्रीनहाउस गैस उत्सर्जन में कमी करना इत्यादि है, जैसे;

- खाद्य सुरक्षा संबंधी चुनौतियाँ, जलवायु परिवर्तन का कृषि उत्पादकता पर प्रभाव, कृषि पैटर्न का पर्यावरण पर प्रभाव जैसे; मृदा अपकर्षण, मृदा प्रदूषण, वनोन्मूलन, वैश्विक तापन इत्यादि की चर्चा करते हुए जलवायु–स्मार्ट कृषि क्यों आवश्यक है स्पष्ट करें।
- स्पष्ट करें कि जलवायु–स्मार्ट कृषि इन समस्याओं के समाधान में किस प्रकार सहायक है जैसे–प्रौद्योगिकियों का उपयोग जलवायु परिवर्तन प्रभाव का मूल्यांकन, वैश्विक पशुधन पर्यावरण आकलन मॉडल, खाद्य और कृषि (एसएएफए) प्रणाली का स्थिरता मूल्यांकन, जलवायु जोखिम प्रबंधन, जेंडर मेनस्ट्रीमिंग, ग्रीनहाउस गैस उत्सर्जन की निगरानी और आकलन, एकीकृत हानिकारक कीट प्रबंधन, जलवायु एवं कृषि वित्त में सामंजस्य इत्यादि की चर्चा करें।

खाद्य सुरक्षा के लिए भविष्य की योजना क्लाईमेट स्मार्ट खेती

प्राकृतिक प्रक्रियाओं में परिवर्तन के कारण जलवायु में लगातार परिवर्तन हो रहा है जो एक चिंता का विषय बना हुआ है। संरक्षण खेती की तकनीकियों को अपनाते हुये हमें ऐसी खेती की आवश्यकता होगी जो समय के साथ चलते हुये सभी प्राकृतिक एवं अप्राकृतिक संसाधनों का उचित उपयोग करते हुये टिकाऊ उत्पादन देने में सक्षम हो। ऐसे समय में हमारे सामने क्लाईमेट स्मार्ट खेती का नाम उभरकर सामने आता है। इस विषय पर अध्ययनरत् वैज्ञानिकों का मानना है कि मानवीय गतिविधियों के कारण जलवायु परिवर्तन की वर्तमान दर पिछले 10,000 साल के किसी भी समय की तुलना में तेजी से हुई है। मानवीय गतिविधियों की वजह से उत्सर्जन के नए स्रोतों ने वृद्धि एवं जंगलों के आकार को भी निरंतर प्रभावित किया है। हरितगृह (ग्रीन हाउस) गैसों के उत्सर्जन में मानव जनित

क्रियाओं द्वारा वर्ष 1970 से 2004 के बीच 70 प्रतिशत से भी अधिक वृद्धि हुई है और अनुमान है कि 25 से 95 प्रतिशत तक की वृद्धि वर्ष 2030 तक हो सकती है। जलवायु परितर्वन पर अंतर सरकारी पैनल (आईपीसीसी) ने अपनी चौथी आंकलन रिपोर्ट में कहा है कि जलवायु परिवर्तन 1990 के बाद तेजी से बढ़ा है इसके लिए मानवीय गतिविधियों को जिम्मेदार ठहराया जा सकता है जिसका पारिस्थितिकी प्रणालियों पर प्रभाव पड़ेगा। जीवाश्म ईंधन के दोहन और कृषि पद्ध तियों से 20वीं सदी के दौरान वैश्विक तापमान में औसतन वृद्धि क्रमशः 0.6 डिग्री सेल्सियस एवं 0.17 डिग्री सेल्सियस हुई है।

जलवायु स्मार्ट (आकर्षक) कृषि की गतिविधियां

सीएसए दृष्टिकोण में चार प्रमुख प्रकार की गतिविधियाँ शामिल हैं:

- खाद्य सुरक्षा के लिए कृषि विकास रणनीति के साक्ष्य आधार और मूल्यांकन उपकरण का विस्तार जिससे की आवश्यक अनुकूलन और संभावित शमन का एकीकरण हो।
- पैमाने पर नीतिगत रूपेरखा निर्धारण और कार्यान्वयन सहयोग के लिए आमसहमति बनाना।
- जलवायु जोखिम और अनुकूलन के लिए संदर्भो–उपयुक्त कृषि पद्धतियों एवं प्रौद्योगिकी प्रणालियों का उपयोग कर किसान प्रबंधन को सक्षम बनाने के लिए राष्ट्रीय और स्थानीय संस्थाओं को मजबूत बनाना।
- कार्यान्वयन के समर्थन के लिए वित्त पोषण के लिए विकल्पों को बढ़ाना, जलवायु और कृषि वित्त को जोड़ना

जलवायु स्मार्ट कृषि की तकनीकियां

1 **मौसम स्मार्ट तकनीकियां**: इसके अंतर्गत किसानों को मौसम का पूर्वानुमान और उसके अनुरूप कृषि कार्य करने पर बल दिया जाता है। अगले 5 दिनों का जिला स्तरीय मौसम पूर्वानुमान और उससे जुड़ी कृषि सुझाव पूरे देश भर में भारत मौसम विभाग की परियोजना ग्रामीण कृषि मौसम सेवा के माध्यम से सप्ताह में दो बार प्रखण्ड स्तरीय मौसम की जानकारी आईएमडी की वेबसाइट पर एवं क्षेत्र विशेष जानकारी मोबाइल ऐप 'मेघदूत' के माध्यम से प्राप्त की जा सकती है। किसान किसी भी फसल अथवा पशुधन बीमा योजना का लाभ उठाकर मौसम में असमय बदलावों से होने वाले नुकसान की भरपाई कर सकते हैं, उदाहरण स्वरूप प्रधानमंत्री फसल बीमा योजना।

2 **फसल पोषण स्मार्ट तकनीकियांः** इसके अंतर्गत लीफ कलर, ग्रीन सीकर का प्रयोग कर खाद एवं उर्वरक का उपयोग करना, फसल चक्र में दलहनी फसलों को समाहित करना, हरी खाद फसलों का प्रयोग (लोबिया, ढैंचा व सनई) तथा प्रक्षेत्र विशेष पादप पोषक प्रबंधन का प्रयोग जैसी तकनीकों पर बल दिया जाता है। इसका उद्देश्य है मृदा में कार्बन के स्तर में वृद्धि कर भूमि के स्वास्थ्य में सुधार करना।

3 **जल स्मार्ट तकनीकियांः** इन तकनीकियों में जल की उपलब्धता होने पर भी फसल उपज को बनाए रखने पर जोर दिया जाता है। उदाहरण स्वरूप धान की सीधी बुवाई, धान में वैकल्पिक जल प्रबंधन, जीरो टिलेज, वर्षा जल का संग्रहण इत्यादि। लेजर लैंड लेवलर तकनीक का प्रयोग कर भूमि समतलीकरण करने से 25 प्रतिशत तक सिंचाई के जल की हानि को नियंत्रित, 35 प्रतिशत तक मानव संसाधन की आवश्यकता को कम और 20 प्रतिशत तक फसल की उपज को बढ़ाया जा सकता है। वैकल्पिक आर्द्र एवं शुष्क सिंचाई पद्धति के प्रयोग से बिना किसी उपज हानि के 30 प्रतिशत तक सिंचाई के जल के उपयोग को कम किया जा सकता है। उठी क्यारियों पर बुवाई एवं रोपण तकनीक से 25 प्रतिशत तक कम बीज एवं पोषक तत्वों तथा 30 से 40 प्रतिशत तक कम जल की आवश्यकता पड़ती है। बचे हुए फसल अवशेषों को पलवार के रूप प्रयोग करने से खरपतवार नियंत्रण के साथ–साथ खेत में उचित मात्रा में नमी बनाये रखने में सहायता मिलती है।

जल स्मार्ट तकनीक के तहत धान की सीधी बिजाई, मक्का आधारित फसल चक्र, बैड प्लान्टिंग, आवश्यकता के अनुसार भूमि का समतलीकरण, धान में वैकल्पिक जल प्रबंधन, जीरो टिलेज व सूक्ष्म सिंचाई आदि तकनीकियां अपनायी जाती है। न्यूट्रिएंट स्मार्ट में प्रक्षेत्र विशेष पादप पोषक तत्व प्रबंधन, मक्का और गेहूँ के लिए न्यूट्रिएंट एक्सपर्ट, ग्रीन सीकर व फसल चक्र में दलहनों का समन्वय आदि तकनीकियां को अपनाया जाता है। कार्बन स्मार्ट के अन्तर्गत जीरो टिलेज एवं फसल अवशेष प्रबंधन को बढावा दिया जाता है। ऊर्जा स्मार्ट में भी जीरो टिलेज, फसल अवशेष प्रबंधन तथा धान की सीधी बिजाई को अपनाया जाता है। मौसम स्मार्ट तकनीक में मौसम का पूर्वानुमान, सूचकांक आधारित बीमा, जरूरतों के अनुसार बीज, फसल विविधिकरण व कृषि वानिकी को लागू करने पर बल दिया जा रहा है। ज्ञान स्मार्ट में सूचना एवं प्रसारण तकनीकियां, महिला सशक्तिकरण व क्षमता

विकास मुख्य तकनीकियाँ हैं। इन सभी तकनीकियों के उपयोग से बदलते वातावरण में प्राकृतिक संसाधनों के संरक्षण के साथ–साथ खाद्य सुरक्षा के लिए भी गाँवों को सक्षम बनाया जा रहा है।

4 **ऊर्जा स्मार्ट तकनीकियां**: यह तकनीक खेत में बुवाई, सिंचाई से लेकर कटाई तक बिजली एवं ईंधन के रूप में होने वाली खपत और उससे होने वाले खर्च को कम करने पर बल देती है। उदाहरणः–जीरो टिलेज से बुवाई करना, फसल अवशेषों का उचित प्रबंधन, न्यूनतम टिलेज का प्रयोग एवं धान की श्री (एस.आर.आई.) विधि से अथवा सीधी बुवाई करना।

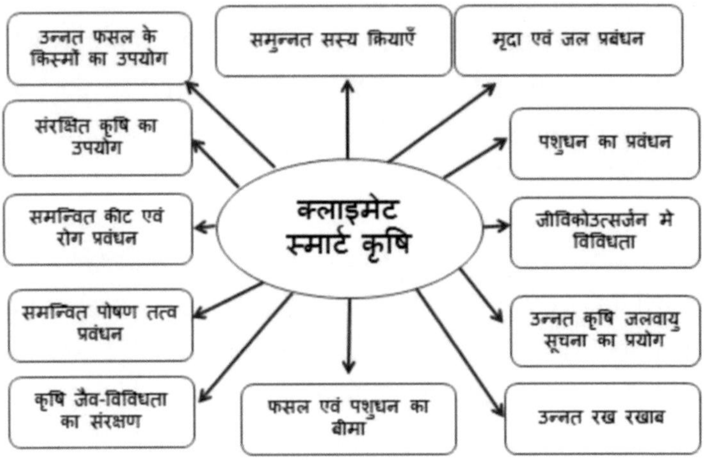

चित्र 3.3: जलवायु स्मार्ट खेती हेतु तकनीकियां

जलवायु स्मार्ट खेती हेतु महत्वपूर्ण अनुशंसाएं

सिंधु–गंगा के मैदानी इलाकों में धान–गेहूँ फसल प्रणाली में धान को जीरो टिल मक्का प्रतिस्थापित कर श्रम और पानी की बढ़ती कमी की समस्या से निपटा जा सकता है। खेत की तैयारी करके प्रतिरोपित धान की जगह धान की सीधी बुवाई (डी.एस.आर) भविष्य के लिए एक बेहतर विकल्प है। टर्बो–हैप्पी सीडर की मदद से फसल अवशेषों में लगाये गये जीरो–टिल गेहूँ का फसल उत्पादकता पर अच्छा एवं सकारात्मक प्रभाव आता है। जीरो टिल टर्बो हैप्पी सीडर तकनीक न केवल फसल उत्पादकता बढ़ाती है बल्कि किसानों को फसल अवशेषों को जलाने से रोकने एवं धान अवशेश प्रबंधन के समाधान एवं पर्यावरण मैत्रिता का एक अच्छा विकल्प प्रदान करती है। धान–गेहूँ फसल प्रणाली में मूँग को शामिल करने से भूमि स्वास्थ, उत्पादकता के साथ–साथ उर्वरा शाक्ति को

टिकाऊ बनाये रखने व प्रभावी खरपतवार नियंत्रण करने में मदद मिलती है। मृदा के भौतिक, रासायनिक एवं जैविक गुणो में सुधार आना टिकाऊ उत्पादन के लिए एक अच्छा संकेत है।

जलवायु परिवर्तन के अनुकूल होना यह दर्शाता है कि खेतों को जलवायु परिवर्तन को सहने लायक बनाना होगा। यानि, जब हम सी.एस.ए. की पहल को डिज़ाइन कर रहे होते हैं तो सीएसए 'एक समान सबके लिए उपयुक्त नहीं होता है। इसलिए, मुख्यधारा की सी.एस.ए. के लिए पहले हमें प्रमाणों के आधार को विस्तृत अध्ययन करना होगा। उदाहरण के लिए, जलवायु परिवर्तन के अनुमानित प्रभावों से कृषि क्षेत्र में ख़ासतौर से प्रभावित होने वाले क्षेत्रों की पहचान करनी होगी। इसी तरह से, उतना ही महत्वपूर्ण है कि नीतियों की ऐसी स्थिति बनाना जो स्थानीय और राष्ट्रीय संस्थानों को मजबूत करें। सीएसए को विभिन्न प्रकार के आर्थिक उपकरणों का भी पीछे से सहयोग होना चाहिए।

जलवायु परिवर्तन के अनुकूल भारतीय कृषि में प्रौद्योगिकियाँ

जलवायु परिवर्तन के प्रभावों को कम करने में कृषि दो विधियों से महत्वपूर्ण भूमिका निभा सकती है, एक तो ग्रीनहाउस गैसों का उत्सर्जन कम करके, दूसरे वातावरण में से कार्बन डाई ऑक्साइड को जमीन में अवशोषित करके। कृषि पर जलवायु परिवर्तन के प्रभावों को कम करने के लिए तकनीकियाँ हैं जैसेः जलवायु के प्रति तैयार किस्में, जल बचत करने वाली प्रौद्योगिकियां, बुवाई व रोपाई के तरीकों में बदलाव करके, समेकित कृषि प्रणाली, फसल विविधीकरण, समेकित नाशीजीव प्रबंधन, फसल बीमा, संरक्षण कृषि, उन्नत मौसम आधारित कृषि परामर्श एवं पोषक तत्व प्रबंधन। भारतीय कृषि पर जलवायु परिवर्तन से होने वाले प्रभावों को कम करने के लिए उपर्युक्त महत्वपूर्ण उपायों को उपयोग करने की आवश्यकता है जिनका संक्षेप में विवरण निम्नलिखित हैः–

1. जलवायु परिवर्तन के अनुकूल फसलों की किस्मों का विकास एवं उपयोग

जलवायु संवेदनशील क्षेत्र में फसलों की ताप/सूखा सहिष्णु किस्में, प्राकृतिक संसाधन व प्रबंधन, फसल एवं पशुधन उत्पादन जैसे अंगीकरण उपाय अकेले अथवा संयोजन में किसानों को आत्मनिर्भर बनाने में उपयोगी हो सकते हैं। इसके लिए फसलों की ऐसी किस्मों का विकास करना होगा, जिससे अधिक तापमान, सूखा और पानी में डूबी होने पर भी सफलतापूर्वक उत्पादन

कर सकें। इसके अलावा ऐसी किस्मों को भी बढ़ावा देना होगा जो नई फसल प्रणाली व जलवायु परिवर्तन के अनुकूल हों। देश की खाद्य सुरक्षा में धान की भूमिका को देखते हुए अंतर्राष्ट्रीय सहयोग से धान की **'स्वर्णा सब–1**' नामक किस्म विकसित व जारी की गई है। यह किस्म उपज और गुणवत्ता संबंधी खूबियों के अलावा दो सप्ताह से अधिक तक पानी में पूरा डुबाव भी सहन कर सकती है। लगभग 140 दिन में परिपक्व होकर औसतन 5.0 से 5.5 टन प्रति हेक्टेयर की उपज देती है। मुख्य रूप से ओड़िशा के लिए जारी यह किस्म पूर्वी राज्यों के अलावा बाढ़ से ग्रस्त उत्तर और दक्षिणी राज्यों में भी लोकप्रिय है। पूरे देश में इसका प्रचलन बढ़ाने के लिए इस किस्म को राष्ट्रीय खाद्य सुरक्षा मिशन में शामिल कर इसके बीज किसानों को बांटे जा रहे हैं। इसी चरण में **''वर्षा धान''** नामक किस्म भी है, जो लम्बे समय तक लगभग 75 सें.मी. तक पानी में डुबाव सहन कर सकती है। धान की खेती करने वाले किसानों को सूखे की समस्या से उबारने के लिए ''**सहभागी धान''** नामक किस्म विकसित की गई है, जिसे लम्बी अवधि तक सूखा सहनशील पाया गया है। इसे ओड़िशा और झारखंड के सभी क्षेत्रों तथा दशाओं में खेती के लिए जारी किया गया है। ''**शुष्क सम्राट''** नामक एक अन्य किस्म सूखा–ग्रस्त पूर्वी उत्तर प्रदेश, बिहार और छत्तीसगढ़ में खेती के लिए जारी की गई हैं, जिनमें 'आईआर 64 डीआरटी–1'' किस्म 20 से 25 दिन तक पानी की कमी बखूबी सहन कर सकती है। बारानी क्षेत्रों में इसकी उपज 2.5 से 3.0 टन तक सीमित रहती है। ''नवीन'' अंजली' बिरसा विकास धान'' और 'अभिषेक' अन्य सूखा–सहनशील किस्में हैं।

दूसरी फसल गेहूँ को कई बार सूखे के साथ सामान्य से अधिक तापमान की समस्या भी झेलनी पड़ती है। इसके निदान के लिए अनुसंधान संस्थानों द्वारा इन दोनों ही प्रतिकूल दशाओं के प्रति सहनशील किस्मों का विकास किया गया है। **''एचडी 2888**'' किस्म उत्तर–पूर्वी मैदानों में सूखे या नमी की कमी को आसानी से सहन कर लेती हैं और 23 क्विंटल प्रति हेक्टेयर की अच्छी उपज भी देती हैं। इसके साथ ही यह किस्म इस क्षेत्र के प्रमुख रोगों हेतु अर्धबौनी किस्म है, जिसे मुख्य रूप से सूखा सहनशील किस्म के रूप में विकसित किया गया है। ''कौशाली (एचडब्ल्यू 2045)'' किस्म को उत्तर–पूर्वी क्षेत्रों के मैदानी भागों में खेती के लिए विकसित और जारी किया गया है। यह पकने की अवस्था में अधिक तापमान को सहन कर अच्छी उपज देती है।

लवणीय एवं क्षारीय भूमियों के लिये विकसित उन्नत प्रजातियां

- धान की किस्में जैसे सी.एस.आर 10, सी.एस.आर 13, सी.एस.आर 23, सी.एस. आर 27, सी.एस.आर 30, सी.एस.आर 36 एवं सी.एस.आर 43 व 46 (केवल उ.प्र. के लिए)।
- गेहूँ की किस्में जैसे के.आर.एल. 1–4, के.आर.एल. 210, एवं के.आर.एल. 283 (केवल उ.प्र. के लिए)।
- सरसों की किस्में जैसे सी.एस. 52, सी.एस. 55, सी.एस. 56, सी.एस. 58,
- चने की किस्म जैसे करनाल चना 1।
- ढैंचा की किस्में जैसे सी.एस.डी. 137 एवं सी.एस.डी. 123।

विविध पारिस्थितिकियों के लिए एनआरआरआई (NRRI), कटक द्वारा धान की किस्में है–

- **अंजलीः** यह सूखा सहिष्णु व सीधी बुवाई के लिए उपयुक्त तथा बिहार, झारखंड, ओडिशा, असम एवं त्रिपुरा के ऊपरी भूमि के लिए अनुकूल।
- **वंदनाः** यह सूखा एवं मृदा अम्लीयता के प्रति सहिष्णु है।
- **हीराः** यह न्यूट्री–फार्मिंग के लिए उपयुक्त है।
- **सीआर धान 100ः** ओडिशा के सूखा प्रवण क्षेत्रों के लिए उपयुक्त।
- **सहभागी धानः** यह सूखा सहिष्णु तथा सीधी बुवाई व रोपाई के लिए उपयुक्त।
- **सीआर धान 40ः** झारखंड व महाराष्ट्र के सूखा आक्रांत क्षेत्रों वर्षाश्रित ऊपरी भूमियों में सीधी बुवाई के लिए उपयुक्त।
- **अन्नदाः** मध्यम रूप से सूखा सहिष्णु तथा प. बंगाल, म.प्र., असम एवं गोवा के लिए उपयुक्त।
- **सीआर धान 201, 202 एवं 204ः** सीमित तथा ऐरोबिक परिस्थितियों के लिये उपयुक्त है।
- **शताब्दीः** प.बंगाल में धान के सभी मौमस में इसकी खेती की जा सकती है।
- **राजलक्ष्मीः** यह शीत सहिष्णु है।

2. फसल विविधीकरण (Crop Diversification)

फसल विविधीकरण से तात्पर्य किसी एक फसल पर निर्भर न होकर फार्म में अनेक फसलों के उगाने से हैं। फसल विविधीकरण का अभिप्राय है वर्षों से अपनाये जाने वाले एक विशेष फसल चक्र में से किसी एक समस्याग्रस्त फसल की जगह दूसरी फसल की खेती अथवा फसल विविधीकरण का अभिप्राय है, साधनों, दलहनों, तिलहनों, रेशा, चारा, ईंधन, आदि की निरन्तर बदलती माँग पूर्ति हेतु और मृदा स्वास्थ्य एवं कृषि परिस्थितियों में सुधार के उद्‌देश्य से सन्तुलित फसल प्रणाली हेतु वर्तमान फसल पद्धति में आवश्यक परिवर्तन लाना। इस विधि में बदल–बदल कर फसल उगाने से खरपतवार नियंत्रण, कीटों एवं बीमारियों का एक फसल से दूसरी फसल में प्रवेश पर रोक, प्राकृतिक संसाधनों के अधिकाधिक दोहन पर रोक आदि महत्वपूर्ण योगदान सम्भव हैं।

फसल विविधीकरण एक ऐसी सत्य योजना है जिसके अनुसार कम लाभ व देर से पकने वाली फसलों के स्थान पर और अधिक लाभ के लिए फसल प्रणाली व उन्नत किस्मों में बदलाव करना, घरेलू एवं अन्तर्राष्ट्रीय बाजारों में निर्यात और प्रतिस्पर्धा में सुधार, पर्यावरण सुधार एवं कृषि औद्योगिकी, मत्स्य, वानिकी एवं पशुपालन को समेकित करने के लिए ऐसी अनुकूल स्थितियां पैदा करना जिससे प्रति इकाई तथा समय में उत्पादन, उत्पादकता तथा लाभ में वृद्धि की जा सके।

फसल विविधीकरण की आवश्यकता

वर्तमान खेती में निम्नलिखित कारणों के कारण फसल विविधीकरण की आवश्यकता है–

1 भूमि जल का अत्यधिक एवं असंतुलित दोहन एवं घटता भूजल स्तर।

2 मृदा स्वास्थ्य में दिनों दिन गिरावट।

3 कीटों, खरपतवारों एवं रोगों का बढ़ता प्रकोप।

4 खेती में डीजल, बिजली एवं रसायनों को असंतुलित मात्रा में प्रयोग।

5 खेती में बढ़ती लागत और घटता आर्थिक लाभ।

फसल विविधीकरण के लाभ संक्षेप में

1. फसल उत्पादन एवं आमदनी में वृद्धि एवं जीवन स्तर में सुधार होता है।
2. प्राकृतिक संसाधनों का संरक्षण जैसे जल की बचत, मिट्टी की गुणवत्ता में सुधार होता है।
3. वायुमण्डलीय नत्रजन का मृदा में स्थिरीकरण जैसेंः दलहनी फसलों से।
4. जोखिम/रिस्क में कमी आदि।
5. सीमांत व लघु किसानों एवं कृषि श्रमिकों को वर्षभर रोजगार एवं आय में वृद्धि।
6. कीट, बीमारियों एवं खरपतवारों की मात्रा में कमी।
7. छोटे खेत या कम जोत में अधिक आय प्राप्त करना।
8. मौसम के प्रभाव से बचाव एवं पर्यावरण प्रदूषण को कम करना।
10. पशुधन के लिए चारे की गुणवत्ता में सुधार एवं उपलब्धता की सुनिश्चिता।
11. प्रतिकूल परिस्थितियों में मूल्य के उतार–चढ़ाव से बचाव।

फसल विविधीकरण को प्रभावित करने वाले कारक

1 संसाधन आधारित कारकः सिंचाई, वर्षा एवं मृदा उपजाऊपन।

2 तकनीकी आधारित कारकः बीज, खाद, जल तकनीकी, विपणन, भंडारण एवं प्रसंस्करण।

3 घरेलू कारकः भोजन, चारा, ईंधन, निवेश करने की क्षमता।

4 मूल्य संवर्धित कारकः लागत मूल्य, आय, आर्थिक मूल्य, नीतियां।

5 संस्थागत एवं बुनियादी ढ़ांचाः खेत के आकार, किरायेदारी व्यवस्था, अनुसंधान, संस्थान, विपणन प्रणाली एवं सरकारी नियामक नीतियाँ इत्यादि।

फसल विविधीकरण में अन्तःफसल पद्धति का विशेष योगदान है। दलहनी फसलों का फसल पद्धतियों में समावेश करने से कुल उत्पादकता बढ़ती हैं जैसेः लगातार धान–गेहूँ पद्धति में गेहूँ की उपज 30 क्विंटल प्रति हेक्टेयर से धान के बाद बरसीम समावेश करने से 50 क्विंटल प्रति हेक्टेयर हो जाती हैं। इस प्रकार धान, कपास तथा गन्ना के साथ दलहनी फसल उगाने से फसल पद्धति की सकल उत्पादकता में काफी वृद्धि हो जाती है। साथ ही साथ मृदा की भौतिक, रासायनिक तथा जैविक गुणों में अभूतपूर्व सुधार हो जाता है। दलहनी फसलों की अन्तः फसली खेती मुख्यः सिंचित क्षेत्रों में गन्ना के साथ

तथा बारानी क्षेत्रों में मोटे अनाजों के साथ की जाती हैं। धान–गेहूँ फसल पद्धति वाले क्षेत्रों में कपास, बरसीम, गन्ना, ज्वार तथा सूर्यमुखी आदि फसलों को फसल क्रम में समावेश करने से गेहूँ की फसल के प्रमुख खरपतवार गेहुँसा/फेलेरिस माइनर/मँडूसी का प्रभावी नियंत्रण हो जाता है तथा उपज में वृद्धि हो जाती है।

3. जलवायु परिवर्तन के अनुकूल मृदा एवं जल संरक्षण की तकनीकें

तापमान वृद्धि के कारण जमीन में उपलब्ध नमी कम हो जायेगी, ऐसी स्थिति में खेती में नमी का संरक्षण करना और वर्षा जल को एकत्र कर सिंचाई में उपयोग करना आवश्यक होगा। मृदा एवं जल संरक्षण में जीरो टिलेज तकनीक प्रमुख है, जिसका गंगा के मैदानी भागों में धान–गेहूँ फसल चक्र में बड़े पैमाने पर उपयोग किया जा रहा है। इसके अन्तर्गत धान की कटाई के बाद खेतों में जुताई नहीं की जाती बल्कि जीरो टिलेज मशीन द्वारा ही सीधे गेहूँ की बुवाई कर दी जाती है। इसमें धान की फसल के ठूंठों को खेत में ही छोड़ दिया जाता है, जिससे भूमि का उपजाऊपन बढ़ता है। खेत की जुताई नहीं करने पर मिट्टी के सूक्ष्म पर्यावरण का संरक्षण होता तथा जुताई और खेत की तैयारी पर होने वाली खर्च में भी लगभग 5 से 10 प्रतिशत की बचत होती है। समय की बचत के कारण किसान ठीक से समय पर गेहूँ की बुवाई कर देते हैं, जिससे उपज में 6 से 10 प्रतिशत की वृद्धि होती है। इसके अतिरिक्त सिंचाई के पानी की भी 15 से 20 प्रतिशत बचत देखी गई है। धान की फसल के बाद जीरो टिलेज सफलता को देखते हुए अनेक क्षेत्रों में बाजरा, ज्वार, मूँग तथा कपास जैसी फसलों की कटाई के बाद जीरो टिलेज मशीन से सीधी बुवाई का प्रतिशत बढ़ रहा है।

''फर्ब'' नाम से लोकप्रिय एक अन्य बुवाई प्रणाली में गेहूँ या किसी अन्य फसल की बुवाई उठी हुई चौड़ी क्यारी में की जाती है और इस तरह की क्यारियों के बीच कूंड बनी होती है, जिसे सिंचाई जल हेतु प्रयोग किया जाता है। इस विधि का उपयोग करने से समतल खेत की तुलना में सिंचाई के पानी में 30 प्रतिशत की बचत होती है और पैदावार लगभग 20 प्रतिशत अधिक मिलती है। 'फर्ब' तकनीक में चौड़ी क्यारी बनाने के लिए रैज्ड बेड प्लान्टर मशीन प्रयोग की जाती है।

हाल में विकसित एक नई विधि के अन्तर्गत धान के बीजों की सीधे खेत में रोपाई की जाती है, जिसके अनेक लाभ होते हैं। इस विधि में धान के खेत में पानी नहीं खड़ा रखना पड़ता है, जिससे सिंचाई के पानी की लगभग 30 प्रतिशत तक बचत होती है। खेत में पानी खड़ा नहीं करने के कारण ग्रीनहाउस गैसों के उत्सर्जन पर रोक लग जाती है। यह विधि पंजाब एवं हरियाणा में किसानों के बीच विशेष लोकप्रिय हो रही है।

जैविक कृषि भी जल संरक्षण में काफी हद तक सहायक होती है। मोटे अनाज की कुछ फसलें जैसे कोदों, बाजरा, कंगनी और ढ़लानदार भूमियों में मक्का की तरह हो सकने वाला सूखा धान राहत दे सकते हैं।

4. **सस्य विधियों में परिवर्तन करके**: नई फसल व नये मौसम के अनुकूल फसलों की बुवाई में भी बदलाव लाने होंगे ताकि तापमान का प्रभाव कम हो। मिश्रित एवं अन्तःफसलीय खेती करके जलवायु परिवर्तन से मुकाबला किया जा सकता है। कृषि वानिकी जलवायु परिवर्तन में अच्छा उत्पादन दे सकती है। कृषि वानिकी वातावरण में उपलब्ध कार्बन को सोखने का कार्य तथा मृदा उर्वरता को बढ़ाती है।

5. संसाधन संरक्षण तकनीकियों द्वारा जलवायु परिवर्तन को कम करने के उपाय

कृषि प्रणाली अनुसंधान निदेशालय, मोदीपुरम, मेरठ में किए गए परीक्षणों के परिणामों से पता चला है कि जीरो टिल ड्रिल से बुवाई करने में 3 घंटे प्रति हेक्टेयर जबकि कूप–टाईप जीरो टिल प्लान्टर 4 घंटे प्रति हेक्टेयर, हैप्पी सीडर 4 घंटे प्रति हेक्टेयर व टर्बो सीडर 5 घंटे प्रति हेक्टेयर समय लगता हैं। जबकि रेज्ड बेड प्लान्टर से बुवाई करने में 13 घंटे प्रति हेक्टेयर व सबसे अधिक परिचालन ऊर्जा (3173 मेगा जूल प्रति हेक्टेयर) की खपत है एवं पारंपारिक विधि से बुवाई 11 घंटे प्रति हेक्टेयर का समय एवं परिचालन ऊर्जा (2542 मेगा जूल प्रति हेक्टेयर) लगता है। विभिन्न मशीनों के उपयोग से परिचालन ऊर्जा (687 मेगा जूल प्रति हेक्टयर), जिसके बाद कूप–टाईप जीरो टील प्लान्टर (804 मेगा जूल प्रति हेक्टेयर), हैप्पी सीडर (1029 मेगा जूल प्रति हेक्टेयर) व टर्बो सीडर (1089 मेगा जूल प्रति हेक्टेयर) में इस्तेमाल हुई है। शून्य जुताई में फसल की बुवाई से पहले खेत तैयार न करने के कारण पारंपारिक तरीकों की तुलना में समय में 73 प्रतिशत व ऊर्जा 67 प्रतिशत की बचत होती है। गेहूँ की बुवाई

के लिए टर्बो सीडर व हैप्पी सीडर एक हेक्टेयर में बुवाई के लिए लगभग 4–6 घंटे व 12–15 लीटर ईंधन खपत होता है। यह भी देखा गया हैं कि हैप्पी टर्बो सीडर फसल अवशेषों में नो टिल के तहत बुवाई से 70 प्रतिशत तक डीजल व 80 प्रतिशत तक समय की बचत होती है। शोध परिणाम से यह ज्ञात होता है कि संसाधन संरक्षण तकनीकी अपनाकर पारंपारिक खेती की तुलना में 60 प्रतिशत तक समतुल्य कार्बन डाई ऑक्साइड की बचत संभव है।

6. मौसम पूर्वानुमान (वैदर फॉरकास्टिग-Weather Forecasting) आर्धारित कृषि परामर्श

चित्र 3.4: स्वचालित मौसम पूर्वानुमानी उपकरण

कृषि, जोखिम से भरा एक उद्यम है, विशेषकर जब मौसम में अभूतपूर्व परिवर्तन होते हैं। ऐसी परिस्थितियों में किसानों को न्युनतम समय में लगातार जानकारी एवं मौसम पूर्वानुमान परामर्श सहयोग की आवश्यकता होती है। मौसम पूर्वानुमान का अर्थ है, भविष्य में घटने वाली मौसम सम्बन्धी घटनाओं की भविष्यवाणी या पूर्व सूचना को मौसम का पूर्वानुमान कहते हैं अथवा मौसम के वर्तमान और पिछले मौसम की स्थिति का मूल्यांकन करके भविष्य में संभावित मौसम के बारे में पहले ही बता देने को मौसम पूर्वानुमान कहते हैं अथवा मौसम में दैनिक तापक्रम, नमी, हवा, वर्षा आदि के आधार पर भविष्य में घटने वाली मौसम सम्बन्धी घटनाओं का पूर्व में ही अनुमान लेना मौसम पूर्वानुमान कहलाता है।

मौसम के पूर्वानुमान को ध्यान में रखते हुए कृषि परामर्श, कृषि की पैदावार बढ़ाने एवं किसानों की स्थिति को मजबूत करने में सहायक होता है। भारत में मौसम सम्बन्धी पूर्वानुमान भारतीय मौसम विज्ञान विभाग द्वारा किया जाता है। मौसम सम्बन्धी पूर्वानुमान की जानकारी वैसे तो रेडियो, टेलीविजन द्वारा किसानों को समय–समय पर दी जाती है। इसके अलावा केन्द्रीय मौसम वेधशाला पूना, महाराष्ट्र में स्थापित की गई है, जहाँ पर भारतीय मौसम सम्बन्धी ज्ञान विभिन्न मौसम वेधशालाओं से एकत्रित किया जाता है।

मौसम पूर्वानुमान का महत्व

1. किसान अपने खेतों की तैयारी, बुवाई तथा अन्य कृषि कार्यो को समय पर कर लेंगे।
2. किसान समय पर फसलों की सिंचाई व्यवस्था कर सकता है।
3. पाला, कुहरा पडने की सूचना मिलने पर किसान अपनी फसलों में सिंचाई की व्यवस्था करके फसल को कुछ हद तक नुकसान से बचा सकता है।
4. यदि किसान को वर्षा होने की सूचना मिल जाये तो वर्षा से पहले दी जाने वाली सिंचाई खर्च को बचाया सकता है।

5 यदि आंधी, तूफान, तेज हवायें आने की सूचना किसान को समय से मिल जायें तो खेत में सिंचाई करने से बच सकता है तथा अपनी फसल को गिरने से बचा सकता है।

मौसम पूर्वानुमान के प्रकार

1 अल्पकालीन पूर्वानुमानः 3 दिनों तक प्रभावी

2 मध्यकालीन पूर्वानुमानः 3 से 10 दिनों तक प्रभावी

3 दीर्घकालीन पूर्वानुमानः 10 दिनों से लेकर एक साल तक प्रभावी

7. भारतीय कृषि अनुसंधान परिषद द्वारा जलवायु अनुकूल कृषि

जलवायु परिवर्तन के मुद्दे का सामना करने के लिए कृषि विज्ञान केंद्रों द्वारा उपयुक्त फसलों की किस्मों, प्राकृतिक संसाधन प्रबंधन, फार्म मशीनीकरण एवं कस्टम हायरिंग सेवाओं को केंद्रित करते हुए अनुकूल प्रौद्योगिकियों पर कार्य किया गया, साथ ही सूखा, बाढ़, पाला, मृदा व भूजल के स्तर में गिरावट सम्बन्धी पहलुओं पर किसानों को जागरूक किया गया।

जलवायु अनुकूल कार्यक्रमों के अंतर्गत कृषि विज्ञान केंद्रों द्वारा जलवायु स्मार्ट गांव विकसित किए गए जैसे मौसम स्मार्ट (मौसम पूर्वानुमान, विभिन्न मौसम आवश्यकताओं के लिए बीज, फसल विविधीकरण एवं कृषि वानिकी), जल स्मार्ट (धान की सीधी बुवाई, जमीन समतलीकरण), कार्बन स्मार्ट (शून्य जुताई, अपशिष्ट प्रबंधन, पोषक तत्व स्मार्ट) स्थान विशिष्ट पोषक तत्व प्रबंधन एवं समेकित खरपतवार नियंत्रण), ऊर्जा (शून्य जुताई, अपशिष्ट प्रबंधन, जल प्रबंधन, धान की सीधी बुवाई) तथा जानकारी स्मार्ट

(आई.सी.टी., महिलाओं व युवाओं का क्षमता विकास)। कृषि विज्ञान केंद्रों द्वारा किसानों की भागीदारी से विभिन्न जलवायु सम्बन्धी दबावों का तत्परता से सामना करना संभव हो सका। विशिष्ट भिन्नताओं के लिए उपयुक्त अनेक फसल किस्मों के परीक्षण विभिन्न परिस्थितियों में किसानों के बीच जागरूकता का सृजन हो जाता है तथा खेत उपकरणों का कस्टम हायरिंग मॉडल छोटे व सीमान्त किसानों के लिए कहीं अधिक प्रभावी देखा गया।

8. **भारतीय कृषि के लिए अल्प कार्बन तकनीकियाँ**

देश में ग्रीनहाउस गैस उत्सर्जन में कृषि का योगदान 18 प्रतिशत है। हालांकि, कृषि क्षेत्र में ग्रीनहाउस गैसों के न्युनीकरण की क्षमता है, जैसे भारत के गंगा–यमुना के ऊपरी मैदानी में स्प्रिंकलर सिंचाई, धान की सीधी बुवाई, नाइट्रीकरण निरोधक का उपयोग, दानेदार यूरिया उपयोग, लीफ कलर चार्ट का उपयोग, स्थान विशिष्ट पोषक तत्व प्रबंधन एवं फसल विविधीकरण आदि उपयोगी तकनीकियां हैं। भारत के गंगा–यमुना के निचले मैदानी में जीरो टिलेज, नाइट्रीफिकेशन आदि उपयोगी तकनीकियाँ ग्रीनहाउस गैस मित्रवत् एवं आर्थिक दृष्टि से लाभदायक सिद्ध हुई हैं।

सारांश

जलवायु स्मार्ट कृषि (सी.एस.ए.) खाद्य सुरक्षा और जलवायु परिवर्तन के आपस में जुड़े चुनौतियों का समाधान करने के लिए एक एकीकृत दृष्टिकोण है। यह मूल रूप से तीन मुख्य उद्देश्यों का लक्ष्य रखता है। ग्रीनहाउस (शीशे का मकान जिसमें फल–सब्जी/पौधे उगाए जाते हैं) गैस उत्सर्जन को जहाँ संभव हो कम करना या दूर करना।

4

स्मार्ट कृषि के लिए उन्नत कार्य प्रणालियां

एक अनुमान के अनुसार वर्ष 2050 तक विश्व की जनसंख्या में अतिरिक्त एक तिहाई की वृद्धि दर्ज होगी और इस अतिरिक्त 2 अरब लोगों में से अधिकांश विकसित देशो में होंगे। वहीं, शहरों में अधिक संख्या में लोग रह रहे होगे। यदि आय और खपत में वर्तमान वृद्धि का रुख जारी रहता है तो खाद्य एवं कृषि संगठन (एफएओ) के अनुमान के अनुसार कृषि उत्पादन को भोजन और पशु चारे की अपेक्षित मांगों को पूरा करने के लिए 2050 तक 60 प्रतिशत तक बढ़ाना होगा। यदि कृषि को बढ़ती हुई वैश्विक जनसंख्या का भरण–पोषण करना है और आर्थिक विकास व गरीबी में कमी के लिए आधार प्रदान करना है तो इसे स्वयं को बदलना होगा। कृषि पर प्रतिकूल प्रभाव के कारण जलवायु परिवर्तन इस कार्य को और अधिक कठिन बनाने में कसर नहीं छोड़ेगा जिस कारण नई तकनीकियों की आवश्यकता होगी, जोकि कृषि उत्पादकता और लाभप्रदता के अगले स्तर पर जाने के लिए बहुत आशाजनक लगता है। खाद्य सुरक्षा और कृषि विकास लक्ष्यों को प्राप्त करने के लिए बदलते परिदृश्य में जलवायु परिवर्तन के अनुकूलन और ग्रीनहाउस गैसों के उत्सर्जन को कम करने की आवश्यकता है। परन्तु इस परिवर्तन को प्राकृतिक संसाधन आधार को कम किए बिना प्राप्त किया जाना चाहिए। भारतीय कृषि में होने वाले परिवर्तन को अधिक उत्पादक होने की आवश्यकता है। इसके अतिरिक्त इसमें उत्पादन सामग्री का अधिक प्रभावी ढंग से उपयोग, उत्पादन में स्थिरता और साथ–साथ जोखिम, आघात और दीर्घकालिक जलवायु परिवर्तनशीलता के लिए अधिक लचीला होने की क्षमता होनी चाहिए।

खाद्य एवं कृषि संगठन ने खाद्य सुरक्षा और जलवायु चुनौतियों को संयुक्त रूप से संवर्धित करते हुए सतत् विकास (आर्थिक, सामाजिक और पर्यावरण) के तीन आयामों के रूप में जलवायु स्मार्ट कृषि को परिभाषित किया है। ये तीन मुख्य स्तंभ इस प्रकार हैः

1 कृषि उत्पादकता और आय में लगातार वृद्धि,

2 जलवायु परिवर्तन का अनुकूलन और उसके प्रति लचीलापन,

3 जहाँ संभव हो, ग्रीनहाउस गैसों के उत्सर्जन को घटाना और या हटाना।

इन तीन परस्पर जुड़ी हुई चुनौतियों का सामना करने के लिए उत्पादन प्रणालियों की कृषि भूमि स्तर पर अधिक कुशल और लचीला होने की आवश्यकता है। संसाधन संरक्षण और नूतन कार्य प्रणालियों को संसाधन उपयोग में अधिक प्रभावी होना चाहिए। अधिक खाद्यान्न उत्पादन के लिए भूमि, जल और आगतों का कम उपयोग होना चाहिए और इसे बदलाव व आघातों को झेलने के लिए अधिक लचीला होना चाहिए। इन संसाधन संरक्षण तकनीकियों और नवीन कार्यप्रणालियों को नियत–स्तर पर सर्वाधिक सटीकता के साथ प्रयोग किया जाता है जिससे सूचना और संचार तकनीकी निर्णय समर्थन प्रणालियों के साथ खेत स्तर पर प्रयुक्त सामग्री जैसे; बीज, उर्वरक, कीटनाशक, सिंचाई आदि में अधिक सटीकता प्राप्त हो सके और इसे ही 'स्मार्ट कृषि' माना जाता है।

स्मार्ट कृषि या अधिक सटीक कृषि में उत्पादन क्षमता और कृषि उत्पादों की गुणवत्ता बढ़ाने के लिए उपलब्ध कृषि विधियों में उन्नत प्रौद्योगिकियों का एकीकरण समाहित है। अतिरिक्त लाभ के रूप में वे बोझिल श्रम और थकाऊ कार्यों को कम करके खेत श्रमिकों के जीवन–स्तर में सुधार लाते हैं। स्मार्ट कृषि में उत्पादन सामग्री का जब और जहाँ आवश्यक हो, प्रयोग होता है, आधुनिक कृषि क्रांति की तीसरी लहर बन गई है (पहली मशीनीकरण और दूसरी आनुवांशिकी संवध िन के साथ हरित क्रांति), और आजकल यह बड़ी मात्रा में आंकड़ों की उपलब्ध ाता के कारण कृषि जानकारी प्रणालियों की वृद्धि के साथ परिष्कृत हो रही है।

हाल ही में कृषि उत्पादन में व्यापक नवाचार हुए हैं, जिसे न केवल उत्पादकता में सुधार है, बल्कि वे पर्यावरण की सुरक्षा के लिए भी उतने ही महत्पूर्ण हैं। उर्वरक प्रबंधन के लिए सूचना प्रौद्योगिकी से सम्बन्धित अनेक प्रणाली–अनुसंधान उपकरण उपलब्ध हो गए है। भौगोलिक सूचना प्रणाली, ग्लोबल पोजिशनिंग प्रणाली और रिमोट सेंसिंग की शुरुआत के साथ किसान अब प्रत्येक क्षेत्र की स्थान विशेष स्थितियों के लिए पोषक तत्वों से सम्बन्धित सुझावों और जल प्रबंधन मॉडल को परिष्कृत कर सकते हैं।

उच्च संसाधन उपयोग दक्षता के लिए उपयुक्त कार्य प्रणालियां

1 बीज बुवाई और रोपण में सटीकता

खेतों में सही स्थान और सही मात्रा में बीज बुवाई बहुत कठिन है। प्रभावी रूप से बीज बोने के लिए दो चीजों पर नियंत्रण की आवश्यकता होती है। सही गहराई पर बीज बोना और पौधों की सही वृद्धि के लिए उचित दूरी पर पौधे लगाना। हर बार इन चीजों को अधिकतम करने के लिए सटीक बीजारोपण उपकरण तैयार किए गए हैं। जियोमैपिंग और सेंसर आंकड़ों का संयोजन जो मृदा की गुणवत्ता, घनत्व, नमी और पोषक तत्वों के स्तर का विवरण देता है, बीजारोपण प्रक्रिया में लगाए जाने वाले अनुमान को काफी घटाता है। बीज को अंकुरित होने और बढ़ने की सबसे अच्छी अवस्था मिलती है और समग्र रूप से फसल उत्तम होती है। भविष्य में उपलब्ध सटीक बुवाई यंत्र ट्रैक्टरों और आईसीटी सक्षम प्रणाली के साथ उपलब्ध होंगे जो किसानों को सही जानकारी देंगे। बीजारोपण और रोपण में उपयोग के लिए प्रोटोटाइप ड्रोन का निर्माण और परीक्षण किया जा रहा है। ये ड्रोन संपीड़ित हवा का उपयोग करके खाद और पोषक तत्वों के साथ बीज की फली वाले कैप्सूलों को भूमि में सीधे रोंप सकते हैं।

2 पौषक तत्वों के प्रबंधन में सुस्पष्टता

स्थान विशेष पोषक तत्व प्रबंधन एक सुनियोजित पद्धति है जो पोषक तत्वों से फसलों के पोषण पर सम्पूर्ण जानकारी प्रदान करते हैं। जब भी विभिन्न फसल उत्पादन प्रणाली के अंतर्गत पोषक तत्वों की मांग और आपूर्ति के बीच समायोजन बनाने की आवश्यकता होती है, पोषक तत्वें की विशेष परिवर्तनशीलता और बेहतर पोषक तत्व उपयोग दक्षता के प्रबंधन का हल है।

(क) स्मार्ट उर्वरकः स्मार्ट उर्वरक नए प्रकार के उर्वरक हैं जो सूक्ष्मजीवों और नैनो पदार्थों के आधार पर तैयार किए जाते हैं। नियंत्रित निर्गमन और या **वाहक/वितरण** प्रणाली पर बल देने के साथ नैनो प्रौद्योगिकी आधारित स्मार्ट उर्वरक विकास पौधों की मांगों के अनुरूप पोषक तत्वों की क्षति कम होगी। पोषक तत्व उपयोग क्षमता में वृद्धि से फॉस्फोरस की मात्रा आधी से एक चौथाई हो जाती है और पैदावार 10 प्रतिशत बढ़ जाती है। स्मार्ट उर्वरक से सूक्ष्म पोषक तत्वों की मात्रा में 90 प्रतिशत तक कमी आती

है। कम निवेश के कारण किसानों की आय 15 से 20 प्रतिशत तक बढ़ जाती है। बायोस्टिमुलेंटस पौधो के हारमोनों की उद्दीप्त करते है जो जड़ों के विकास, जड़ों की कार्यक्षमता, पोषक तत्वों का उद्ग्रहण और गुणों को प्रभावित करते हैं और यह रासायनिक से जैविक खाद व्यवस्था में स्थानांतरति करने में लाभप्रद होते हैं। बायोस्टिमुलेंटस के प्रमूख समूह ह्यूमिक पदार्थ, प्रोटीन हाइड्रोलाइजेट और अमिनों अम्ल, जैव उर्वरक का स्वयं पोषक तत्वों की आपूर्ति किए बिना पोषक तत्वें की उपलब्धता पर अप्रत्यक्ष प्रभाव होता है। वे सजीव सूक्ष्मजीव समूह हैं जो पोषक तत्वों की उपलब्धता और उद्ग्रहण में सहायता करते हैं।

(ख) लीफ कलर चार्टः लीफ कलर चार्ट पौधों की नत्रजन स्थिति का एक अच्छा संकेतक है। पत्ती की क्लोरोफिल मात्रा और पत्ती के रंग में परिवर्तन के माध्यम से फसल की आवश्यकता अनुसार नत्रजन की आपूर्ति का मिलान करके इसके उपयोग को अनुकूलित किया जा सकता है। फिलीपींस स्थिति अंतर्राष्ट्रीय धान अनुसंधान संस्थान द्वारा विकसित लीफ कलर चार्ट किसानों की सहायता कर सकता है क्योंकि पत्ती के रंग की गहनता धान के पौधे में नत्रजन की स्थिति से सम्बन्धित है। लीफ कलर चार्ट का उपयोग करके पत्ती के रंग की निगरानी नत्रजन के प्रयोग के सही समय के निर्धारण में सहायता करती है। सभी परिस्थितियों में लीफ कलर चार्ट का उपयोग सरल, आसान और सस्ता है। विभिन्न अध्ययनों से पता चलता है कि लीफ कलर चार्ट का उपयोग करके नाइट्रोजन को 10 से 15 प्रतिशत बचाया जा सकता है।

(ग) नोरमलाइज्ड डिफरेंस वेजीटेशन इंडेक्स (एनडीवीआई) सेंसर्सः गेहूँ और धान की फसलों में अध्ययनों से पता चलता है कि रिमोट सेंसिंग आधारित नोरमलाइज्ड डिफरेंस वेजीटेशन इंडेक्स सेंसर्स का उपयोग करके आवश्यकतानुसार नत्रजन के प्रयोग से बिना किसी उपज क्षति के 15 से 20 प्रतिशत नत्रजन बचाई जा सकती है (बिजय सिंह और अन्य, 2015) जिससे किसानों के लाभ को बढ़ाया जा सकता है।

(घ) मृदा पादप विश्लेषण विकास परिमाणः यह पत्ती में नत्रजन की स्थिति की निगरानी और धान में नत्रजन पर्णीय छिड़काव के समय में सुधार के लिए एक सरल, त्वरित और पोर्टेबल नैदानिक उपकरण है। यह कम लागत वाला क्लोरोफिल मीटर है और किसानों के लिए सस्ता है। एसपीएडी हानिकारक स्थिति का उपयोग करके पत्ती में नत्रजन की

स्थिति की निगरानी करना और सिंचित धान पर नत्रजन उर्वरक का समय निर्धारण करना संभव है। पौधे में नत्रजन की स्थिति को सबसे ऊपर पूरी तरह से फैली पत्ती की एसपीएडी पाठ्यांक से मापने को एक सामान्य प्राणाली के रूप में स्वीकार किया गया है। हालांकि यह पाया गया है कि निचली पत्तियां नत्रजन की स्थिति के निदान के लिए परीक्षण नमूने के रूप में अधिक उपयुक्त हो सकती है क्योंकि निचली पत्तियां ऊपरी पत्तियों की तुलना में नत्रजन स्तर को पृथक करने में बहुत बेहतर होती है। यदि कुल नत्रजन को एक संकेतक के रूप में उपयोग किया जाता है। एसपीएडी मीटर आधारित नत्रजन प्रबंधन अधिक प्रभावी और स्मार्ट प्रतीत होता है।

(च) पोषक विशेषज्ञ (एनई): यह फसल की पैदावार, पर्यावरण गुणवत्ता और समग्र कृषि स्थिरता में सुधार के लिए निर्णय समर्थन प्रणाली सॉफ्टवेयर द्वारा निर्देशित वर्तमान में विकसित सटीक पोषक तत्व प्रबंधन तकनीकी है। सीआईएमएमवाईटी के सहयोग से इंटरनेशनल पादप पोषण संस्थान ने पोषक विशेषज्ञ तकनीक विकसित की है। यह एक पोषक तत्व निर्णय समर्थन प्रणाली है जो स्थान विशेष पोषक तत्व प्रबंधन नियमों पर आधारित है। पोषक विशेषज्ञ उपज के अनुसार और लक्षित कृषि सम्बन्धी क्षमताओं के साथ–साथ देशी स्रोतों से पोषक तत्वों की भरपाई को देखते हुए निर्धारित उर्वरक मात्रा सुझाता है। यह प्रणाली स्थान विशेष जानकारी को व्यवस्थित ढंग से प्राप्त करती है जो स्थान विशेष सुझावो को विकसित करने के लिए महत्वपूर्ण है। देश के प्रमुख मक्का उगाने वाले कृषि पारिस्थितिकी क्षेत्रों में उर्वरक की मात्रा सुझाने के लिए एनई का उपयोग सफलतापूर्वक किया गया है जिससे उपलब्ध सुझावों की वानस्पतिक उपज और कृषि लाभप्रदता में वृद्धि हुई है।

(छ) यूरिया का गहराई में प्रयोग (यूडीपी): अंतर्राष्ट्रीय उर्वरक विकास केन्द्र द्वारा विकसित यूडीपी तकनीक धान प्रणालियों के लिए जलवायु स्मार्ट समाधान का एक अच्छा उदाहरण है। धान के लिए मुख्य नत्रजन उर्वरक यूरिया के प्रयोग की आम तकनीक बुरकाव प्रयोग विधि है जो बहुत ही अप्रभावी विधि है। जिसमें 60 से 70 प्रतिशत नत्रजन की क्षति होती हैं और जो जीएचजी उत्सर्जन और जल प्रदूषण को बढ़ाता है। यूडीपी तकनीक में यूरिया के 1 से 3 ग्राम के ब्रिकेट बनाए जाते हैं जिन्हें धान की रोपाई के बाद मृदा में 7 से 10 सें.मी. की गहराई पर रखा जाता है। इस तकनीक से नत्रजन की कमी 40 प्रतिशत तक कम हो जाती है और यूरिया प्रभाविता

50 प्रतिशत तक बढ़ जाती है। यूरिया के उपयोग में औसतन 25 प्रतिशत तक की कमी के साथ इसकी पैदावार 25 प्रतिशत तक बढ़ जाती है (सिंह एवं अन्य, 2010)।

3 कुशल जल प्रबंधन के लिए नूतन प्रणालियां

मानव उत्तरजीविता और सतत विकास के लिए जल सबसे महत्वपूर्ण प्राकृतिक संसाधन है क्योंकि इसकी उपलब्धता दिन–प्रतिदिन कम होती जा रही है। सिंचाई क्षेत्र के लिए जल की कुल अनुमानित मांग उपलब्ध स्तर से अधिक होगी इसलिए तीन प्रमुख चुनौतियां होंगी (क) सिंचित क्षेत्रों में उपलब्ध जल संसाधनों के कुशल और उत्पादक उपयोग से जल की प्रति बूँद अधिक फसल (ख) कम उत्पादन वाले पारिस्थितिकी तंत्रों जैसे वर्षा आधारित और जलमग्न क्षेत्रों की उत्पादकता में वृद्धि और (ग) कृषि उत्पादन के लिए अपशिष्ट जल का उपयोग करना। यह प्रभावी सिंचाई प्रबंधन के माध्यम से ही संभव है यानी कब और कितनी फसल की आवश्यकता है।

(अ) स्वचालित सिंचाई प्रणाली: बौछारी, टपक और उपसतह टपक सिंचाई जैसी दबाव वाली सिंचाई प्रणाली पहले से ही प्रचलित सिंचाई विधियां है जो किसानों को यह नियंत्रित करने की अनुमति देती है कि उनकी फसलों को कब और कितना जल मिलता है। नमी के स्तर और पौधों के स्वास्थ्य की निरंतर निगरानी करने के लिए इन सिंचाई प्रणालियों को तेजी से परिष्कृत इंटरनेट ऑफ थिंग्स से सुसृज्जित सेंसर के साथ जोड़कर किसान केवल आवश्यकता होने पर ही उपयोग कर पाएंगे, अन्यथा प्रणाली स्वायत्त रूप से संचालित होती रहेंगी। हालांकि दबाव वाली सिंचाई प्रणालियां बिल्कुल रोबोटिक नही है लेकिन ये स्मार्ट फार्म के संदर्भ में पूरी तरह से स्वयत्त रूप से काम कर सकती हैं जोकि आवश्यकतानुसार सिंचाई करने के लिए खेतों के चारों ओर लगे सेंसर के आंकड़ों पर निर्भर है।

(ब) खेत में जलाशय: वर्षा जल संचयन और कुशल जल उपयोग भविष्य में वर्षा आधारित कृषि को बनाए रखने के लिए अपरिहार्य विकल्प है। स्थिरता और लोगों की आजीविका में सुधार सुनिश्चित करने के लिए विभिन्न राज्यों ने खेत में जलाशयों के लिए विशेष कार्यक्रम प्रारम्भ किए हैं।

(स) सीमित सिंचाई आपूर्ति: सीमित जल उपलब्धता की स्थिति में जल

के अधिक प्रभावी और उचित उपयोग के लिए आंशिक फसल जल की आवश्यकताओं को पूरा करने के आधार पर सिंचाई कार्यनीतियों को अपनाया जाना चाहिए। विनियमित सीमित सिंचाई और नियंत्रित लेट–सीजन सीमित सिंचाई जैसी सिंचाई प्रणालियां अपनाना जल संरक्षण और फसल उत्पादन के लिए उपयोग किए जाने वाले जल की मात्रा को घटाने के लिए एक स्वीकृत कार्यनीति बन रही है।

4 खरपतवार और कीट प्रबंधन के लिए नवीन पद्धतियां

(क) नई प्रकार की खरपतवारनाशकः हाल ही में खरपतवार उगने के बाद (पोस्ट एमरजेंस) प्रयोग की जाने वाली कुछ नई पीढ़ी की खरपतवारनाशक बाजार में उपलब्ध हैं जो खेत की फसलों में खरपतवारों के चयनात्मक प्रभावी नियंत्रण का आश्वासन देते है। बहुत कम मात्रा में इन खरपतवारनाशकों की आवश्यकता होती है और ये रखरखाव और लाने ले जाने में बहुत आसान हैं। कुछ पोस्ट एमरजेंस खरपतवारनाशक जैसे दालों और तिलहन में प्रयुक्त इमैजेथोपायर, फेनोक्सप्रॉप–पी–इथाइल, सायहेलोफोप ब्यूटाइल, क्विजालोफोप इथाइल और क्लोडिनाफॉप–प्रोपरगिल, मक्का में टम्बोट्रायोन, धान में पाइराजोसल्फ्यूरोन इथाइल, क्लोरिम्यूरोनिथाइल+मेट्सल्फ्यूरॉन मिथाइल, गेहूँ में क्लोडिनाफोप+मेट्सल्फ्यूरॉन मिथाइल व्यापक रूप से चौड़े पत्ते वाले और घास वाले खरपतवारों को नियंत्रित करने के लिए बहुत प्रभावी पाया जाता है।

(ख) खरपतवारनाशक प्रतिरोधी फसलेंः खरपतवारनाशक प्रतिरोधी फसलें आनुवांशिक रूप से परिवर्तित फसल होती है जो विशेष ब्रॉड–स्पेक्ट्रम खरपतवारनाशक का प्रतिरोध करने के लिए संरक्षित की जाती है। ये आस–पास के खरपतवारों को मारती है, लेकिन उगी फसल को सुरक्षित रखती हैं। इन खरपतवारनाशक प्रतिरोधी फसलें में कुल जीएम फसल क्षेत्र का 83 प्रतिशत सम्मिलित है, जो दुनिया भी में कृषि योग्य भूमि के 8 प्रतिशत से भी कम के बराबर है। अधिकांश खरपतवारनाशक प्रतिरोधी जीएम फसलों (मक्का, सोयाबीन, कपास) को ग्लोइफोसेट झेलने के लिए संरक्षित किया गया है, लेकिन अब जीएम फसलों को 2,4डी, डाईकेम्बा, ग्लूफोसिनेट, ग्लोफोसेट, सल्फोनील्यूरिया, ऑक्सिनिल, मेसोट्रायोन और आइसोक्सफ्लुटोल के प्रतिरोध के लिए विकसित किया गया है। यदि भारत सरकार खरपतवारनाशक प्रतिरोधी जीएम फसलों की अनुमति देती है, तो खरपतवार प्रबंधन अधिक

प्रभावी होगा।

(ग) खरपतवार प्रबंधन में कृत्रिम बुद्धिमता और स्वचालनः खरपतवार और कीट प्रबंधन पौधे की वृद्धि और विकास के सबसे महत्वपूर्ण पहलू है, जिनका प्रबंधन स्वतंत्र रोबोट के माध्यम से उत्तम तरीके से किया जा सकता है। कुछ प्रोटोटाइप पहले से ही निगरानी और साथ ही प्रबंधन के लिए विकसित किए जा रहे हैं। इसी प्रकार खरपतवार को नियंत्रित करने के लिए स्वचालित कल्टीवेटर का उपयोग किया जा सकता है। भविष्य में उन्नत मशीन लर्निंग या यहाँ तक कि कृत्रिम बुद्धिमता को समेकित किए जाने के साथ इस तरह की मशीन खरपतवार या फसलों की निगरानी करने के लिए पूरी तरह से मानव श्रम की आवश्यकता को समाप्त कर सकती हैं।

आजकल फसल छिड़काव अनुप्रयोगों के लिए ड्रोन भी उपलब्ध हैं जो एक और श्रम–गहन कार्य को स्वचालित करने का अवसर प्रदान करते हैं। जीपीएस, लेजर मापन और अल्ट्रासोनिक स्थिति संयोजन का उपयोग करते हुए फसल पर छिड़काव करने वाले ड्रोन ऊँचाई और स्थान को आसानी से अनुकूलित कर सकते है और हवा की गति, स्थलाकृति और भौगोलिक स्थिति जैसे परिवर्ती कारकों का समायोजन कर सकते है। यह ड्रोन को फसलों पर अधिक प्रभावी ढंग से अधिक सटीकता और कम क्षति के साथ खरपतवारों, उर्वरकों और कीटनाशकों के छिड़काव में सक्षम बनाता है।

निराई के लिए डिजाइन किए गए रोबोट उसी मूल मशीन के साथ कीटों की पहचान और कीटनाशकों के उपयोग करने के लिए सेंसर, कैमरा और स्प्रेयर से लैस हो सकते हैं। ये रोबोट और उनके जैसे अन्य आने वाले समय में खेतों पर अलग–अलग काम नहीं करेंगे। इन्हें ट्रैक्टरों और इंटरनेट ऑफ थिंग्स से जोडा जाएगा जिससे समस्त कार्य लगभग स्वयं ही सम्पन्न होगा।

5 उन्नत संसाधन संरक्षण कार्य प्रणालियाँ

(अ) लेजर लैंड लेवलिंगः प्रिसिजन लैंड लेवलिंग एक अन्य संसाधन संरक्षण तकनीक है जिसमें लेजर गाइडेड प्रणाली को उपयोग करने से एक पूरी तरह से समतल क्षेत्र पाने में सहायता मिलती है। लेजर लैंड लेवलिंग से सीधे बीज से उगाए धान और प्रत्यारोपित धान की उपज में लगभग और 20 से 30 प्रतिशत सिंचाई जल की बचत के अतिरिक्त अनेक अन्य लाभ प्राप्त होते हैं। जैसे बेहतर फसल स्थापन्न, पोषक तत्व उपयोग क्षमता, एक समान

सिंचाई आदि।

(ब) उठी क्यारियों पर बुवाई एवं रोपाई तकनीकः रेज्ड बेड प्लांटिग का अर्थ है फसलों को ज्यामितीय पंक्तियों में उगाना और नाली में सिंचाई व्यवस्था के साथ एक बहु फसल रेज्ड बेड प्लांटर का उपयोग करके ऊपर उठाई क्यारियों में लगाना। यह 30 से 40 प्रतिशत तक सिंचाई के जल को बचाने में सहायता करता है, नालियां भारी वर्षा होने पर निकासी चैनल के रूप में कार्य करती है और फसलों को अतिरिक्त नमी से बचाती है।

(स) संरक्षण जुताईः संरक्षण जुताई प्रणालियों में शून्य जुताई, कम जुताई, पलवार जुताई, मेड़ जुताई से लेकर परिरेखा जुताई तक की जाती है। संरक्षण जुताई द्वारा की जाने वाली खेती फसल उगाने का वह तरीका है जिसमें मृदा को छेड़े बिना जीरो–टिल सीड कम फर्टी ड्रिल का उपयोग करके जुताई की जाती है। यह मृदा में रिसने वाले जल की मात्रा को बढ़ाता है और मृदा में कार्बनिक पदार्थ अवधारण क्षमता बढ़ाने के साथ पोषक तत्वों के चक्रण को बढ़ाता है। संरक्षण जुताई के गुणों में सुधार करती है और इसे अधिक लचीला बनाती है। यह समय पर रोपण, लागत को कम करने, मृदा की गुणवत्ता में सुधार, लाभ में वृद्धि, अत्यधिक गर्मी के तनाव को घटाने और पर्यावरणीय आपदाओं को कम करने में सहायता करता है।

उपर्युक्त विवरण के आधार पर कह सकते हैं कि उन्नत और दक्ष कार्य प्रणालियां स्मार्ट कृषि पद्धतियों, उत्पादकता में वृद्धि, संसाधन उपयोग दक्षता और किसानों और पर्यावरण सुरक्षा के लिए हितकारी हैं।

5

स्मार्ट कृषि हेतु समेकित कृषि प्रणाली

भारत और अन्य एशियाई देशों में कृषि, प्राकृतिक संसाधनों की स्थिरता, जलवायु परिवर्तन और उत्पादकता में गिरावट इत्यादि जटिल चुनौतियों का सामना कर रही है, जिनके और अधिक गंभीर परिणाम होने की संभावना है। इनके अतिरिक्त, कृषि जोत के आकार में गिरावट की प्रवृत्ति खेती की लाभप्रदता और स्थिरता भी एक गंभीर चुनौती है। भूमि की प्रति व्यक्ति उपलब्धता में गिरावट को देखते हुए, ऐसी रणनीतियों और कृषि प्रौद्योगिकियों को विकसित करना अनिवार्य है जो पर्याप्त रोजगार और आय सृजन को सक्षम बनाती हैं, विशेष रूप से छोटे–धारकों (< 2.0 हेक्टेयर भूमि वाले किसान) के लिए, जो कि विकासशील देशों में कृषक समुदाय प्रतिनिधित्व करते हैं। जैसे कि एकल कृषि उद्यम, एक विशिष्ट फसल प्रणाली, छोटे–जोत आदि किसान को खेती में बनाए रखने में सक्षम नहीं है। एकीकृत कृषि प्रणाली (IFS), स्थानीय संसाधनों के कुशल प्रबंधन और उत्पादों और उप–उत्पादों के पुनर्चक्रण पर आधारित हो, ताकि खेती के आदानों की आवश्यकता को पूरा करने के लिए खेत को काफी हद तक आत्मनिर्भर बनाया जा सके और कृषि प्रणाली और क्षेत्रीय स्तरों पर आत्मनिर्भरता लाने के लिए कृषि परिवारों हेतु विभिन्न उत्पाद एक संभावित कारक है। आईएफएस को उद्यमों के बीच सामजंस्य, उत्पादन में विविधता और पर्यावरणीय सुदृढ़ता से लाभप्रद होता है। इसी आधार पर भारत में छोटे और सीमांत किसानों के विकास और आत्मनिर्भर भारत के लिए IFS का सुझाव दिया गया है।

परिचय और पृष्ठभूमि

वर्तमान कृषि में एक औद्योगिक उत्पादन मॉडल का उपयोग करने की प्रवृत्ति है, जहाँ फसलों और जानवरों का उत्पादन उन प्रणालियों में किया जाता है जो बढ़ती जनसंख्या हेतु खाद्य आहार, पोषण और वस्त्र मांगों को पूरा करने हेतु तेजी से विशिष्ट, सरल और केंद्रित हैं। इस मॉडल के भीतर, बाहरी आगत (जैसे; सिंचाई, सिंथेटिक उर्वरक, रासायनिक कीट नियंत्रण, चारा, वृद्धि हार्मोन)

का उपयोग अक्सर पर्यावरणीय गुणवत्ता और प्रमुख पारिस्थितिकी तंत्र सेवाओं पर उत्पादन लक्ष्यों को प्राप्त करने के लिए किया गया है। कृषि उत्पादन के इस मॉडल को जारी रखने से पारिस्थितिकी तंत्र सेवाओं का नुकसान हुआ है, पारिस्थितिकी तंत्र का सरलीकरण बढ़ा है और प्रजातियों का विलुप्त होना है। कृषि में भविष्य की चुनौतियों के विरुद्ध में नई प्रणालियों का विकास शामिल होना चाहिए जो अत्यधिक उत्पादक हो, पर्यावरण को होने वाले नुकसान को कम करें और अक्षय संसाधनों का प्रभावी ढंग से उपयोग करें। इन लक्ष्यों को प्राप्त करना एक महत्वपूर्ण कार्य होगा, क्योंकि इसके लिए वर्तमान में नियोजित की तुलना में अधिक जटिल, विविध और प्रबंधन–गहन उत्पादन प्रणालियों के विकास और कार्यान्वयन की आवश्यकता होगी। इसके अलावा, भविष्य की कृषि उत्पादन प्रणालियों को अप्रत्याशित पर्यावरणीय चुनौतियों के विरुद्ध देने हेतु अनुकूल होने की आवश्यकता होगी। इन चुनौतियों का समाधान करने के लिए एकीकृत कृषि प्रणालियों को अपनाने की अनुशंसा की जाती है। कृषि–रसायन, मशीनीकरण और सिंचाई आदान औद्योगिक कृषि के केंद्र है जो पूरी तरह से घटते और कभी अधिक महंगे जीवाश्म ईंधन से प्राप्त होते हैं। उच्च उपज देने वाली फसल की किस्मों के उपयोग से कृषि की गहनता, उर्वरक, सिंचाई और कीटनाशक गंभीर स्वास्थ्य और पर्यावरणीय प्रभावों के साथ प्राकृतिक संसाधनों पर भारी प्रभाव डालते हैं। पारिस्थितिक विनियमन तंत्र की कमी और बाहरी आदानों पर अत्यधिक निर्भर होने के कारण देश और दुनिया के कुछ हिस्सों में एकल फसल पद्धति पर प्रतिकूल पर्यावरणीय प्रभाव पड़ता है।

उद्योगों, बिचौलियों और किसानों से जुड़े बाहरी औद्योगिक आदानों के दुश्चक्र को तोड़ने और COVID & 19 चुनौतियों का समाधान करने के लिए, भारत सरकार ने ''आत्मनिर्भर भारत (आत्मनिर्भर भारत)'' के नाम से एक अभिनव दृष्टिकोण और कार्यक्रम शुरू किया है। इसके अंतर्गत कृषि परिप्रेक्ष्य में कृषि प्रणालियों को कृषि स्तर पर प्रमुख आदानों और संसाधनों का सृजन करके आत्मनिर्भर बनाने की आवश्यकता है। इस विचार को पूरा करने के लिए, समन्वित कृषि प्रणाली एक संभावित विकल्प है, जहाँ पर 70 प्रतिशत संसाधनों को कृषि प्रणालियों में उत्पन्न और पुर्ननवीनीकरण किया जाना चाहिए। इस लेख में जलवायु परिवर्तन को ध्यान में रखते हुए संसाधन उपयोग दक्षता और ग्रामीण जैव–उद्यमिता को बढ़ाने के साथ–साथ कृषि को आत्मनिर्भर बनाने और किसानों की आय को दोगुना करने के लिए कृषि प्रणालियों और एकीकृत कृषि प्रणालियों से सम्बन्धित जानकारी दी गई है।

दूसरे शब्दों में, एक बड़ी जनसंख्या की खाद्य आवश्यकताओं के साथ सामजंस्य हेतु प्राकृतिक संसाधनों के न्याय पूर्ण व्यवहार एवं संरक्षण पर उचित विचार के साथ कृषि खाद्य उत्पादन के सभी पहलुओं में तेजी लाने की वर्तमान परिवेश में आवश्यकता है, जिसे केवल स्थायी संसाधन प्रबंधन के माध्यम से ही प्राप्त किया जा सकता है। कृषि प्रणाली दृष्टिकोण को आर्थिक और निरन्तर उत्पादकता प्राप्त करने के लिए एक संसाधन प्रबंधन रणनीति माना जाता है जो संसाधन आधार को संरक्षित रखते हुए और पर्यावरण की गुणवत्ता के उच्च स्तर को बनाए रखने के साथ–साथ परिवार की विविध आवश्यकताओं को पूरा करती है। छोटे और सीमांत किसानों की समस्याओं को हल करने में यह बहु–विषयक सम्पूर्ण–कृषि दृष्टिकोण बहुत प्रभावी है। दृष्टिकोण का उद्‌देश्य विभिन्न कृषि उद्यमों को एकीकृत करके और खेत के अन्दर ही फसल अवशेषों और उप–उत्पादों को पुनर्चक्रित करके आय और रोजगार सृजन में वृद्धि करना है।

आज भारतीय कृषि संरचना परिवर्तन के दौर से गुजर रही है। बदलते कृषि ढांचे की एक उल्लेखनीय विशेषता छोटे जोतधारकों की है जिनकी संख्या समय के साथ बढ़ी है और भविष्य में भी ऐसा करना जारी रखेंगे। पारम्परिक एकल फसल पद्धति और अनुशासनात्मक दृष्टिकोण बढ़ती व बदलती खाद्य मांग को पूरा करने और स्थायी आधार पर छोटे भूमि धारकों की आजीविका में सुधार करने में असमर्थ है। इसलिए, कृषि उत्पादन को बनाए रखने, कृषि आय को बनाए रखने, पर्यावरण की रक्षा करने और खाद्य गुणवत्ता के पहलुओं के बारे में उपभोक्ता चिंता का जवाब देने के लिए खेती के लिए एक एकीकृत दृष्टिकोण महत्वपूर्ण है। इसके अतिरिक्त, भूमि की प्रति व्यक्ति उपलब्धता में 1950–51 में 0.5 हेक्टेयर से 2011 में 0.15 हेक्टेयर तक की गिरावट और 2023 तक 0.1 हेक्टेयर से कम होने का अनुमान है, विकासशील रणनीतियों और कृषि प्रौद्योगिकियों की आवश्यकता को दर्शाता है जो पर्याप्त रोजगार और आय सृजन करते हैं। वर्तमान कृषि में छोटे और सीमांत किसान की संख्या सर्वाधिक है। किसानों के इन समूहों के सामने आने वाली समस्याएं बड़ी जोत वाले लोगों से अलग हैं। इन फार्मों को बहु–उद्यम कृषि गतिविधियों की आवश्यकता है जो संपूर्ण कृषि प्रणाली की उत्पादकता के हित में पूरक और तकनीकी रूप से सम्मिलित कर रहे हैं।

समेकित कृषि प्रणाली अनुसंधान में, किसानों के जैव–भौतिक और सामाजिक–आर्थिक स्थितियों के अंदर जलीय कृषि, मुर्गीपालन, बत्तख पालन, मधुमक्खी पालन, खेत और बागवानी फसलों जैसे भूमि आधारित उद्यमों हेतु एकीकरण खेती

द्वारा आत्मनिर्भर बनाने के लिए महत्वपूर्ण है। अलग–अलग कृषि उद्यम द्वारा किसान परिवार का भरण–पोषण नहीं हो सकता है, परन्तु आईएफएस दृष्टिकोण भारतीय कृषक समुदायों के सतत आर्थिक विकास के वचन को पूरा करता है। एकीकृत कृषि प्रणाली विभिन्न उद्यमों के बीच समाजंस्य उपज की विविधता और पर्यावरणीय सुदृढ़ता से लाभान्वित होती है। इस कारण से, देश भर में छोटे और सीमांत खेतों को विकसित करने के लिए अनेक विज्ञानियों द्वारा समेकित कृषि प्रणाली मॉडल की अनुशंसा दी गयी है।

कृषि प्रणालियों की अवधारणा

''कृषि प्रणाली'' मृदा, पौधों, जानवरों, उपकरणों, बिजली, श्रम, पूँजी और अन्य आदानों का एक जटिल अंतर–सम्बन्धित मैट्रिक्स है, जो किसान परिवारों द्वारा नियंत्रित किया जाता है और राजनीतिक, आर्थिक, संस्थागत तथा सामाजिक घटकों द्वारा अलग–अलग तरह से प्रभावित होता है। कई स्तरों पर ''कृषि प्रणाली'' शब्द कृषि उद्यमों की एक विशेष व्यवस्था को संदर्भित करता है जो भौतिक, जैविक और सामाजिक–आर्थिक वातावरण के जवाब में और किसान के लक्ष्यों, प्राथमिकताओं और संसाधनों के अनुसार प्रतिबन्धित होते हैं। परिवार, उसके संसाधन और संसाधन प्रवाह और व्यक्तिगत कृषि स्तरों पर परस्पर क्रिया को एक साथ एक कृषि प्रणाली के रूप में संदर्भित किया जाता है। कृषि प्रणाली, एक अवधारणा के रूप में, कृषि और सम्बन्धित गतिविधियों का प्रबन्धन करने वाले केंद्र में किसान परिवार के साथ मिट्टी, जल, फसलों, पशुधन, श्रम, पूँजी, ऊर्जा और अन्य संसाधनों के घटकों का ध्यान रखती है। किसान परिवार अपनी क्षमता और संसाधनों, सामाजिक–सांस्कृतिक व भौतिक, जैविक तथा आर्थिक कारकों के साथ इन घटकों की सीमाओं के अंदर कार्य करता है।

कृषि प्रणाली पर केंद्रित है

- प्रक्षेत्र नियंत्रण में विभिन्न कारको के बीच अन्योन्याश्रयता के घटक जैसे; भौतिक, जैविक और सामाजिक–आर्थिक तथ्यों के साथ परस्पर क्रिया करते हैं, जो घरेलू स्तर पर नियंत्रण में नहीं होते हैं।
- खेत पर किए जाने वाले कृषि प्रणाली और अन्योन्याश्रित कृषि उद्यमों की आधारभूत इकाई है।
- किसान कई सामाजिक–आर्थिक, जैव–भौतिक, संस्थागत, प्रशासनिक और तकनीकी बाधाओं के अंतर्गत कार्य करते हैं।

कृषि प्रणाली का संचालक किसान या कृषक परिवार है

यह अत्यधिक सरलीकृत मॉडल किसान को केंद्र में रखता है। निर्णय घर की प्राथमिकताओं, किसान के ज्ञान और अनुभवों और उसके आदेश पर संसाधन से प्रभावित होते हैं। बाहरी कारक–प्राकृतिक, आर्थिक और सामाजिक–सांस्कृतिक भी महत्वपूर्ण भूमिका निभाते हैं।

एकीकृत कृषि प्रणाली

एक आईएफएस की दो प्रमुख विशेषताएं हैंः (क) अपशिष्ट उपयोग जिसमें एक उपप्रणाली के अपशिष्ट दूसरी उपप्रणाली के लिए एक इनपुट बन जाते हैं और (ख) बेहतर अंतर उपयोग जिसमें दो उपप्रणालियां अनिवार्य रूप से एक व्यक्तिगत उप–प्रणाली के लिए आवश्यक भाग या सभी स्थान पर अपनायी जाती हैं। एकीकृत खेती को जैविक रूप से आईएफएस के रूप में भी परिभाषित किया गया है जो (क) बिना प्रक्षेत्र आदान से अधिकतम प्रतिफल को प्राप्त करने के लिए प्राकृतिक संसाधनों और विनियमन तंत्र को कृषि गतिविधियों में एकीकृत करता है (ख) पारिस्थितिक रूप से बेहतर प्रौद्योगिकियों के माध्यम से उच्च गुणवत्ता वाले खाद्य और अन्य उत्पादों के सतत उत्पादन को सुरक्षित करता है (ग) कृषि आय को बनाए रखता है (घ) कृषि द्वारा उत्पन्न वर्तमान पर्यावरण प्रदूषण के स्रोतों को समाप्त या कम करता है और (च) कृषि में किसानों को बनाए रखता है।

इस प्रकार, एक आईएफएस एक ही खेत पर एक एकीकृत तरीके से अनेक फसलों (जैसे; अनाज, दलहन, पेड़ की फसल, सब्जियां) और कई उद्यमों (जैसे; पशुधन, मधुमक्खी पालन, जलीय कृषि) का प्रतिनिधित्व करता है। समेकित कृषि प्रणाली दृष्टिकोण समग्र, बहु–विषयक, समस्या समाधान, स्थान विशिष्ट और किसानोन्मुखी है। समेकित कृषि प्रणाली का मूल उद्देश्य संसाधन विकास और उपयोग विधाओं का एक उपयुक्त प्रारूप तैयार करना है, जिससे कृषि उत्पादन में पर्याप्त और निरन्तर वृद्धि होती है। हालांकि, कृषि प्रणालियों के अंदर घटकों के बीच अंतःक्रियाओं का एक पारस्पारिक है और इस तरह की अंत जुड़ाव जटिल प्रणालियों का निदान असंभव हो जाता है। एशियाई देशों में कृषि प्रणालियां अनुसंधान के क्षेत्र में धीमी और सीमित प्रगति का यह एक संभावित कारण है।

भारत के छोटे और सीमांत किसानों के लिए, समेकित कृषि प्रणाली उनकी आर्थिक स्थिति और आजीविका को बढ़ाने में महत्वपूर्ण भूमिका निभा सकता है। विशिष्ट कृषि प्रणालियों के विपरीत, आईएफएस गतिविधि अनेक फसलों, जानवरों

और सम्बन्धित सहायक व्यवसायों के आधार पर चयनित, अन्योन्याश्रित, परस्पर सम्बन्धित और अक्सर परस्पर जुड़ी उत्पादन प्रणालियों के आसपास केंद्रित है। एक समेकित कृषि प्रणाली में एक प्रणाली के प्राथमिक और द्वितीयक उत्पाद का उपयोग अन्य प्रणालियों के लिए आधारभूत आदान के रूप में उपयोग किया जाता है, इस प्रकार उन्हें एक पूरी इकाई के रूप में परस्पर एकीकृत किया जाता है। प्रभावी समग्र कृषि प्रणाली विकसित करने के लिए विभिन्न घटकों के जुड़ाव और पूरकता की आवश्यकता है।

एकीकृत कृषि का सिद्धांत

एकीकृत कृषि (आईए) पद्धति अपनाते हुए हम दूसरों को प्राकृतिक सद्भाव के साथ सह–अस्तित्व का अवसर प्रदान करते हैं। इसे आईसीएआर और कृषि मंत्रालय द्वारा वर्ष 2018 और 2019 की झांकियों में प्रदर्शित करके सम्पूर्ण देश को दिखलाया गया था। 2018 में, आईसीएआर ने विकास हेतु एकीकृत कृषि प्रणालियों के रूप में अपनी उपलब्धि प्रदर्शित की। हमारे देश में अधिकांश छोटे और सीमांत किसान है। जिनको ध्यान में रखते हुए उत्तर पूर्वी पहाड़ी (एनईएच) क्षेत्र में अधिक उपयुक्त रूप से डिजाइन किया गया था। उत्तर पूर्वी पहाड़ी क्षेत्र अपनी संस्कृति और परम्पराओं और जैव–विविधता में समृद्ध है। इस मॉडल में, समृद्ध संस्कृति को पृष्ठभूमि में दर्शाया गया था जो महत्वपूर्ण क्षेत्र की वर्तमान कृषि प्रणालियों को संयमित नहीं किया जाना चाहिए। अन्य सिद्धांत जिन पर कृत्रिम बुद्धिमता (आईए) आधारित हैः कृषि अपशिष्टों और उप–उत्पादों के पुनर्चक्रण और कुशल उपयोग द्वारा बिना प्रक्षेत्र आदान का अधिकतम प्रतिस्थापन, विभिन्न जीवों, उद्यमों, जल संचयन और प्राकृतिक संसाधन संरक्षण के सह–अस्तित्व की पूरकता के रूप में कृषि प्रणालियों के प्राकृतिक तंत्र की खोज करना।

समेकित कृषि प्रणाली के लाभ

आईएफएस के लाभों में संसाधनों/आदानों के समायोजन में पारिवारिक श्रम का कुशल उपयोग, गैर–पारंपरिक खाद्य और चारा संसाधनों सहित कृषि बायोमास का संरक्षण, संरक्षण और उपयोग, खाद/पशु अपशिष्ट का प्रभावी उपयोग, मृदा उर्वरता और स्वास्थ्य का विनियमन शामिल है। कई लोगों के लिए आय और रोजगार सृजन और आर्थिक संसाधनों में वृद्धि से स्थान उपयोग में सहायक है और विविध उत्पाद प्रदान करता है। आईएफएस वर्तमान और भावी पीढ़ियों के लाभ के लिए प्राकृतिक संसाधनों के सतत उपयोग को सुनिश्चित करने

की रणनीति का एक हिस्सा है। किसी क्षेत्र/देश में समेकित कृषि प्रणाली के कार्यान्वयन से निम्नलिखित महत्वपूर्ण लाभ हैं।

(क) **उत्पादकता:** आईएफएस फसल और सम्बद्ध उद्यमों की गहनता के आधार पर प्रति इकाई क्षेत्र पर प्रति इकाई समय में आर्थिक उपज बढ़ाने का अवसर प्रदान करता है।

(ख) **लाभप्रदता:** अन्य उद्यमों के आदानों के रूप में एक उद्यम के अपशिष्ट और उप–उत्पादों के पुनर्चक्रण के माध्यम से उत्पादन लागत को कम करके लाभप्रदता में सुधार करता है।

(ग) **धारणीयता:** जुड़े घटकों के उप–उत्पादों के प्रभावी उपयोग के माध्यम से जैविक पूरकता का उपयोग किया जाता है, इस प्रकार उत्पादन आधार की क्षमता को अधिक लंबी अवधि तक बनाए रखने का अवसर प्रदान करता है। यह कीटों और रोगों की रोकथाम के माध्यम से कृषि–पारिस्थितिक **संतुलन प्राप्त करने पर जोर देता है।**

(घ) **संतुलित भोजन:** विविध प्रकृति के घटक विभिन्न प्रकार के उत्पादों और उपज के उत्पादन से जुड़े होते हैं, जो किसान परिवार के लिए संतुलित आहार प्रदान करने का काम करते हैं।

(च) **पर्यावरण सुरक्षा:** एक आईएफएस में, उपयुक्त उद्यमों और घटकों को जोड़कर अपशिष्ट पदार्थों को प्रभावी ढंग से पुर्ननवीनीकरण किया जाता है, इस प्रकार पर्यावरण प्रदूषण को कम किया जाता है। यह माना जाता है कि एकल उद्यम आधारित खेती पारिस्थितिक सुरक्षा को खतरे में डालती है। उदाहरण के लिए, भारत के धान–गेहूँ की सघन फसल वाले क्षेत्रों (जैसे; पंजाब, हरियाणा, पश्चिमी उत्तर प्रदेश) में धान के अवशेषों को जलाना आम बात है, जिसके परिणामस्वरूप पोषक तत्वों की भारी कमी हो जाती है और वातावरण में ग्रीन हाउस गैसों की मात्रा बढ़ जाती है (कुमार एवं अन्य, 2013)। खेत पर अधिक उद्यमों (जैसे पशुपालन) की शुरुआत के साथ कृषि विविधीकरण से ऐसी स्थितियों से बचा जा सकता है। धान के भूसे को पशु आहार के रूप में प्रयोग किया जा सकता है और मृदा स्वास्थ्य को बनाए रखने के लिए खाद में बदल दिया जाता है। साथ ही, जैसा कि एक आईएफएस प्रभावी संसाधन उपयोग और पोषक तत्वों के पुनर्चक्रण को ध्यान में रखता है और खेती को बाहरी आदानों पर कम निर्भरता है,

यह बाहरी आदानों के भारी उपयोग के कारण होने वाले पर्यावरण प्रदूषण को कम करने में सहायक है।

(छ) **संसाधन पुनर्चक्रण**: समेकित कृषि प्रणाली में अपशिष्ट पदार्थों और उप–उत्पादों (फसल अवशेष और पशुधन अपशिष्ट) के प्रभावी पुनर्चक्रण का उपयोग किया जाता है। इसलिए, बाहरी आदानों (जैसे; उर्वरक, कृषि रसायन, चारा, ऊर्जा) पर कम निर्भरता है। यह एक अधिक स्थिर उत्पादन प्रणाली को दर्शाता है।

(ज) **वर्ष भर आय**: आईएफएस विभिन्न प्रकार की कृषि उपज (जैसे; दूध, अंडा, मशरूम, सब्जियां, फल, खाद्यान्न) की बिक्री के माध्यम से पूरे वर्ष किसानों के लिए धन का सृजन प्रदान करता है।

(झ) **जोखिम न्यूनीकरण**: जैसा कि एक आईएफएस विविध फसलों और उद्यमों के माध्यम से एक स्थिर और टिकाऊ उत्पादन प्रणाली प्रदान करता है, यह जोखिम को कम करने और जलवायु परिवर्तन के प्रति लचीलापन में सहायक है। एकल फसल पद्धति आधारित कृषि प्रणाली हमेशा प्राकृतिक खतरों जैसे; बाढ़, सूखा और रोग महामारियों से संकटग्रस्त रहती है। भारत में 1999–2000 के दौरान, आंध्र प्रदेश, महाराष्ट्र और कर्नाटक में कई कपास उत्पादकों ने आत्महत्या कर ली थी क्योंकि उनकी फसलों को कीटों से भारी नुकसान हुआ था। समेकित कृषि प्रणाली को अपनाने से किसानों को ऐसी स्थितियों से बचने और फसल खराब होने के जोखिम को कम करने में सहायता मिलेगी। समेकित कृषि प्रणाली में फसल के अलावा पशुधन, मत्स्य पालन, मुर्गीपालन जैसे कई उद्यम शामिल है। यह किसानों को जोखिम कम करने के कई अवसर प्रदान करता है। भारत के सकल फसली क्षेत्र का लगभग 63 प्रतिशत भाग वर्षा पर निर्भर है, जहाँ एक फसल की खेती प्रचलित है। इन क्षेत्रों में सूखे और अन्य प्रतिकूल मौसम स्थितियों के कारण फसल खराब होने का खतरा अधिक होता है। अंतर्वर्तीय–फसल, कृषि वानिकी, बागवानी, पशुधन और वृक्षारोपण फसलों के साथ खेती के विविधीकरण से इन क्षेत्रों में जोखिम को कम करने और किसानों की आय बढ़ाने में सहायता मिलेगी।

खाद्य, पोषण सुरक्षा और किसानों की आय दोगुनी करने के लिए आईएफएस

सिंचित कृषि–पारिस्थितिकी तंत्र के लिए एकीकृत कृषि प्रणाली मॉडल

एकीकृत कृषि प्रणालियों में विभिन्न प्रकार की उपज का उत्पादन होता है जो खेत और क्षेत्रीय स्तर पर परिवार के पोषण में सहायक है, इस प्रकार पोषण सुरक्षा में योगदान देता है। एक उदाहरणार्थ में, आईसीएआर–आईएआरआई, नई दिल्ली में एकीकृत कृषि उत्पादन प्रणालियों में **(चित्र 5.1)** विभिन्न प्रकार के उत्पाद जैसे; अनाज–गेहूँ, मक्का, दालें–अरहर, मटर, चना, तिलहन–सरसों व मूँगफली, रेशा–कपास, पत्तेदार सब्जियां–मूली, सरसों, पालक, सब्जियां–बैंगन, मूली, बेबीकॉर्न, टमाटर, सहजन सब्जियां–देशी बीन मसाले–अदरक, धनिया, प्याज चारा–बरसीम, मक्का (भंडार), बेबीकॉर्न (स्टोवर), स्वीटकॉर्न (स्टोवर), फल–अमरूद, किन्नू, नींबू, केला, दूध, अंडा, मांस, मछली और बायोगैस आदि का उत्पादन किया गया है, जिससे किसान परिवार के बेहतर पोषण और किसानों की आजीविका में सहायता मिली। इस प्रकार की प्रणाली से किसान परिवार के पोषण को पूरा करने के सम्बन्ध में आत्मनिर्भरता एवं आमदनी में वृद्धि संभव प्राप्त होती है।

चित्र 5.1: समेकित कृषि प्रणाली मॉडल

एक हेक्टेयर वाले सीमांत और छोटे किसानों के लिए IARI नई दिल्ली में IFS मॉडल

इस मॉडल में, खेत संसाधनों की विभिन्न आवश्यकताओं को पूरा करने के सम्बन्ध में आत्मनिर्भर बन जाता है। समेकित कृषि प्रणाली मॉडल में तालाब (1,000 वर्ग मी.) ने जल संचयन संरचना के रूप में कार्य किया और तालाब के लिए लगभग 30 प्रतिशत (6.0 लाख लीटर) पानी की आवश्यकता को वर्षा के मौसम में जल संचयन द्वारा पूरा किया गया। मछली–बत्तख एकीकरण ने तालाब को आंशिक रूप से उर्वरित करने में सहायता है। बत्तख की बीट सीधे तालाब में जाती हैं जिससे मछली को चारे की आवश्यकता कम हो जाती है, क्योंकि मछली तालाब से अपना भोजन पूरा कर लेती हैं। इसी तरह, मुर्गी की बीट भी सीधे तालाब में गिरती हैं और तालाब के पानी को निषेचित करती हैं। इस जल को जब फसलों में सिंचित किया जाता है तो फसल की उत्पादकता अधिक होती है। आईएफएस मॉडल की डेयरी इकाई ने लगभग 20.0 टन/वर्ष गाय के गोबर का उत्पादन हुआ, जिसे फसलों और मछली तालाब की खाद के लिए बायोगैस संयंत्र के माध्यम से पुर्ननवीनीकरण किया गया। इस प्रकार प्रणाली की उर्वरक/पोषक तत्वों की आवश्यकता में कमी आई। उत्पादित बायोगैस एक परिवार के 4–5 सदस्यों के लिए खाना पकाने के लिए गैस की आवश्यकता के लिए पर्याप्त थी। इसी प्रकार मधुमक्खी पालन और फसल के एकीकरण से फसलों के परागण में सहायता मिली और उपज में वृद्धि हुई। पोषाहार और औषधीय उद्यान भी आईएफएस के महत्वपूर्ण घटक है, जो किसान की आजीविका में सुधार करते हैं। कुल मिलाकर, इस तरह के आईएफएस दृष्टिकोण को हमारे देश में विशाल छोटे और सीमांत कृषक समुदायों के कृषि प्रणाली स्तर पर आत्मनिर्भरता लाने के लिए एक आदर्श मॉडल के रूप में माना जा सकता है।

बहु–उद्यम कृषि ने प्रणाली के अंदर उप–उत्पादों और विभिन्न घटकों के अवशेषों के सहक्रियात्मक पुनर्चक्रण द्वारा बाहरी/औद्योगिक आदानों पर कम निर्भरता के माध्यम से खेती की लागत को कम करने की क्षमता प्रदर्शित हुई, इसके अतिरिक्त आय और रोजगार का एक नियमित स्रोत भी प्रदान किया है। फसलों, वानिकी, मधुमक्खी पालन, बागवानी, डेयरी, मुर्गी पालन, मत्स्य पालन, सुअर पालन आदि के सहक्रियात्मक सम्मिश्रण पर लक्षित समेकित कृषि प्रणाली दृष्टिकोण अन्य उद्यमों हेतु आदान के रूप में एक उद्यम के बचे हुए उप–उत्पाद के पुनर्चक्रण को सुनिश्चित करता है। उत्तर–पूर्वी पहाड़ी क्षेत्रों की

परिस्थितियों में, फसल–मछली–सुअर (सुअर–आधारित समेकित कृषि प्रणाली) और फसल–मछली–बत्तख से जुड़े हस्तक्षेपों ने जल (MUW) के कई उपयोग में सहायता की और इसके परिणामस्वरूप जल उत्पादकता, रोजगार सृजन में महत्वपूर्ण सुधार हुआ। वर्तमान पद्धति से अधिक आय और किसानों की आजीविका हेतु विविध खेती (फसल, फल, पशुधन और मत्स्य पालन) के माध्यम से सुअर और बत्तख–आधारित MUW ने क्रमशः 352 और 1,900 प्रतिशत की प्रणाली उत्पादकता में वृद्धि की और रू. 28,250 और 1,500 वर्ग मीटर के क्षेत्र से 20, 350 रुपये का शुद्ध लाभ उत्पन्न हुआ। जो वर्तमान किसान पद्धति (सिंचाई के बिना) से क्रमशः 284 और 176 प्रतिशत अधिक था।

कुल मिलाकर, एकीकृत कृषि प्रणाली अतिरिक्त आय, रोजगार, बेहतर पारिवारिक पोषण, बेहतर कृषि पारिस्थितिकी और मृदा स्वास्थ्य प्रदान करके छोटे और सीमांत किसानों के लिए वरदान बन गई है। एनईएच क्षेत्र में छोटे और सीमांत किसान उत्थान के लिए यह एक महत्वपूर्ण दृष्टिकोण है।

किसानों की आय दोगुनी करने के लिए आईएफएस

भारत–गंगा के मैदानों (IGP) में चावल–गेहूँ प्रणाली की एकल फसल के परिणामस्वरूप प्राकृतिक संसाधनों का ह्रास हुआ है, कृषि लाभप्रदता में गिरावट, कारक उत्पादकता और पर्यावरण सुरक्षा में कमी आई है। भारतीय कृषि अनुसंधान परिषद (आईसीएआर)–भारतीय कृषि अनुसंधान संस्थान, नई दिल्ली में 1.0 हेक्टेयर क्षेत्र में भूमि आधारित उद्यमों–फसलों, डेयरी, मत्स्यपालन, बत्तख, मुर्गीपालन, बायोगैस संयंत्र और कृषि वानिकी को शामिल करते हुए एक एकीकृत कृषि प्रणाली (आईएफएस) मॉडल विकसित किया गया था। आईएआरआई, नई दिल्ली, में वर्ष 2015–16 से 2017–18 के दौरान अध्ययन का उद्देश्य धान–गेहूँ प्रणाली को बदलने और स्थायी तरीके से किसानों की आय को दोगुना करने के लिए एक वैकल्पिक दृष्टिकोण खोजना था। समेकित कृषि प्रणाली मॉडल को विभिन्न प्रकार की उपज का उत्पादन करके, पद्धति में संसाधनों का पुनर्चक्रण करके और पारंपरिक चावल–गेहूँ प्रणाली से रू. 68,200 की अपेक्षा रू. 3,78,784 के साथ किसानों की आय को दोगुना करके किसानों की आजीविका में सुधार करने की क्षमता पाई गई। एक उद्यम के अपशिष्ट एवं उप–उत्पाद दूसरे के लिए एक आदान के रूप में कार्य करते हैं, और पर्यावरणीय स्थिरता को मजबूत करने में सहायता के लिए खेत आदानों पर निर्भरता काफी हद तक कम हो जाती है। सभी घटकों से प्राप्त शुद्ध प्रतिफल पारंपरिक चावल–गेहूँ प्रणाली की तुलना में 4 गुना अधिक के साथ 3,78,784

रुपये था। पारम्परिक चावल–गेहूँ प्रणाली के विपरीत, वर्तमान अध्ययन में आईएफएस मॉडल ने 628 कार्य दिवस/हेक्टेयर का रोजगार सृजित किया जो पूरे वर्ष में दो मजदूरों को काम पर रखने में सहायता करता है (सारणी 5.1)। यह सुनिश्चित रोजगार कृषि मजदूरों के आस–पास के शहरों में प्रवास को कम करता है और ग्रामीण युवाओं को ग्रामीण जैव–उद्यमिता विकल्प के रूप में खेती करने में सहायता करता है।

सारणी 5.1: एकीकृत कृषि प्रणाली के विभिन्न घटकों की उत्पादकता (गेहूँ के बराबर उपज) और लाभप्रदता और रोजगार सृजन (3 वर्ष का एकत्रित आंकड़े)

उद्यम अवसर	**क्षेत्रफल (हे.)**	**उत्पादकता (गेहूँ समतुल्य उपज कि./है.)**	**उत्पादन की लागत (रू.)**	**शुद्व लाभ (रू.)**	**रोजगार सृजन (आदमी दिवस)**
फसल प्रणाली	0.625	10,335	72,156	93,198	150
डेयरी	3 गायें	30,758	3,30,482	1,61,638	365
बत्तख	35 नस्लें	3,818	30,679	30,411	26
मछली उत्पादन	0.1	5,693	53,792	37,288	26
कुक्कुट पालन	50 नस्लें	3,316	24,272	28,778	26
फल उत्पादन (किन्नों + नींबू)	0.05	1,244	8,58	11,242	15
कृषि वानिकी	0.012	285	1,331	3,229	3
बायोगैस (इकाई)	KVIC (2 m^3)	563	4,000	5,000	12
सेम	चार दीवारी क्षेत्र	625	2,000	8,000	5
			5,27,370	**3,78,784**	**628**
धान–गेहूँ	1	9,860	78,630	68,200	148

जैव विविधता संरक्षण और पारिस्थितिकी तंत्र सेवाओं के लिए आईएफएस

एकीकृत कृषि प्रणाली कृषि–जैव विविधता सिद्धांतों पर आधारित है, जिसमें प्रवृत्ति के परिवर्तन की क्षमता है। आत्मनिर्भरता, कटाव नियंत्रण, कार्बन पृथक्करण,

मृदा उर्वरता निर्माण, सूखा प्रतिरोध, कार्यात्मक जैव विविधता और जैविक उत्पादन प्रणालियों में इसकी उपयोगिता के कारण कृषि–जैव विविधता को एक लचीला फसल उत्पादन प्रणाली के रूप में उपयोग किया जा सकता है। कृषि जैव विविधता और पारिस्थितिकी तंत्र के गुणों से इसकी कड़ी में सांस्कृतिक, बौद्धिक, सौंदर्य और आध्यात्मिक मूल्यवान है जो समाज के लिए महत्वपूर्ण हैं। इस प्रकार की विविधता न केवल स्थिरता, जोखिम न्यूनीकरण और जलवायु परिवर्तन के लिए मजबूत स्तंभ के रूप में कार्य करती है, बल्कि आधुनिक रूप सहित विभिन्न उत्पादों के लिए किसान परिवार की आवश्यकताओं की लगभग 70–80 प्रतिशत को पूरा करके स्वस्थ जीवन बनाए रखने के लिए पारिस्थितिकी तंत्र को बनाए रखती है। नवीकरणीय ऊर्जा (बायोगैस) रसायनों के कम उपयोग के कारण उत्पाद बेहतर गुणवत्ता के प्राप्त होते हैं। शुद्ध फसल या शुद्ध गहन पशुधन उत्पादन प्रणाली के रूप में खेतों की विशेषज्ञता को आधुनिकीकरण और विकास के लिए एक मुख्यधारा का मार्ग माना जाता है, जो जैव विविधता और पारिस्थितिकी तंत्र सेवाओं पर नकारात्मक प्रभाव डालता है।

समेकित कृषि प्रणाली में संसाधन पुनर्चक्रण

समेकित कृषि प्रणाली उपलब्ध संसाधनों के कुशल उपयोग द्वारा प्रणाली उत्पादकता बढ़ाने के लिए एक महत्वपूर्ण दृष्टिकोण है और विभिन्न भूमि–आधारित उद्यमों को एकीकृत करके किसानों की आय में वृद्धि करता है। कृषि उप–उत्पादों और कचरे को पुनर्चक्रण (रीसाइक्लिंग) करके उत्पादन लागत को कम करता है। प्रणाली संसाधन पुनर्चक्रण की एक गरीब परिवार के सदस्यों को स्वस्थ जीवन जीने के लिए संतुलित आहार सुनिश्चित करने और किसान को आत्मनिर्भर बनाने के लिए समेकित कृषि प्रणाली के विभिन्न घटकों की अन्योन्याश्रयता को दर्शाया गया है। वास्तव में, आईएफएस इस सिद्धांत के साथ काम करता है कि पद्धति में कोई अपशिष्ट नहीं है। एक उप–प्रणाली का अपशिष्ट दूसरे उप–प्रणाली का आगत बन जाता है। कचरे को धन के रूप में बदलने हेतु समेकित कृषि प्रणाली एक बेहतर पद्धति रही है। फसलों के उपोत्पाद जैसे; गेहूँ का भूसा, मक्का का कड़वी, दलहन पुआल और अन्य फसल अवशेषों को डेयरी पशुओं को चारा के रूप में प्रयोग किये जाते हैं। गौशाला और खरपतवार कूड़े का उपयोग खाद बनाने के लिए किया जाता है और मूल्यवान खाद का उपयोग सब्जियों, फलों और अन्य फसलों के उत्पादन के लिए किया जाता है जिससे उर्वरक लागत में कमी आती है। डेयरी का उप–उत्पाद, यानी गाय का गोबर, बायोगैस के लिए एक प्रमुख

कच्चा माल बनाता है। बायोगैस का पचा हुआ घोल प्लवक की वृद्धि बढ़ाने के साथ–साथ फसलों की उत्पादकता बढ़ाने के लिए मूल्यवान खाद की आपूर्ति के लिए मछली पालन आहार का एक प्रमुख हिस्सा है। मुर्गीपालन और बत्तख का उप–उत्पाद, प्लवक की वृद्धि को बढ़ाने के लिए मछली पालन का एक महत्वपूर्ण घटक है जो भूमि की उर्वरता को बढ़ाता है। फल, बाड़ की फसलें और सहजन (मोरिंगा) ने विविध पौष्टिक भोजन प्रदान किया जिससे किसान परिवार की पोषण सुरक्षा सुनिश्चित हुई है।

निष्कर्ष

''आत्म निर्भर भारत (आत्मनिर्भर भारत)'' आज के कृषि विकास का केंद्र बिंदु है। बाहरी (औद्योगिक) आदानों के दुषचक्र को तोड़ने के लिए यह महत्वपूर्ण है। कृषि प्रणालियों को कृषि स्तर पर प्रमुख आदानों और संसाधनों का सृजन करके आत्मनिर्भर और आत्मनिर्भर बनाने की आवश्यकता है। एकीकृत कृषि प्रणाली एक संभावित विकल्प है, जहाँ लगभग 70 प्रतिशत संसाधनों को कृषि प्रणालियों में उत्पन्न और पुनर्चक्रित किया जाना चाहिए। एक एकीकृत तरीके से कई कृषि उद्यमों को अपनाने से उच्च आय सृजन सुनिश्चित हो सकता है, संसाधन–उपयोग दक्षता में वृद्धि हो सकती है और कृषि उप–उत्पादों और कचरे का पुनर्चक्रण हो सकता है, इस प्रकार आत्मनिर्भर कृषि प्रणाली और किसानों की स्थायी आजीविका लाने में सहायता मिलती है। समेकित कृषि प्रणाली को अपनाना इस दिशा में सही दृष्टिकोण है और इसे एक प्रणाली दृष्टिकोण में संस्थागत, विस्तार, नीति और विपणन हस्तक्षेपों के माध्यम से समर्थित किया जाना चाहिए। फसल, पशुधन, मछली, बागवानी और कृषि वानिकी को शामिल करते हुए उत्पादन प्रणाली किसान की आय को दोगुना करने का एक संभावित विकल्प है। ग्रामीण गरीबों के लिए पर्याप्त आय और रोजगार पैदा करने के लिए कृषि स्तर पर उपलब्ध संसाधनों के कुशल प्रबंधन के लिए एकीकृत कृषि प्रणाली अत्यंत महत्वपूर्ण है। वर्तमान उपलब्ध अनुशासन–उन्मुख रणनीति से अधिक समग्र दृष्टिकोण में बदलाव के लिए नीति निर्माताओं, वैज्ञानिकों और विकास कर्मियों से प्रत्यक्ष तकनीकी परिवर्तन की आवश्यकता होगी। समेकित कृषि प्रणाली को बढ़ावा देने के लिए प्रमुख नवीन दृष्टिकोण DFM, E – समेकित कृषि प्रणाली, FDC अनुवांशिक कृषि और सहयोग और जुड़ाव के माध्यम से सामंजस्य है।

6

स्मार्ट कृषि हेतु हाइटेक खेती

भारत विश्व में जनसंख्या की दृष्टि से दूसरे स्थान पर है। भारत में दिन–प्रतिदिन जनसंख्या बढ़ती जा रही है और कृषि योग्य भूमि सिकुड़ती जा रही है। बढ़ती जनसंख्या का पेट भरने की चुनौती हमारे सामने मुँह फाड़े खड़ी है। वर्ष 2030 तक हमारी जनसंख्या वर्तमान जनसंख्या से 25 प्रतिशत अधिक हो जाएगी, जबकि खेती के लिये उतनी ही भूमि उपलब्ध रहेगी। वर्ष 2025 में हमें 30.10 करोड़ टन खाद्यान्नों की आश्यकता होगी, क्योंकि कृषि क्षेत्र में बहुत बढ़ाना संभव नही है। पिछले कुछ दशकों से भारत में जोत जाने वाले खेतों का क्षेत्रफल 14 करोड़ हेक्टेयर पर लगभग स्थिर बना हुआ है। इसका अर्थ है कि कृषि योग्य भूमि में वृद्धि की कम संभावना है। जिसके परिणामरूप वर्तमान उत्पादन प्रणालियों को ही प्रखर बनाना होगा, जो कि एकमात्र संभावना है। सम्पूर्ण जनसंख्या भरण–पोषण के लिये खेती योग्य भूमि कम पड़ रही है तो खेती की भूमि को पूरा करने के लिए वर्टिकल खेती, हाइड्रोपोनिक्स एवं एरोपोनिक्स हाईटेक खेती की शुरुआत हो गई है। इन सभी हाईटेक तकनीकियों के प्रादूर्भाव से कृषि को नई दिशा मिली है तथा इसकी दशा में सुधार हुआ है।

स्मार्ट हाइटेक खेती का तात्पर्य: हाइटेक खेती का अर्थ है कि सस्य कार्यों में अत्याधुनिक तकनीकों के उपयोग से अधिक से अधिक उपयोग क्षमता को बढाना जो वातावरण के अनुकूल हो, प्रति बूंद अधिक से अधिक उपज हो, कम स्थान में अत्यधिक उत्पादन जैविक एवं अजैविक कारकों से कम प्रभावित हो, मृदा स्वास्थ्य को प्रभावित न करें तथा अधिक उत्पादन के साथ–साथ उच्च गुणवत्ता वाले उत्पाद पैदा करने में सक्षम हो जिससे किसानों के लिए अधिक आय सृजन किया जा सके।

हाईटेक खेती मुख्यतः नवीनतम तकनीकों का एक जटिल सम्मिश्रण समूह है जिसका उपयोग खेती में किया जाता है, यह एक ज्ञान आधारित तकनीक है जिसमें नवीनतम खेती यंत्रों का जिसका कंप्यूटरीकृत उपयोग होता है और

इसके लिए तकनीकी दक्षता की आवश्यकता होती है तथा जिसमें उच्च गुणवत्ता वाले कृषि उत्पाद प्राप्त होते हैं।

स्मार्ट हाईटेक तकनीकें: हाईटेक खेती के अंतर्गत, बिना मृदा की खेती, पॉलीहाउस में खेती, खड़ी खेती, पिंक खेती, ड्रोन तकनीक एवं डिजिटल तकनीक आधारित खेती इत्यादि है। भारत में पिछले कुछ वर्षो में निम्नलिखित तकनीकियों का सूत्रपात हुआ है, जैसे;

1 **खड़ी खेती/लम्बवत खेती** (वर्टिकल फार्मिंग)

चित्र 6.1: लम्बवत खेती का

वर्टिकल खेती को सामान्य भाषा में खड़ी खेती भी कह सकते है। इस प्रकार की वर्टिकल फार्मिंग में उगाई गई सब्जियां और फल खेतों की तुलना में अधिक पोषक और ताजे होते है। अगर ये खेती छत पर की जाती है तो इसके लिए तापमान को नियंत्रित करना होगा।

वर्टिकल खेती बहुत ही सकारात्मक है जिसमें लोग अपनी छतों पर भी अपने उपयोग हेतु सब्जियां पैदा कर सकेंगे। इसके लिए न तो मिट्टी की आवश्यकता होगी और न ही तेज धूप की। इसके अंतर्गत टमाटर, चिली, कॉली फ्लावर, ब्रोकली, चीनी कैबेज, पोकचाई बेसिल, रेड कैबेज आदि को उगाया जा सकता है। खड़ी खेती या वर्टिकल फार्मिंग के माध्यम से कम भूमि में अधिक उत्पादन का सफल प्रयोग किया जा रहा है। इसमें सबसे अच्छी बात यह भी हैं कि इसमें रासायनिक उर्वरक और कीटनाशक दवाओं का उपयोग नही होता। इससे कम भूमि वाले खेतिहर किसान को अधिक लाभ मिल सकता है। खड़ी खेती के माध्यम से किसान की आय भी बढ़ाई जा सकती है।

चित्र 6.2: खड़ी खेती का दृश्य

खड़ी खेती की प्रक्रियाः खड़ी खेती या वर्टिकल फार्मिंग में एक बहु–सतही ढांचा तैयार किया जाता है। इस ढांचे के सबसे नीचले हिस्से में जल से भरा टैंक रख दिया जाता है। टैंक के ऊपरी खानों में पौधों के छोटे–छोटे गमले रखे जाते हैं। पाइप के द्वारा इन गमलों में उचित मात्रा में जल पहुँचाया जाता है जिसमें पोषक तत्व मिले होते हैं जो पौधों को शीघ्र बढ़ने में सहायता करते हैं। एलइडी बल्ब के द्वारा कृत्रिम प्रकाश बनाया जाता है। वर्टिकल तकनीकी खेती में मिट्टी की आवश्यकता नही होती। यह खुले वातावरण में हो सकती हैं। इसमें मकानों एवं भवनों की दीवारों का उपयोग कुछ फसलों के पौधे उगाने के लिए किया जा सकता है।

खड़ी खेती के लाभ

- बढ़ती जनसंख्या और कम होती कृषि योग्य भूमि भविष्य की एक बहुत बड़ी समस्या होगी। आने वाले समय में खेती योग्य भूमि बहुत कम होगी ऐसे समय में वर्टीकल खेती या खड़ी खेती ही हमारी इस समस्या का समाधान कर सकती है।
- खड़ी खेती के माध्यम से कम भूमि में अधिक उत्पादन किया जा सकता है।
- खड़ी खेती में बनावटी प्रकाश और बनावटी पर्यावरण का निर्माण किया जाता हैं। जिसके कारण मौसम सम्बन्धी समस्याओं से संरक्षण प्राप्त होता है।
- परम्परागत खेती में कई प्रकार के रासायनिक उर्वरक और खतरनाक कीटनाशक दवाओं का उपयोग होता है। जिससे तरह–तरह की बीमारियाँ

फैलती है। खड़ी खेती में रासायनिक उर्वरक और कीटनाशक दवाओं का उपयोग नही होता है और इसमें उत्पादित सामान स्वास्थ के लिए लाभदायक होता है।

- कड़ी भूमि के कारण से जब कम भूमि में उत्पादन अधिक होगा तो किसानों की आय बढ़ेगी और उनके जीवन स्तर में सुधार आएगा।
- इस प्रकार की खेती में जल की आवश्यकता बहुत कम होती है। कम वर्षा वाले स्थानों के लिए खड़ी खेती एक सही विकल्प हो सकता है।
- खड़ी खेती में मजदूरों की आवश्यकता कम होती है क्योंकि यह स्वचालित प्राविधि पर आधारित खेती है।
- वर्ष भर फूल वाली फसलें तथा आलू, टमाटर और पत्तेदार सब्जियां इत्यादि उगाई जा सकती है।
- यदि आप कृषि व्यवसाय के बारे में सोच रहे हैं तो खड़ी खेती आपके लिए एक विकल्प हो सकता है। अभी भारत में बहुत कम लोग इसके बारे में जानते है और कुछ लोग खड़ी खेती से करोड़ों रुपये कमा चुके हैं।
- यह खेती में अनुसंधान का नया विषय एवं आय का स्रोत भी है।

खड़ी खेती के सिद्धांत

- जोत में उपलब्ध क्षैतिज स्थान के साथ ऊर्ध्वाधर स्थान का सर्वोत्तम उपयोग।
- एक ही समय में दो फसलों की खेती एक साथ।
- छाया में उगाई जाने वाली फसलों का चुनाव।
- प्रत्येक वर्ष फसल परिवर्तन अपनाना।
- फसल की बुवाई हेतु रिले पद्धति अपनाना।

भारत में खड़ी खेती का भविष्यः वर्टिकल खेती में बहुमंजिली भवनों पर होती है। इसे बहुमंजिला ग्रीनहाउस भी कहते हैं। इसमें बहुमंजिली भवन पर नियंत्रित स्थितियों में फल–सब्जियां उगाई जाती हैं। बहुमंजिली भवनों में रैंकों के ऊपर पौधे उगाए जाते हैं। इन रैंको को हाइड्रोपोनिक प्रणाली के द्वारा पोषक तत्व पहुँचाये जाते हैं। किसान अपने स्मार्ट फोन से सम्पूर्ण वर्टिकल खेती की निगरानी कर सकते हैं। खड़ी खेती भारत में एक खेती का नया कदम है, कुछ

कृषि विश्वविद्यालयों में इन पर अनुसंधान चल रहा है और कुछ या बहुत कम व्यावसायिक खड़ी खेती कर रहे हैं। इस प्रकार की खेती को एक व्यवसाय के रूप में भी देखा जाता है। इस प्रकार की खेती करने के लिए खड़ी खेती की तकनीकी ज्ञान का होना आवश्यक है। विश्व में शहरों का विस्तार तेज होने से परिनगरीय खेती का प्रचलन बढ़ता जा रहा है। छतों पर पार्किंग में या फिर कहीं भी उपलब्ध सीमित स्थान का उपयोग अब सब्जियों की खेती में किया जा रहा है। ऐसा एक खास तकनीक के उपयोग से संभव होता है। छोटी जोतों को आर्थिक रूप से लाभदायक बनाने की संकल्पना इन जोतों में उपलब्ध उर्ध्वाधर स्थान के सर्वोत्तम उपयोग पर आधारित है। ऐसी खेती में उर्ध्वाधर स्थान सीमित रहता है और उसमें किसी भी प्रकार की वृद्धि नहीं की जा सकती है, परन्तु इन्हीं खेती में उपलब्ध उर्ध्वाधर स्थान का प्रयोग करके उसी खेती से अच्छी आमदनी प्राप्त की जा सकती है। ऐसी खेती के लिए उर्ध्वाधर स्थान का प्रयोग करने के लिये बांस, लकड़ी या सीमेंट के पोल का प्रयोग किया जाता है।

2 **बिना मृदा के खेतीः** यह एक ऐसी हाईटेक तकनीक है जिसमें कृषि मृदा के बिना ही की जाती है। यह मुख्यतः दो प्रकार की होती है, जैसे;

(क) हाइड्रोपोनिक्स

इस प्रकार की खेती में मृदा का प्रयोग नहीं होता है। इससे पौधों के लिए आवश्यक पोषक तत्वों को जल के सहारे सीधे पौधों की जड़ों तक पहुँचाया जाता है। तकनीक की भाषा में इसे हाइड्रोपॉनिक कहा जाता है।

चित्र 6.3: हाइड्रोपोनिक्स खेती का परिदृश्य

हाइड्रोपोनिक्स लेटिन शब्द की उत्पत्ति दो शब्दों हाइड्रो तथा पोनोस से हुई है। जिसमें हाइड्रो का अर्थ है पानी और पोनोस का अर्थ है कार्य। बिना मिट्टी के पौध ों को एक चनियत माध्यम में जहाँ प्रकाश, तापमान और पोषक तत्व नियंत्रित मात्रा में उगाने के विज्ञान को हाइड्रोपोनिक कहते हैं। हाइड्रोपोनिक्स एक ऐसी तकनीक है, जिसमें फसलों को बिना खेत में लगाए केवल पानी और पोषक तत्वों से उगाया

जाता है। मृदा में पोधों की वृद्धि के लिए जो प्राकृतिक तत्व आवश्यक होते हैं, उन्हीं पोषक तत्वों का उपयोग हाइड्रोपोनिक्स में भी किया जाता है। इसमें यह लाभ है कि पौधों का विकास खरपतवार या मृदा जनित कीट और रोगों के द्वारा बाधित नहीं होता है। किसान इस तकनीक से खीरा, टमाटर, पालक, गोभी, शिमला मिर्च जैसी सब्जियाँ उगा सकते हैं। इसके अतिरिक्त चारे चाली फसलों को नियंत्रित वातावरण में 15 से 20 डिग्री सेल्सियस ताप पर लगभग 80 से 85 प्रतिशत आर्द्रता में उगाया जा सकता है। इस तकनीक को अपनाने हेतु स्वच्छ जल का स्रोत, सही स्थान, तैयार उर्वरक, प्रणाली के लिए दैनिक ध्यान देने का समय, बागवानी का ज्ञान होनो अनिवार्य है।

चित्र 6.4: हाइड्रोपोनिक्स खेती का परिदृश्य

हाइड्रोपोनिक्स विधि की विशेषताएं

स्वच्छ एवं पर्यावरण युक्त खेती। बहुत ही कम सिंचाई जल की अवश्यकता जल और जल में घुले पोषक तत्वों का पुनर्चक्रण से लगातार उपयोग। थोड़ी मेहनत से ज्यादा लाभ। फसल की लागत में कमी। खरपतवारों की रोकथाम से निराई–गुड़ाई के श्रम से मुक्ति। फसल के अनुकूल वातावरण न हो वहाँ पर भी इस विधि से फसल ली जा सकती है।

बिना मृदा के पौधों को कैसे उगाएं

इसके लिए लोहे के मजबूत एंगल से 'वी' शेप का एक ढांचा तैयार किया जाता है जो डेढ़ फीट भूमि में गड़ा हुआ और जमीन से छह फुट ऊँचा रहता है। इस 'वी' शेप वाले ढांचे के दोनों ओर छह–छह मीटर लम्बाई एवं 10 सें.मी. व्यास वाले तीन–तीन पीवीसी पाइप आमने–सामने लगाए जाते हैं। इन पाइपों पर तीस सें.मी. के अंतराल पर साढ़े सात सें.मी. व्यास के छेद किए जाते हैं। इन पाइपों के बंद सिरे की ओर कम से कम 100 लीटर क्षमता की पानी की टंकी जमीन में

रखी जाती है। जिससे पौधों के लिए पाइपों में जलापूर्ति की जाती है। इन मोटे पाइपों के निचले सिरों पर कीप को पतले पाइपों से जोड़ा जाता है जो अतिरिक्त जल को पुनः पानी की टंकी में पहुँचा देता है।

ध्यान रखने योग्य बातें: इस सिस्टम को संचालित करने के लिए बिजली आवश्यक है। विद्युत आपूर्ति अवरूद्ध होने पर पौधों की जड़ें सूखने का डर रहता है।

हाइड्रोपोनिक्स के लाभ

हाइड्रोपोनिक्स सिस्टम के बेहतर विकास को सुनिश्चित करता है, साथ ही मिट्टी आधारित बागवानी की तुलना में 95 प्रतिशत कम पानी का उपयोग होता है। इसके द्वारा उच्च गुणवत्ता और उपज के पौधे बड़ी संख्या में उगाये जा सकते हैं। अन्य लाभ इस प्रकार हैं–

1. थोड़ा घना रोपण, उपलब्ध स्थान की अधिक से अधिक उपयोग की अनुमति देता है।
2. उत्पाद बेहतर दिखता है और लम्बे समय तक टिकता है।
3. गर्म पारिस्थितियों में पानी के लिए तनाव कम होता है।
4. जानवरों के द्वारा नुकसान पहुंचने एवं प्राकृतिक आपदाओं जैसे बाढ़, सूखा, अत्यधिक गर्मी या ठंड से होने वाली समस्याओं से मुक्त होता है।
5. गैर कृषि योग्य भूमि वाले क्षेत्रों के लिए उपयुक्त होता है।
6. पौधे बहुत कम समय में परिपक्वता तक पहुँच जाते हैं।
7. मृदा कीट और रोगों में काफी कमी आ जाती है।
8. हाइड्रोपोनिक्स उद्यान को कम रख–रखाव तथा कम मजदूरों की आवश्यकता होती है।

भारत में हाइड्रोपोनिक्स खेती का भविष्य

अभी भी भारत में हाइड्रोपोनिक पौधों को उगाने के अन्य तरीकों की तुलना में कम ही लोकप्रिय है। बढ़ती जनसंख्या, खेती योग्य जमीन की कमी, जलवायु परिवर्तन, पानी की कमी और पानी की बिगड़ती गुणवत्ता सभी मिलकर किसानों को बागवानी के वैकल्पिक तरीकों की ओर रुख करने के लिए प्रोत्साहित कर रहे हैं। हाइड्रोपोनिक्स प्रौद्योगिकी के द्वारा कुशलतापूर्वक रेगिस्तान, बंजर भूमि,

पहाड़ी क्षेत्रों, शहरी छतों और ठोस भूमि पर भी फसल उत्पादन किया जा सकता है। अधिक जनसंख्या वाले क्षेत्रों में वहाँ भूमि की कीमतें आसमान छूने के कारण पंरपरागत कृषि असंभव सी हो गयी है, वहाँ भी स्थानीय स्तर पर हाइड्रोपोनिक्स प्रौद्योगिकी के द्वारा उच्च मूल्य वाली फसलों जैसे ताजा हरा सलाद, जड़ी–बूटियों और कटे तथा गुलदस्ता वाले फूलों को उगाया जा सकता है। यह तकनीक विभिन्न प्रकार के पौधों को उगाने के लिए आदर्श स्थिति उपलब्ध कराती है। विशेष प्रकार के पौधे जैसे; टमाटर, खीरे, बैंगनी, ब्रोकोली, भिंडी, काली और सफेद मिर्च, पत्तेदार सब्जियाँ तथा मौसमी फूल इत्यादि, पर अधिकतम लाभ के लिए फसलों का चुनाव समय और बाजार को ध्यान में रखकर करना चाहिए।

(ख) एरोपॉनिक (Aeroponics)

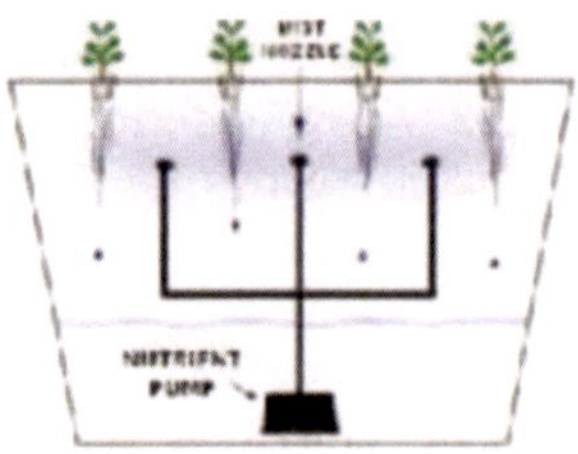

यह मृदा रहित खेती की ऐसी पद्धति है जिसमें में पौधों की जड़ें अंधेरे डिब्बों में हवा में ही लटकती हैं तथा पौधे के जड़ पर पोषक तत्वों के घोल का उपयोग मिष्ट या ऐरोजोल के रूप किया जाता है। पौधा वृद्धि कक्ष में लटकते रहता है इसमें समय–समय पर घोल का उपयोग इसके जड़ पर किया जाता है। पौधे डिब्बों के ऊपर सीधी सूर्य की रोशनी में फलते–फूलते हैं। विशेष प्रकार की नोजलों से पौधों की जड़ों के ऊपर एक निश्चित अन्तराल के बाद सभी आवश्यक तत्वों से युक्त घोल की महीन फुहार होती रहती है। यह घोल एक टंकी में से लिया जाता है और जड़ों के ऊपर स्प्रे होकर बाद में विभिन्न नालियों में से होता हुआ वापिस उसी टंकी में चला जाता है। यह प्रक्रिया दिन–रात लगातार चलती रहती है जब तक फसल की आखिरी कटाई नहीं हो जाती है। इस विधि को केंद्रीय आलू अनुसंधान संस्थान, शिमला ने आलू का बीज उत्पादन करने के लिए किया था। इस विधि में टिश्यू कल्चर (ऊतक संवर्धन) से प्राप्त पौधे को खेत में मिट्टी रहित पद्धति में लगाया जाता है। यह तकनीक व्यापारिक स्तर पर बीज अंकुरण, पौधे के बढ़वार, टमाटर उत्पादन, पत्तियों वाले सब्जी, साग एवं अन्य कई फसलों के लिए बहुत ही उपयुक्त और उपयोगी है।

एरोपॉनिक तकनीक से आलू का बीज उत्पादन

एरोपोनिक एक ऐसी प्रक्रिया है जिसके माध्यम से बिना मिट्टी व संचय माध्यम के वायु कुहांसे के वातावरण में पौधे पैदा किए जाते हैं। इस प्रक्रिया में पौधे

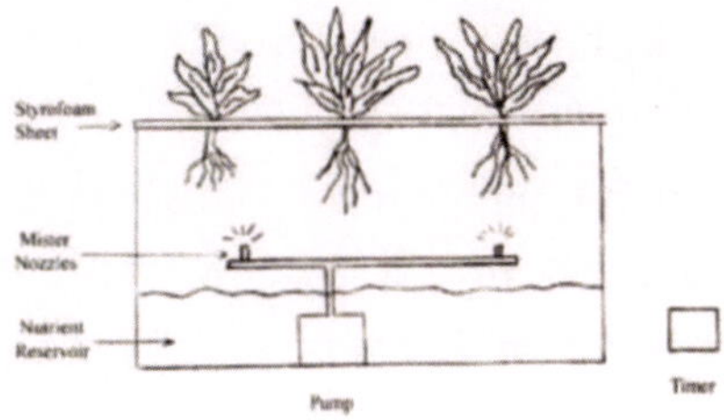

की जड़ें प्रकाश रहित सम्पूर्ण अंधकार में सील्ड बक्से या कनस्तर में बढ़ती हैं और यहाँ जड़ों को पोषक तत्व कुहांसे के रूप में प्राप्त होते हैं। इस प्रणाली में पोषक घोल प्रयोग किया जाता है और आवश्यकतानुसार इसकी देखरेख व संशोधन किया जा सकता है। पौधे का ऊपरी भाग खुली हवा व प्रकाश में रहता है।

एरोपॉनिक सिस्टम की रचना

एरोपोनिक सिस्टम को हमेशा ग्रीनहाउस या 40 मैश के नेट हाउस में स्थापित किया जाता है। ऐसा करने से आलू के पौधे सफेद मक्खी, चेंपा एवं अन्य कीड़ों से सुरक्षित रहते हैं तथा विभिन्न प्रकार के रोगों से बचाव होता है। इस विधि में मुख्य यंत्र एवं हिस्से निम्न प्रकार हैं–

पोषक घोल टंकीः इस विधि में फसलों के लिए अनिवार्य सभी तत्वयुक्त पानी का घोल बनाकर एक टंकी में डाला जाता है। यह टंकी प्लास्टिक, कंकरीट अथवा किसी भी ऐसी सामग्री से बनाई जाती है जिस पर विभिन्न रसायनों का कोई असर न हो। इस टंकी का आकार कुल पौधों की संख्या पर निर्भर करता है। पोषक घोल को ठंडा–गर्म करने का प्रावधान भी होना आवश्यक है।

पम्पः विभिन्न प्रकार के पम्प पोषक घोल को टंकी में से उठाकर नोजलों तक पहुंचाने का काम करते हैं और ये स्व–चालित बिजली उपकरणों से चलाए जाते हैं। घोल की सफाई के लिए 100 मैश का फिल्टर लगाना भी अति आवश्यक है, जिससे नोजलों के सुराख बंद नहीं होते। पंप का चुनाव नोजलों के डिजाइन एवं गिनती को ध्यान में रखकर किया जाता है।

नोजलः एरोपॉनिक सिस्टम में नोजलें सबसे महत्वपूर्ण पुर्जा हैं। उच्च दबाव से नोजलों द्वारा तत्वयुक्त पानी की पौधों की जड़ों के ऊपर महीन धुंधनुमा फुहार की जाती है, जिससे पौधे को खुराक लगातार मिलती रहती है।

ग्रो बॉक्सः ये बक्से इस तरह से बनाए जाते हैं कि इनकी छत में टिश्यु कल्चर से लिए गए पौधों की बुवाई की जाती है और नोजलें इन्हीं बक्सों के अंदर लगाई जाती हैं। इनके अंदर पूर्णतः अंधेरा होने के कारण अंदर जड़ें और आलू बनते हैं और ऊपरी भाग में सूर्य की रोशनी में पौधे बढ़ते हैं। ग्रो बॉक्स को सिर्फ आलू की तुड़ाई या निरीक्षण के समय ही खोला जाता है।

बिजली उपकरणः विभिन्न बिजली उपकरणों से पूरे एरोपोनिक सिस्टम एवं ग्रीन हाउस को स्व–चालित बनाया जाता है ताकि यह अपने आप दिन–रात चलता रहें।

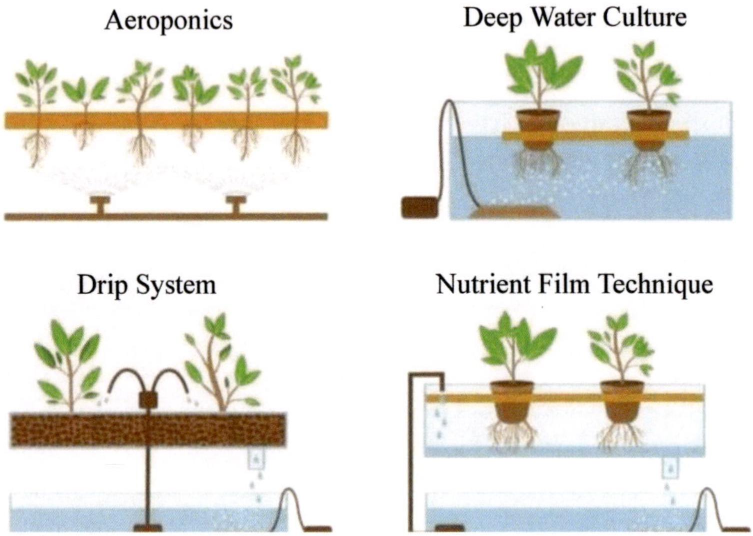

एरोपॉनिक के लाभ

1. इस विधि में फसलें बिना मिट्टी के उगाई जाती है, इस लिए फसल मिट्टी से होने वाले रोगों से बची रहती है और उच्च गुणवत्ता का बीज पैदा किया जा सकता है।
2. ऊतक संवर्धन (टिश्यु कल्चर) से उगाया गया पौधा मृदा की तुलना में 5 से 7 गुना अधिक आलू बीज पैदा करता है और आकार भी लगभग एक जैसा ही होता है।
3. पानी की खपत मिट्टी की तुलना में सिर्फ 5 से 10 प्रतिशत और पोषक तत्वों की 20 से 25 प्रतिशत ही होती है।

4. इस विधि से बीजोत्पादन उन क्षेत्रों में भी किया जा सकता है जहाँ पर जुताई योग्य जमीन उपलब्ध नहीं है और पानी की उपलब्धता भी बहुत कम है।
5. इस विधि से साल में दो फसलें पैदा की जा सकती हैं।
6. बीज का आकार छोटा होने के कारण परिवहन में बहुत कम खर्च आता है।
7. प्रति कन्द उत्पादन लागत अन्य विधियों की तुलना में अपेक्षाकृत 5 से 6 गुना कम आती है।

3 **गुलाबी खेती (पिंक खेती)**: यह खड़ी खेती का ही परिवर्तित रूप है जिसे कई बार वर्टिकल पिंक फार्मिंग भी कहते हैं, इसमें लाल एवं नीला रंग के एल.ई.डी. बल्ब/लैम्प के प्रकाश का उपयोग किया जाता है। जिससे पौधे में संश्लेषण होता है। परम्परागत खेती में फसल उत्पादन के लिए पौधों को पूर्ण रूप से प्राकृतिक प्रकाश जो सूर्य से प्राप्त होता है–लाल, नारंगी, हरा, नीला, सफेद व बैंगनी होता है परन्तु अनुसंधान से पता चला है कि पौधे के विकास या प्रकाश संश्लेषण के लिए केवल लाल एवं नीला रंग की ही आवश्यकता होती है और जब लाल एवं नीला रंग मिलता है तो गुलाबी हो जाता है। अतः इस विधि में एक के ऊपर एक तल होता है, लाल एवं नीला रोशनी वाले एल.ई.डी. लैम्प/बल्ब से प्रकाश की व्यवस्था की जाती है।

भारतीय कृषि को नया आयाम देने, किसान परिवारों का आर्थिक विकास, ऊर्जा की उपलब्धता व जीवन स्तर में सुधार के लिए हाईटेक कृषि आज के समय की आवश्यकता बन गई है। आज आवश्यकता इस बात की है कि भारतीय कृषि को एक प्रौद्योगिकी के रूप में विकसित किया जाए और इसके लिए अभिनव कृषि तकनीकों को अपनाया जाए। यह कृषि की एक आधुनिक नवीन अवधारणा है कि भारतीय कृषि में नव प्रयोगों की शुरुआत की जाए।

7

स्मार्ट कृषि में इंटरनेट आधारित तकनीकियां (इंटरनेट ऑफ थिंग्स)

इंटरनेट ऑफ थिंग्स यानि वस्तुओं का इंटरनेट इलेक्ट्रोनिक्स के प्रयोग से बनाए गए भौतिक वस्तुओं का नेटवर्क है जो आंकड़े संग्रह करता है। वस्तुओं का इंटरनेट का अभिप्राय/आशय स्मार्ट खेती में इंटरनेट आधारित सेंसर और खेत प्रबंधन सॉफ्टवेयर के विकास और प्रयोग से है।

चित्र 7.1 आईओटी आधारित स्मार्ट कृषि

उदाहरण के लिए किसान सॉफ्टवेयर द्वारा तरल खाद में नत्रजन, फॉस्फोरस और पोटाश को स्पेक्ट्रोस्कोपिक रूप से माप सकते हैं। भूमि में किन स्थानों पर उर्वरक की आवश्यकता है यह पता लगाने के लिए इंटरनेट आधारित उपकरणों द्वारा भूमि समतल की जाती है। इसके प्रयोग से उर्वरक के प्रयोग में 30 प्रतिशत तक कटौती हो सकती है। सेंसर द्वारा मृदा में नमी का निर्धारण कर पौधों के लिए सिंचाई का सबसे अच्छा समय निर्धारित किया जा सकता है, साथ ही सिंचाई प्रणाली को प्रोग्रामिंग की जा सकती है ताकि पौधें की आवश्यकता और वर्षा के आधार पर सिंचाई की आवश्यकता को पूरा किया जा सके।

वस्तुओं का इंटरनेट के नवाचार केवल पौधों तक ही सीमित नही हैं बल्कि इनका उपयोग पशुओं के स्वास्थ्य की देखभाल के लिए भी किया जा सकता है। मवेशी की निगरानी और प्रबंधन में कृषि सेंसर कॉलर टैग प्रयुक्त होते हैं जो जानवारों के तापमान, स्वास्थ्य गतिविधियां और पोषण सम्बन्धी जानकारी देते है और मवेशियों के झुंड के बारे भी सामूहिक जानकारी देते हैं। मवेशियों के पेट

की अम्लता और पाचन सम्बन्धी समस्याओं को चिन्हित करने के लिए आंतरिक सेंसर का उपयोग किया जाता है। बाहरी सेंसर मवेशी के स्वास्थ्य और फिटनेस, शारीरिक चोटों का पता लगाने और प्रजनन के लिए उपयुक्त समय की पहचान करने के लिए प्रयुक्त किये जाते हैं। मवेशियों के बेहतर स्वाथ्य से जुड़ी प्रवृत्तियों और रूझानों का पता लगाने के लिए सेंसर के सभी आंकड़ों का समेकित और विश्लेषित किया जा सकता है।

वस्तुओं का इंटरनेट मधुमक्खी पालन को अधिक उन्नतशील बनाने और निगरानी तकनीक के उपयोग में महत्वपूर्ण भूमिका निभाता है। किसानों व पशुपालकों के लिए शहद एक अच्छी व अतिरिक्त आय का साधन है जो विभिन्न प्रकार की फसलों के साथ उत्पादित किया जा सकता है और मधुमक्खियां कृषि को परागण की एक महत्वपूर्ण सेवा प्रदान करती है। सेंसर के द्वारा मधुमक्खियों के आवास के स्वाथ्य की निगरानी, अनुकूल तापमान, आर्द्रता और कार्बनडाईऑक्साइड के स्तर आदि के साथ ही मधुमक्खियां की उत्पादकता में सुधार में सहायता मिलती है।

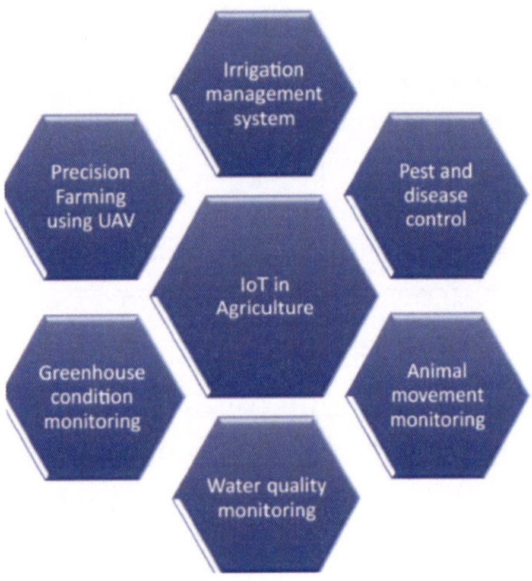

चित्र 7.2: आईओटी का स्मार्ट खेती में उपयोग

हम तकनीकी प्रगति, सतत विकास और बढ़ी हुई दक्षता की मदद से चौथी औद्योगिक क्रांति की ओर अग्रसर हैं। टेक कंपनियों के बीच प्रतिस्पर्धा चरम पर पहुँच गई है और अब हम स्मार्ट समाधानों से अधिक लाभ उठा सकते हैं। आज के दिन और उम्र के लोगों के रूप में, हम पहले से ही इसके कारण होने वाले व्यवधानों से काफी परिचित हैं हमारे जीवन के हर पहलू में IoT स्वास्थ्य और फिटनेस से शुरू होकर, होम ऑटोमेशन, ऑटोमोटिव और लॉजिस्टिक्स, शिक्षा और औद्योगिक IoT ने कार्य प्रक्रिया को सुविधाजनक बनाने और हमारे जीवन को लचीला बनाने में योगदान दिया है। कृषि भी अपवाद नहीं है। विशेष रूप से लगातार बढ़ती मांग को पूरा करने के लिए, कई कंपनियों और व्यक्तियों ने कृषि में IoT को शामिल करना शुरू कर दिया है, जो आने वाले दिनों में ही विस्तारित होगा। तकनीकी परिवर्तनों और कृषि अनुप्रयोगों की संख्या यह भी दर्शाती है कि हम दिन–ब–दिन स्मार्ट खेती की ओर कैसे बढ़ रहे हैं।

IoT कृषि को नया आकार दे रहा है जब कृषि की बात आती है तो IoT कई पहलुओं में योगदान दे सकता है। यहाँ तक कि पर्यावरणीय कारकों के लिए भी, हमारे पास दीर्घकालिक परिणाम के लिए कृषि में IoT को लागू करने के अलावा और कोई विकल्प नहीं है। कुशल जल उपयोग, इनपुट और उपचार के अनुकूलन से, IoT लाभ को अधिकतम करने में सहायता कर सकता है और किसानों को कम लागत पर बेहतर उत्पाद देने में सक्षम बनाता है। जिसके निम्नलिखित ढंग हैं, जैसेः डेटा संग्रहण, बेहतर नियंत्रण, लागत प्रबंधन इत्यादि।

डेटा संग्रहणः आजकल, हम IoT सक्षम उपकरणों की सहायता से विभिन्न प्रकार के डेटा एकत्र कर सकते हैं। मौसम, मृदा की गुणवत्ता, फसल की वृद्धि की प्रगति, मवेशियों के स्वास्थ्य आदि जैसे ये प्रभावशाली डेटा कर सकते हैं व्यवसाय की स्थिति को बदलने और कमाई करने के लिए तदनुसार निर्णय लेने और योजना बनाने में महत्वपूर्ण भूमिका निभाते हैं।

बेहतर नियंत्रणः IoT हमें एक वर्ष में उत्पादन की मात्रा पर पूर्ण नियंत्रण रखने में सक्षम बना सकता है। यदि हम फसल की वास्तविक मात्रा को पहले से जानते हैं, तो यह निश्चित रूप से उत्पाद वितरण को बेहतर बनाने और स्थिति के अनुसार योजना बनाने में मदद करेगा।

लागत प्रबंधन और अपशिष्ट में कमीः जोखिम को कम करना शायद सबसे अच्छा हस्तक्षेप है जो IoT कृषि उद्योग के लिए पेश कर सकता है। अगर हम फसल उत्पादन में विसंगतियों का पता लगा सकते हैं, तो हम लागत को नियंत्रित करने और उत्पादन बढ़ाने के लिए कचरे को कम करने में सक्षम होंगे।

प्रक्रिया स्वचालनः हम सिंचाई, खाद या कीट नियंत्रण जैसी प्रक्रियाओं को स्वचालित करने के लिए मानव श्रम की निर्भरता से छुटकारा पा सकते हैं। IoT स्मार्ट सेंसर और डिवाइस उत्पादन बढ़ाने के लिए उत्पाद जीवन चक्र के माध्यम से इन प्रक्रियाओं को बनाए रख सकते हैं। उत्पाद की गुणवत्ता और मात्रा अंत में, IoT ने हमें गुणवत्ता के उच्चतम मानक को बनाए रखने और मांग को पूरा करने के लिए फसलों की संख्या बढ़ाने में सक्षम बनाया है। तो एक राष्ट्र के रूप में, आयात करने की आवश्यकता कम हो जाएगी, और निर्यात की संभावना भी बढ़ेगी।

स्मार्ट कृषि में IoT के शीर्ष अनुप्रयोग

तकनीकी विकास का समावेश एआई और एमएल IoT उद्योग को महत्वपूर्ण रूप से सुविधा प्रदान की है। इसके अलावा, स्मार्ट IoT सेंसर और ऐप ने नए

अवसर खोले हैं जिनके बारे में हम पहले कभी नहीं सोच सकते थे। इस अध्याय में हम कृषि में IoT के प्रमुख प्रभावों पर चर्चा करने के लिए प्रकाश लाने जा रहे हैं। इसलिए यदि आप एक IoT व्यपारिक हैं या स्मार्ट खेती में रुचि रखते हैं, तो आप सही जगह पर हैं।

चित्र 7.3 आईओटी के उपयोग से कृषि में नये–नये आयाम

1. **परिशुद्ध खेती:** सटीक खेती सबसे महत्वपूर्ण लाभ है जिसे हम कृषि उद्योग में IoT को तैनात करके निकाल सकते हैं। कृषि प्रणाली की शुरुआत से ही हमें सिंचाई, बीज बोने, खाद डालने और यहाँ तक कि फसल उगाने के लिए प्रकृति पर निर्भर रहना पड़ता है। मौसम और जलवायु की स्थिति भी खेती को प्रभावित कर सकती है, जिससे कटाई के अंत में आपको अपेक्षित कमाई नहीं मिल सकती है। हालांकि, सटीक खेती के साथ, हम खेती के तरीकों पर अधिक नियंत्रण रख सकते हैं और उच्चतम मानक को बनाए रखते हुए गुणवत्ता वाले उत्पाद भी वितरित कर सकते हैं।

जबकि सटीक खेती के साथ, पशुधन बढ़ाना और फसल उगाना लचीला हो जाता है, यह बेहतर कृषि प्रबंधन प्राप्त करने में मदद कर सकता है। IoT के प्रमुख घटक और सेंसर, नियंत्रण प्रणाली, रोबोटिक्स, स्वायत्त वाहन और स्वचालित हार्डवेयर जैसी तकनीकों को जोड़ती है। इसके अलावा, उच्च गति के इंटरनेट, कम लागत वाले उपग्रहों और विश्वसनीय उपकरणों तक पहुंचने के लिए प्रौद्योगिकियां सटीक खेती की प्रवृत्ति को सुविधाजनक बनाती हैं।

चित्र 7.4 आईओटी का मानवीय विकास में अनुप्रयोग

चित्र 7.5 आईओटी आधारित उपकरण

सटीक सिंचाई के लिए अति–आधुनिक कृषि विज्ञान समाधान देने के लिए कई संगठन IoT के इस प्रसिद्ध अनुप्रयोग पर काम कर रहे हैं। परिवर्तनीय दर सिंचाई एक और बात है जिसका हम यहाँ उल्लेख कर सकते हैं जो बेहतर पैदावार और जल दक्षता के साथ फसल के खेतों को अनुकूलित करने में सहायता करता है। यह मिट्टी की नमी भी सुनिश्चित कर सकता है और किसान विशेषज्ञों और सलाहकारों को क्लाउड–आधारित अनुप्रयोगों से उत्पादन बढ़ाने में सहायता कर सकते हैं।

2. **जलवायु स्थिति निगरानीः** यदि आप सर्वश्रेष्ठ स्मार्ट कृषि उपकरणों के बारे में सोच रहे हैं, तो निश्चित रूप से मौसम स्टेशन और स्मार्ट खेती सेंसर के विभिन्न संयोजन पहले आएंगे। आमतौर पर, इन उपकरणों को पूरे क्षेत्र में स्थापित किया जाता है। वे पर्यावरण से डेटा एकत्र कर सकते हैं और इसे क्लाउड तक पहुँचा सकते हैं। कोई भी व्यक्ति जिसके पास उस विशिष्ट क्लाउड सेटअप तक पहुँचता है, वह डेटा प्राप्त कर सकता है और सार्थक अंतदृष्टि एकत्र कर सकता है जिसके परिणाम स्वरूप जलवायु स्थिति निगरानी पारम्परिक कृषि पद्धतियों को बदल सकती है और किसी भी कृषि संगठन के लिए कुशल नवाचार उत्पन्न कर सकती है।

कृषि के लिए क्लाउड मॉनिटरिंग IoT सेवाएं

कनेक्टेड एप्लिकेशन के साथ, आप छिपे हुए पैटर्न प्राप्त कर सकते हैं और डेटा को कार्रवाई योग्य अंतर्दृष्टि में बदल सकते हैं ताकि केवल जलवायु की निगरानी के अलावा और भी कुछ किया जा सके।

आप गेहूँ, बेल और सेब की फसलों के लिए सामान्य बीमारियों का पता लगा सकते हैं। अन्य बीमारियों के जोखिम को कम करने के लिए, आप एकत्रित डेटा की ऐतिहासिक प्रवृत्ति की भी जांच कर सकते हैं। तापमान, हवा की दिशा, जल की कमी, आर्द्रता, वर्षा से शुरु होने वाली हर चीज को ट्रैक करने में सक्षम हो और उसके अनुसार कार्य करने की योजना बनाएं।

आपको कई एप मिलेंगे जो अधिक मीट्रिक एकत्र करने और बेड़े प्रबंधन टूल का लाभ उठाने के लिए अच्छी तरह से डिज़ाइन किए गए डैशबोर्ड के साथ आते हैं। इसके अलावा, जलवायु की स्थिति की निगरानी आपको सही फसल चुनने में सक्षम करेगी जो कि दी गई जलवायु स्थिति के तहत सबसे अच्छी तरह से विकसित होगी। अंत में, अब उर्वरक की मात्रा, नमूनों के विन्यास, पानी के उपयोग आदि को मापना आसान हो गया है ताकि क्षमता में काफी हद तक सुधार हो सके।

3. **फसल प्रबंधनः** अतिरिक्त IoT लाभ और अधिक राजस्व उत्पन्न करने की लागत को कम करने के लिए कई उद्योगों को नया आकार दे रहा है। उदाहरण के लिए, आप कृषि में IoT को एक क्रांति के रूप में देख सकते हैं और समय के साथ आम सुव्यवस्थित सेवाओं के लिए अधिक से अधिक IoT समाधान पेश किए गए हैं। सबसे अच्छे IoT कृषि उपकरणों में से एक फसल प्रबंधन उपकरण है जिसे आप देख सकते हैं यदि आप स्मार्ट खेती के लक्ष्य पर हैं। यह सटीक खेती का एक महत्वपूर्ण तत्व है और आपको खेतों को अधिक कुशलता और प्रभावी ढंग से प्रबंधित करने में सक्षम बनाता है।

कृषि में फसल प्रबंधन हेतु आईओटी

मौसम केंद्रों की तरह, हम पहले ही चर्चा कर चुके हैं कि फसल प्रबंधन उपकरण आमतौर पर विशिष्ट डेटा एकत्र करने के लिए फसल के खेत में स्थापित किए जाते हैं।

चित्र 7.4: आईओटी का मानवीय विकास में अनुप्रयोग

किसान IoT की सहायता से तापमान में उतार–चढ़ाव और पत्ती में पानी जैसी महत्वपूर्ण जानकारी प्राप्त कर सकते हैं। इसके अलावा, प्रमुख मापदंडों को मापकर फसलों के स्वास्थ्य के बारे में जानकारी प्राप्त करके उसके अनुसार आवश्यक दवाओं के लिए आवेदन कर सकते हैं। फसल प्रबंधन उपकरण सतत विकास और बढ़े हुए उत्पादन के लिए मौजूदा कृषि पद्धतियों में सुधार के लिए एक जिम्मेदार भूमिका की योजना बना सकते हैं। आप अपनी फसल की वृद्धि की

निगरानी करने और उन विसंगतियों का पता लगाने में सक्षम होंगे जो अपेक्षित उत्पादन में तेजी से बाधा डाल सकती हैं। इसलिए, अपनी उपज को होने वाले नुकसान को रोकने के लिए किसी भी बीमारी या संक्रमण को रोकना आसान हो जाता है।

4. **स्मार्ट ग्रीनहाउसः** स्मार्ट ग्रीनहाउस कृषि में IoT अनुप्रयोगों का एक महत्वपूर्ण हिस्सा है। यह निस्संदेह कृषि उद्योग के लिए एक क्रांति है जो सेंसर के उपयोग को संदर्भित करता है, पौधों में वृद्धि लाने के लिए एक स्व–विनियमन माइक्रॉक्लाइमेट बनाने के लिए एक्यूरेट, निगरानी और नियंत्रण प्रणाली विकास करता है। इस प्रकार, यह पौधों की वृद्धि की स्थिति को अनुकूलित करने में महत्वपूर्ण भूमिका निभाता है।

इसके अलावा, हम स्मार्ट खेती के लिए स्मार्ट ग्रीनहाउस के महत्व को उजागर करने के लिए बढ़ती प्रक्रिया को स्वचालित करने का भी उल्लेख कर सकते हैं। स्मार्ट ग्रीनहाउस एक शानदार उदाहरण है जो दिखाता है कि कैसे IoT हमें अपनी पैदावार का बेहतर देखभाल रखने और उत्पादन बढ़ाने में सक्षम बना रहा है।

चित्र 7.7: स्मार्ट ग्रीनहाऊस

स्मार्ट ग्रीनहाउस के लाभः स्मार्ट ग्रीनहाउस का सबसे अच्छा हिस्सा यह है कि यह विभिन्न प्रकार के सेंसर की मदद से फसलों और परिवेश पर 24/7 डेटा एकत्र कर सकता है।

एक बार डेटा एक को प्रेषित किया जाता है आईओटी मंच, हम छिपे हुए अर्थों और असामान्यताओं को उजागर करने के लिए आसानी से विश्लेषणात्मक एल्गोरिदम लागू कर सकते हैं। एचवीएसी और प्रकाश संचालन, सिंचाई और छिड़काव गतिविधियों जैसी प्रक्रियाओं पर स्वचालन का प्रभाव लचीला हो जाता है।

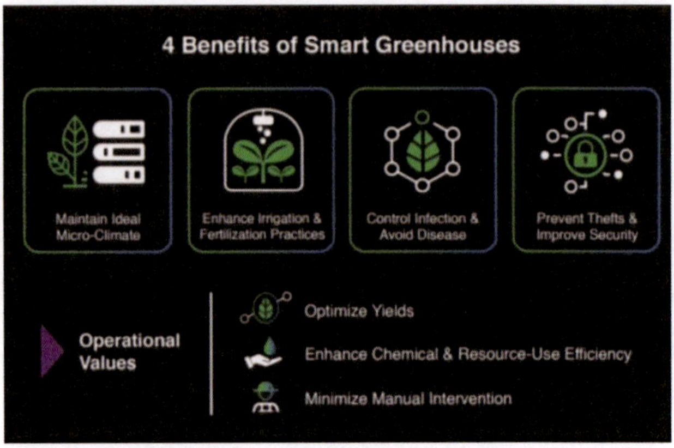

चित्र 7.8: स्मार्ट ग्रीनहाऊस के लाभ

इसके अलावा, आप हमेशा निरंतर डेटा निगरानी, भविष्य कहने वाला मॉडल, फसल रोग का आकलन आदि का लाभ उठा सकते हैं। कुशल संसाधनों को बढ़ाने और सर्वोत्तम गुणवत्ता के लिए रासायनिक उपयोगों को अनुकूलित करने के लिए श्रम कार्य को काफी कम किया जा सकता है। उसके ऊपर, स्मार्ट ग्रीनहाउस भी सिंचाई और संवर्धन विधियों को बढ़ाने में योगदान दे सकता है।

5. **आंकड़ा विश्लेषण:** आंकड़े विश्लेषण किसी भी IoT सक्षम सेवा का एक मुख्य घटक है। साथ ही, उचित डेटा विश्लेषण के बिना, मशीन लर्निंग या आर्टिफिशियल इंटेलिजेंस जैसी प्रौद्योगिकियां वास्तव में उच्चतम स्तर तक काम नहीं कर सकती हैं। इसलिए, डेटासेट को प्रशिक्षित करने से लेकर परिणाम की भविष्यवाणी करने तक, हम वास्तव में डेटा एनालिटिक्स के महत्व को अनदेखा नहीं कर सकते हैं। इसके अलावा, IoT के माध्यम से स्मार्ट सेंसर अधिक सटीक डेटा एकत्र कर सकते हैं, विसंगतियों को अनदेखा कर सकते हैं, और स्व–विनियमन निर्णय लेने के लिए पैटर्न का पता लगा सकते हैं। क्लाउड कंप्यूटिंग बड़े पैमाने पर डेटासेट के भंडारण के लिए लागत प्रभावी समाधान प्रदान करने के लिए कृषि में IoT का एक हिस्सा है।

यदि आप स्मार्ट कृषि पद्धतियों से तीव्र गति प्राप्त करना चाहते हैं तो क्लाउड स्टोरेज, ऑन–डिमांड कंप्यूटिंग और एंड–टू–एंड IoT प्लेटफॉर्म की एक बड़ी भूमिका है। यह प्रक्रियाओं को विनियमित करने में मदद करता है और आपको अपने अनुमानित उत्पादन के लक्ष्य तक पहुंचने में सक्षम बनाता है। जहाँ IoT सेंसर बड़े पैमाने पर डेटा एकत्र कर सकते हैं, वहीं एनालिटिक्स टूल किसानों के लिए बेहतर निर्णय लेने के लिए सार्थक जानकारी निकाल सकता है। आप कार्य प्रक्रियाओं को अनुकूलित करने के लिए मौसम की स्थिति, पशुधन की स्थिति,

उपज की स्थिति और यहां तक कि फसल की स्थिति को आसानी से माप सकते हैं। इसलिए, आप आवश्यकता या डेटा–संचालित परिणाम के अनुसार तकनीकी नवाचारों को आसानी से बढ़ा सकते हैं। फसलों की गुणवत्ता और भूमि की उर्वरता को बनाए रखने के लिए डेटा विश्लेषण भी महत्वपूर्ण है/इसके अलावा, जलवायु की स्थिति को पहले से जानने के लिए प्रवृत्ति विश्लेषण भी हैं।

6 **कृषि ड्रोनः** नवाचार तीन प्रकार का हो सकता है। वे नवाचार, दक्षता नवाचार और विघटनकारी नवाचार को बनाए रख रहे हैं। और आपको जानकर हैरानी होगी कि IoT की सहायता से हम किसी भी उद्योग के लिए हर तरह के इनोवेशन को आसानी से जनरेट नहीं कर सकते हैं। कृषि कोई अपवाद नहीं है और पहले से ही IoT सेंसर, एप्लिकेशन और स्मार्ट उपकरणों द्वारा उत्पन्न महत्वपूर्ण लाभों का आनंद ले रहा है। इसलिए, आप कृषि ड्रोन को एक ट्रेंडिंग व्यवधान के रूप में मान सकते हैं जो स्मार्ट खेती के लिए व्यापक उपयोग के मामलों के साथ आता है।

चित्र 7.9: कृषि में ड्रोन का उपयोग

ड्रोन का कृषि में अनुप्रयोग

कृषि उद्देश्यों के लिए दो प्रकार के ड्रोन हैं। जबकि एक को ग्राउंड ड्रोन के रूप में जाना जाता है और दूसरे को एरियल ड्रोन कहा जाता है। फसल के स्वास्थ्य के आकलन और फसल की निगरानी से, कृषि ड्रोन फसल छिड़काव और क्षेत्र विश्लेषण के लिए भी सहायक हो सकते हैं। यह मानव श्रम पर निर्भरता को कम कर सकता है, और यदि आप सिंचाई के लिए ड्रोन का उपयोग करना शुरू करते हैं तो आप बहुत सारा पैसा और समय बचा पाएंगे। उचित रणनीति और योजना के साथ, कृषि ड्रोन फसल उत्पादन को बढ़ावा दे सकते हैं और मांग को पूरा

करने में हमारी मदद कर सकते हैं। इसके अलावा, ड्रोन उच्च–कार्यात्मक IoT सेंसर से लैस हैं, जिसका अर्थ है कि आपको बेहतर निर्णय लेने के लिए अधिक सटीक डेटा मिलेगा। पौधों के बढ़ने के बाद उनके स्वास्थ्य के बारे में जानकारी एकत्र करें और ड्रोन पर्यावरणीय प्रभाव को भी कम कर सकते हैं।

7. **मवेशी निगरानी और प्रबंधनः** इस अध्याय में कृषि में IoT की भूमिका के बारे में बात कर रहे हैं। आपने पहले ही कई उपयोग देखे हैं जो स्पष्ट रूप से दिखाते हैं कि IoT कैसे लाभ जोड़ सकता है और हमें सिंचाई प्रक्रिया पर अधिक नियंत्रण रखने में सक्षम बनाता है। लेकिन जैसा कि हम स्मार्ट खेती को प्राथमिकता देते हैं, हम पशु प्रबंधन को नजरअंदाज नहीं कर सकते हैं जो किसी भी कृषि उद्योग के एक बड़े हिस्से को कवर करता है। तो IoT भी इस क्षेत्र में पहुंच गया है और मवेशियों के बेहतर प्रबंधन में योगदान देता है।

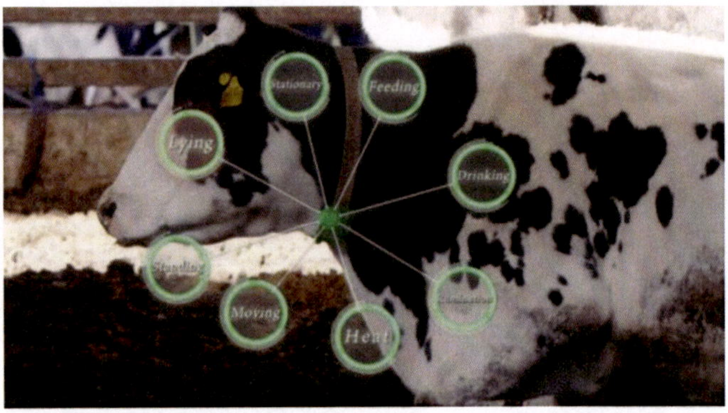

चित्र 7.10: स्मार्ट मवेशी प्रबंधन में आईओटी का प्रयोग

स्मार्ट मवेशी प्रबंधन में IoT का प्रयोगः IoT सेंसर कई प्रकार के हो सकते हैं और इसलिए आपको ऐसे सेंसर मिलेंगे जिन्हें आप जानवरों को निरंतर निगरानी में रखने के लिए संलग्न कर सकते हैं। यह उन्हें अचानक मृत्यु से बचाने के लिए स्वास्थ्य की स्थिति का आसानी से विश्लेषण करने में मदद कर सकता है, जिससे आपको भारी नुकसान हो सकता है। IoT आपके लिए लॉग प्रदर्शन का भी ध्यान रख सकता है। इसलिए, पशु प्रबंधन की पूरी प्रक्रिया तनाव मुक्त और लचीली हो जाती है। विकसित देशों में, पालतू जानवरों की देखभाल के लिए IoT अनुप्रयोग काफी सामान्य घटना बन गई हैं जो आवश्यकता पड़ने पर मालिकों को आपातकालीन संकेत प्रेषित कर सकते हैं। ऑलफ्लेक्स और काउलर द्वारा एससीआर जैसी कंपनियां प्रत्येक जानवर के लिए उपयुक्त तापमान, स्वास्थ्य, गतिविधि और पोषण प्रदान करने के लिए स्मार्ट सेंसर का उपयोग कर रही हैं।

जब उत्पादन की बात आती है तो आप अधिक जानकारी प्राप्त करने और बेहतर परिणाम के लिए बड़े पैमाने पर डेटा एकत्र कर सकते हैं।

8. **स्मार्ट खेती के लिए भविष्य विश्लेषणः** भविष्य विश्लेषण (प्रिडिक्टिव एनालिटिक्स) एक प्रमुख कारक है और सटीक खेती में एक प्रमुख भूमिका निभाता है। वास्तव में, वे साथ–साथ चलते हैं और एक की उपेक्षा करके एक को प्राप्त करना असंभव है। उदाहरण के लिए, हम स्मार्ट सेंसर और IoT का उपयोग करके अत्यधिक प्रासंगिक रीयल–टाइम डेटा एकत्र कर सकते हैं, लेकिन उचित डेटा विश्लेषण के बिना, इसे समझना या भविष्यवाणी करना संभव नहीं है। यहाँ फसल कटाई के समय, बीमारियों और संक्रमणों के जोखिम, उपज की मात्रा, और इसी तरह की भविष्यवाणी करने के लिए भविष्य विश्लेषणात्मक काम आता है।

भविष्य विश्लेषण के साथ, खेती अधिक लचीली हो जाती है, और आपको उचित कार्रवाई करने के लिए अधिक समय मिलता है। स्मार्ट खेती में भविष्यवाणी के कई उपयोग के मामले हैं, जैसे कि किसान पहले से ही वास्तविक मात्रा और पैदावार की गुणवत्ता जान सकते हैं। स्रोत वस्तुओं को जानने और उत्पादन बढ़ाने के जोखिम का आकलन करने के लिए खाद्य और कृषि दोनों सटीक पूर्वानुमान का लाभ उठा सकते हैं। जलवायु परिस्थितियों की निगरानी करने की क्षमता और प्रोडक्शंन पर प्रभाव एक और चीज है जिसका आनंद आप प्रेडिक्टिव एनालिटिक्स की सहायता से ले सकते हैं। इसके अलावा, हम बाढ़ और सूखे जैसी प्राकृतिक आपदाओं की सफलतापूर्वक भविष्यवाणी करके अपनी फसलों और पैदावार की रक्षा कर सकते हैं। सिंचाई के लिए पानी की आपूर्ति को अधिकतम 50 प्रतिशत तक बढ़ाने में योगदान कर सकते हैं, जबकि आप प्रत्येक फसल के लिए पर्याप्त मात्रा में जल और पोषक तत्वों का चयन कर सकते हैं।

9. **एंड–टू–एंड फार्म प्रबंधन प्रणालीः** यदि आप कृषि उत्पादकता का पता लगाना चाहते हैं, तो आपको इनपुट और आउटपुट के अनुपात को मापने की आवश्यकता होगी। समग्र कृषि उत्पादन को मापना अक्सर बहुत कठिन हो जाता है क्योंकि हम वजन का पता लगाने के लिए फसल की उपज को मापते हैं। कृषि उत्पादकता प्रबंधन प्रणाली आपके काम को सरल बना सकती है, हालांकि कृषि में IoT की भूमिका के बारे में बात करते समय यह एक जटिल दृष्टिकोण है। बाजार में पहले से ही कई एप उपलब्ध हैं, जैसे ट्रिम्बल, फार्मईआरपी, फार्मलॉग्स, एगवर्ल्ड, एग्रीवेब, एग्रीवि इत्यादि।

स्मार्ट ग्रीनहाउस के लाभ

चित्र 7.11: आईओओी एवं कृषि

महत्वपूर्ण अंतर्दृष्टि किसी भी सम्पूर्ण कृषि प्रबंधन प्रणाली का उपयोग करने के लिए, हमें पूरे क्षेत्र में कृषि IoT उपकरणों और सेंसरों को स्थापित करने की आवश्यकता होगी। कोई भी स्मार्ट फार्म प्रबंधन प्रणाली एक अच्छी तरह से डिजाइन किए गए डैशबोर्ड के साथ आती है और आपके निर्णयों को प्रभावित करने के लिए सार्थक अंतर्दृष्टि उत्पन्न करने में सक्षम है। स्मार्ट सेंसर और डिवाइस डेटा को सीधे डैशबोर्ड तक पहुँचाते हैं, और कुछ ही मिनटों में एक शक्तिशाली विश्लेषणात्मक रिपोर्ट आपके हाथ में होगी। आप निश्चित रूप से इन–बिल्ट अकाउंटिंग और रिपोर्टिंग सुविधाओं का आनंद लेंगे जो आपको लागत प्रभावी समाधान और स्मार्ट निर्णय लेने में सक्षम बना सकते हैं। इसके अलावा, आप अपने खेत को ऑन–प्रिमाइसेस उपस्थित हुए बिना दूर से नियंत्रित कर सकते हैं। आप FarmLogs और Cropio जैसे सॉफ़्टवेयर का उपयोग करके सभी व्यावसायिक कार्यों को पूरा करने में सक्षम होंगे। आधुनिक कृषि प्रबंधन प्रणालियों के साथ वाहन ट्रैकिंग, स्वचालन, भंडारण प्रबंधन, रसद जैसी उन्नत सुविधाएं भी उपलब्ध हैं।

10. **डाटा सुरक्षा**: जब भी हम कृषि में IoT उत्पादों के बारे में बात करते हैं, तो हमें सुरक्षा पर विचार करना चाहिए क्योंकि हमें बड़े डेटासेट के साथ काम करना होगा। यदि आप उचित डेटा हैंडलिंग का ध्यान नहीं रखते हैं, तो यह सुरक्षा कर्मचारियों को बड़ा नुकसान पहुँचा सकता है।

सटीक कृषि के लिए डेटा महत्वपूर्ण है जो इसे तैयारी करने वालों के लिए उपयुक्त विकल्प बनाता है। लेकिन, दुर्भाग्य से, कृषि उद्योग में डेटा की चोरी और हैकिंग एक सामान्य घटना बन गई है, जो प्राइम टाइम है जब आप सुरक्षा और अपने डेटासेट की सुरक्षा के बारे में गम्भीर हो जाते हैं।

महत्वपूर्ण अंतर्दृष्टि अपने डेटासेट को दूषित होने से बचाने के लिए पर्याप्त कार्रवाई किए बिना, फसल उत्पादन के लिए उचित कार्रवाई करना संभव नहीं

है। हालांकि कृषि में डेटा सुरक्षा अभी भी एक लोकप्रिय विषय नहीं है, IoT समाधानों का लाभ उठाने के लिए, सुरक्षा सुनिश्चित करना ही लम्बे समय में एकमात्र समाधान है। यहाँ तक कि अगर आप कृषि मशीनरी को डेटा संचारित करने के लिए ड्रोन का उपयोग कर रहे हैं, तो आपको पहुँच को नियंत्रित करना चाहिए और आवश्यक प्रमाणीकरण लागू करना चाहिए। एन्क्रिप्शन एक बढ़िया विकल्प है, और IoT सेंसर अब यह सुनिश्चित करने के लिए एक मानकीकृत सुरक्षा दिशानिर्देश का पालन करते हैं कि आपका डेटा सुरक्षित हाथों में है। आपको ऐसे कई एप भी मिलेंगे जो डेटा ट्रैफ़िक की निगरानी कर सकते हैं, संवेदनशील डेटा की सुरक्षा के लिए उन्नत विधियों का उपयोग कर सकते हैं और आधारित सुरक्षा टूल का लाभ उठा सकते हैं। लोग आंतरिक सुरक्षा नीतियां भी लागू कर सकते हैं, संदिग्ध गतिविधियों का पता लगा सकते हैं और डेटा स्टोर कर सकते हैं ब्लॉकचेन नेटवर्क अखंडता सुनिश्चित करने के लिए। समाप्त करने के लिए तो यहाँ IoT के शीर्ष अनुप्रयोग हैं जो आप आजकल कृषि उद्योग में देखेंगे। यदि आप एक खेत के मालिक हैं, तो यह एक अनुकूल समय है जब आप इन उभरते हुए अनुप्रयोगों का लाभ उठाना शुरु कर दें। मवेशी प्रबंधन से लेकर उपज निगरानी फार्म तक, आप पाएंगे कि IoT कृषि उद्योग के हर पहलू को नया आकार दे रहा है। आईओटी उत्पाद एक खेत से दूसरे खेत में भिन्न हो सकते हैं। इसलिए आपको कोई भी नई तकनीक अपनाने से पहले बाजार खंड, जलवायु और क्षेत्र पर विचार करने की आवश्यकता है। इसलिए यदि आप इस प्रतिस्पर्धी उद्योग में लंबे समय तक बने रहना चाहते हैं तो कृषि में IoT को नजरअंदाज करने का कोई तरीका नहीं है।

दूसरी ओर, सरकारों को आवश्यक कदम उठाने चाहिए ताकि अविकसित देशों के खेत डिजिटल परिवर्तन से गुजर सकें और उत्पाद खोज का पहला कदम उठा सकें। उसके बाद, IoT द्वारा पेश किए जाने वाले विशाल अवसरों को अपनाने से पहले परियोजना का रोडमैप और यथार्थवादी बजट तय किया जाना चाहिए।

चित्र: 7.12: आईओटी के कुछ मुख्य उपयोग

कृषि क्षेत्र में IoT का उपयोग

कृषि क्षेत्र में बहुत प्रकार का डेटा एकत्र किया जा सकता है अर्थात् तापमान, बरसात, आद्रता, हवा की गति, मिट्टी की गुणवत्ता, कीटनाशकों का प्रभाव आदि। इस डेटा का विश्लेषण करके फार्मिंग की गुणवत्ता को बढ़ाया जा सकता है और भावी निर्णय लेकर नुकसान से बचा जा सकता है। कृषि तकनीकों को स्वचालित करने, फसल के प्रबंध के लिए आवश्यक समय, कीटनाशक, सिंचाई आदि की सटीक जानकारी प्राप्त करने के लिए डेटा विश्लेषण से प्राप्त निष्कर्षों का उपयोग कर सकते है। इस तरह के कई प्रयोग किये जा रहे है और कृषि क्षेत्र से जुडे हुए अन्य व्यवसायों जैसे मछली पालन, मुर्गी पालन, डेयरी आदि उद्योगों पर सफल प्रयोग किये जा चुके है।

8

स्मार्ट कृषि में कृषि मोबाइल ऐप

स्मार्ट खेती एक ऐसा विकास है जो साइबर–भौतिक फार्म प्रबंधन चक्र में सूचना और संचार प्रौद्योगिकी के उपयोग पर जोर देता है। नई तकनीकें जैसे कि इंटरनेट ऑफ थिंग्स और क्लाउड कम्प्यूटिंग से इस विकास का लाभ उठाने और खेती में अधिक रोबोट और कृत्रिम बुद्धिमत्ता लाने की संभावना है। यह बड़े आंकड़ों की घटना से घिरा हुआ है, एक विस्तृत विविधता के साथ डेटा के बड़े पैमाने पर संस्करणों को लागू किया जा सकता है, विश्लेषण किया जा सकता है और निर्णय लेने के लिए उपयोग किया जा सकता है। साथ ही यह भी समीक्षा की जाती है की स्मार्ट खेती में बड़े आंकड़ों के अनुप्रयोगों की अत्याधुनिक जानकारी प्राप्त कैसे हो और कृषि और खाद्य सुरक्षा से सम्बन्धित सामाजिक–आर्थिक चुनौतियों की पहचान समय से पहले करके उनसे होने वाले घाटे को कम या ना के बराबर कर पाए। आज संचार युग में मोबाइल किसान के खेत की मेड़ तक पहुँच गया है और सर्वविदित है कि व्हॉट्सएप आज हमारी दिनचर्या का एक अहम हिस्सा बना हुआ है। आप अपने व्हॉट्सएप पर एग्री ज्ञान, प्रगतिशील किसान मंच, किसान सुझाव, अन्नदाता, किसान भाई देशी खेती, उन्नत खेती और जैविक खेती, औषधीय पौधों की खेती इत्यादि व्हॉट्सएप ग्रुप बनाकर किसान, कृषि छात्र और कृषि वैज्ञानिकों के अतिरिक्त तकनीकी विशेषज्ञों को भी सम्मिलित करके लाभ उठा सकते हैं।

स्मार्ट कृषि मोबाइल ऐप

स्मार्ट मोबाइल एप से किसान घर बैठे अपना आवेदन कर योजना का लाभ ले सकते हैं। किसानों को यंत्र चयन तथा किसी भी कम्पनी का किसी भी डीलर से यंत्र प्राप्त करने की स्वतंत्रता रहती है। फसलों को रोपने एवं बुवाई करने के बारे में नयी तकनीकों के बारे में जानकारी उपलब्ध हो जाती है।

कृषि जलवायु खेती पर आधारित अध्ययन के द्वारा आवश्यक सूचना को प्राप्त किया जा सकता है। सभी फसलों के बारे में अलग–अलग तौर पर उनकी

चित्र: 8.1: कृषि मोबाइल एप का परिदृश्य

मांग और आपूर्ति वाली फसलों के उत्पादन पर वे अधिक जोर दे सके। स्मार्ट मोबाइल एप के द्वारा आप अपनी फसल को घर बैठे ही ऑनलाइन बेच सकते हैं। स्मार्ट कृषि से जुड़े महत्वपूर्ण मोबाइल एप जैसे; किसान सुविधा, इफको किसान, किसान मित्र, फसल बीमा, एम किसान, खेती बाड़ी, कृषि ज्ञान, पूसा कृषि, कृषि बाजार, एग्री पोर्टल, मेरा किसान, डिजिटल मंडी, कृषि केन्द्र और लाइव बाजार आदि किसान गूगल प्ले स्टोर से फ्री में डाउनलोड कर सकते हैं।

वर्तमान समय में सूचना को कृषि और ग्रामीण विकास कार्यक्रमों में सबसे मूल्यवान संसाधन एवं कृषि में एक महत्वपूर्ण आदान माना जाता है। किसानों को कृषि के प्रत्येक चरण में मौसम पूर्वानुमान, आदान प्रबंधन, बीजों की उपलब्धता, कीट और रोग प्रबंधन एवं बाजार की विस्तृत जानकारी की आवश्यकता होता है। जिसके लिए स्मार्ट मोबाइल उत्तम साधन है। ग्रामीण भारत में इंटरनेट और बिजली की पर्याप्त उपलब्धता के कारण आज लगभग प्रत्येक हाथ में स्मार्ट फोन है। कृषि क्षेत्र में हो रहे बदलाव को किसान स्मार्ट फोन में अनेक ऐप्स के द्वार देख कर समझ रहे है। स्मार्ट फोन या मोबाइल फोन ग्रामीण भारत द्वारा अपनाई गई सूचना संचार तकनीकियों में सबसे अधिक उपयोग होने वाली तकनीक है। मोबाइल संचार प्रौद्योगिकी की गतिशील वृद्धि, विकासशील देशों में आर्थिक विकास, सामाजिक सशक्तीकरण और आधारभूत स्तर पर नवाचार के लिए अवसर उत्पन्न कर रही है। यह लाखों ग्रामीण निवासियों को सूचना, बाजार और सेवाओं तक पहुँच प्रदान करके कृषि और ग्रामीण विकास करता है। वर्तमान में मोबाइल फोन का प्रत्येक क्षेत्र में सभी स्थानों में उपयोग किया जा रहा है। लोग बड़े–बड़े व्यापार या खेती में स्मार्ट मोबाइल का भरपूर प्रयोग कर आर्थिक लाभ कमा रहे हैं। हमारे किसानों को मोबाइल ऐप्स को अधिक से अधिक उपयोग करना चाहिए, इन मोबाइल ऐप्स की सहायता से किसान, नवीनतम वस्तुएं और बाजार भाव, पीड़कनाशकों और उर्वरक, खेत और किसान सम्बन्धी समाचारों का सटीक उपयोग, मौसम पूर्वानुमान और सलाहकार के साथ काम कर सकते हैं। यह सरकार की कृषि नीतियों और योजनाओं के बारे में कृषि

सुझाव और समाचार भी प्रदान करता है। भारत में सूचना संचार तकनीकियों का उपयोग एवं विकास निम्नलिखित मोबाइल ऐप्स द्वारा हुआ जो आज स्मार्ट खेती की ओर अग्रसर है

एग्री मीडिया वीडियो ऐप

यह एक वीडियो ऐप है, जो कि अधिकतर किसानों की पसंद बना हुआ है। इसकी मदद से किसान अपनी कीट प्रभावित फसल की फोटो लेकर ऐप पर अपलोड कर सकता है और कृषि विशेषज्ञों से उसकी रोकथाम के लिए सलाह ले सकता हैं। इस तरह किसान घर बैठे फसलों को कीट और रोग से बचा सकते हैं। बता दें कि यह एक वीडियो ऐप है, जिस पर किसान दूसरी फसल के वीडियो भी देख सकते हैं। इसके अलावा खेती की नई तकनीक की जानकारी भी ले सकते हैं।

इफको किसान ऐप

यह एप वर्ष 2016 में लॉन्च किया गया था और इसका प्रबंधन भारतीय किसानों के उर्वरक सहकारी लिमिटेड की सहायक कम्पनी इफकों किसान द्वारा किया जाता है। इस मोबाइल ऐप के द्वारा किसान अपनी फसल सहित अन्य कृषि सम्बन्धी अनुकूलित जानकारी प्राप्त कर सकते हैं। इस ऐप द्वारा कृषि विशेषज्ञों से फसलों के दाम, मौसम की जानकारी, मिट्टी की जाँच और खेती के जुड़ी कोई भी सुझाव ले सकते हैं। यह एक एंड्राइड ऐप है, जो कि लगभग 10 भारतीय भाषाओं में उपलब्ध है।

एग्री ऐप

यह एक ऐसा एग्री ऑनलाइन प्लेटफॉर्म है, जहाँ किसानों को खेतीबाड़ी से लेकर सरकारी योजनाओं तक की पूरी जानकारी दी जाती है। खास बात है कि यहाँ कृषि विशेषज्ञों से मैसेज द्वारा बात की जा सकती है। इस पर खेती–बाड़ी सम्बन्धी कई वीडियो भी उपलब्ध होती हैं, जिससे किसानों को आधुनिक तकनीक की जानकारी मिल पाती है।

एग्री डाटाः एग्री डाटा ऐप्स मोबाइल की एक पूर्ण कृषि प्रबंधन प्रणाली है जो उपयोग में आसान है। इसके द्वारा किसान बेहतर जानकारी के साथ आप बेहतर निर्णय ले सकते हैं, जिससे प्रति एकड़ अधिक लाभ में सहायता मिलती है।

किसान योजना ऐप

इस कृषि मोबाइल ऐप के द्वारा किसान सरकारी योजनाओं सम्बंधी जानकारी प्राप्त कर सकते हैं। इस पर राज्य की योजनाओं के विषय में बताया जाता है। इस ऐप की सहायता से किसानों को सरकारी योजना की जानकारी लेने के लिए इधर–उधर भागना नहीं पड़ता है। इससे समय की भी बचत होती है।

फार्मबी ऐप (Farmby App)

यह खेतीबाड़ी से जुड़ा एक ऐसा ऐप है, जो कि किसानों की खास पसंद बना हुआ है। इस ऐप द्वारा किसान अपनी जिज्ञासा को दूर कर सकते हैं। किसान विशेषज्ञों से उन्नत खेती और तकनीक की जानकारी प्राप्त कर सकते हैं। इस ऐप द्वारा किसान फसल की लगभग 450 किस्म चुन सकता है। इसके साथ ही बाजार और मौसम सम्बन्धी जानकारी प्राप्त कर सकते हैं।

किसान सुविधा ऐप

पीएम मोदी ने वर्ष 2016 में किसानों के लिए इस ऐप की शुरुआत की थी। इस ऐप का उद्देश्य किसानों को मजबूत करने का है। इसकी डिजाइन काफी सरल रखी गई है। इस पर अगले 5 दिनों के मौसम का पूर्वानुमान, फसलों की बाजार में कीमत, उर्वरकों, बीजों, कृषि मशीनरी आदि की जानकारी दी जाती है। यह ऐप कई भाषाओं में आसानी से चलाया जा सकता है।

ग्रामोफोन कृषि ऐप

इस ऐप में तीन मुख्य सेक्शन दिए गए हैं। पहला बाजार सेक्शन, जिसमें किसानों को कीटनाशकों और फसल पोषण की सारी जानकारी दी जाती है। दूसरा मेरी खेती सेक्शन है, जिसमें मंडी में फसल की कीमत, मौसम की जानकारी और कृषि विशेषज्ञ की सलाह किसानों के लिए उपलब्ध कराई जाती है। तीसरा समुदाय विभाग है, जिसके द्वारा किसानों को किसानों से ही संवाद करने का मौका दिया जाता है।

जेफार्म सर्विसेज़ ऐप

किसानों को इस एप द्वारा कृषि मशीनरी किराए पर लेने की मुफ्त सुविधा उपलब्ध कराई जाती है। जिन किसानों को ट्रैक्टर समेत किसी भी कृषि उपकरण को किराए पर लेना है, वे किसान इस ऐप से जुड़ सकते हैं। इसके अतिरिक्त जो किसान अपने कृषि उपकरण किराए पर लेकर उठाना चाहते हैं, वे भी इस ऐप

से जुड़ सकते हैं। यह पारदर्शी तरीके से काम करता है।

पूसा कृषिः इस मोबाइल ऐप को किसानों के खेतों तक भारतीय कृषि अनुसंधान परिषद के संस्थानों द्वारा विकसित तकनीकों को ले जाने के लिए लॉन्च किया गया है। इसमें विकसित फसलों की नई किस्मों से सम्बन्धित जानकारी, कृषि मशीनरी और इसके कार्यान्वयन और उत्पादन प्रौद्योगिकियों की विस्तृत जानकारी है।

जैविक खेती–बाड़ी ऐप

इस ऐप का उद्देश्य है कि किसान खेतीबाड़ी में जैविक खेती का रुख करें, इसलिए यह ऐप किसानों को जैविक खेती द्वारा उनकी रासायनिक खेती को बदलने में सहायता करता है। यह किसानों के लिए यह ऐप 4 भाषाओं (हिंदी, अंग्रेजी, मराठी और गुजराती) में उपलब्ध है।

कृषि मित्र या आरएमएल किसान

यह भी एक तरह का कृषि एप है। जहाँ किसान नवीनतम वस्तुएं और मंडी की कीमतों, पीड़कनाशियों और उर्वरक, खेत और किसान सम्बन्ध ी समाचारों का सटीक उपयोग, मौसम पूर्वानुमान और सलाहाकार के साथ कार्य कर सकते है। इस ऐप द्वारा किसानों को मंडी की कीमतों, कीटनाशकों और उर्वरकों, मौसम, खेती सम्बन्धित समाचार की जानकारी मिलती है। इसके अतिरिक्त कृषि विशेषज्ञों की भी सलाह ले सकते हैं। यह सरकार की योजनाओं और कृषि नीतियों की जानकारी भी उपलब्ध कराता है।

चित्र 8.2: 5 G जी नेटवर्क के माध्यम से स्मार्ट खेती के नये आयाम

ई–नाम मोबाइल ऐपः यह इलेक्ट्रॉनिक ट्रेडिंग पोर्टल है जो उपलब्ध एपीएमपी मंडियों को कृषि वस्तुओं के लिए एक समेकित राष्ट्रीय बाजार

बनाने के लिए नेटवर्क बनाता है। इस मोबाइल ऐप का उद्देश्य व्यापारियों/मंडियों द्वारा फसल मूल्य किसानों और अन्य हितधारकों को उनके स्मार्टफोन पर सही समय पर उपलब्ध कराना है। इसमें र्स्माट कृषि के आंकड़े विश्लेषण का उपयोग किया गया है तथा किसानों को बिडिंग की सुविधा भी दी गई है।

कृषि बाजारः भारत सरकार द्वारा फसल बीमा एप के साथ–साथ किए गए इस ऐप को किसानों को फसल की कीमतों के बराबर रखने और संकट की बिक्री के लिए जाने के लिए उन्हें निरूत्साहित करने के उद्देश्य से विकसित किया गया है। किसान कृषि बाजार ऐप का उपयोग करके अपने स्वयं के डिवाइस स्थान के 50 कि.मी. के अंदर बाजार में फसलों की कीमतों से सम्बन्धित जानकारी प्राप्त कर सकते हैं।

बिग हार्टः भारत का सबसे बड़ा कृषि मंच है। बिग हाट सीधे किसानों के दरवाजे तक कृषि आदान प्रदान करता है। बिग हाट भारतीय किसानों के लिए नवीनतम कृषि प्रौद्योगिकी और तकनीक तक पहुँच प्रदान करता है। इस अप्स का उद्देश्य कृषि को अधिक लाभप्रद बनाना है।

कृषि ज्ञानः यह वॉट्सप संचार के रूप में एक समान पहलू पर काम करता है लेकिन इसे बेहतर माना जाता है क्योंकि इससे मोबाइल नम्बर वाले लोगों को जुड़े रहने की आवश्यकता नही होती है। खेती के बारे में सामान्य जानकारी देने के अतिरिक्त यह अनुप्रयोग भारतीय किसानों को कृषि ज्ञान के विशेषज्ञों से जुड़ने और खेती के सम्बन्धित प्रश्न पूछने और सूचनाओं के द्वारा आवेदन कर सकते हैं।

कृषि केन्द्रः भारत का पहला ऑनलाइन कृषि मेगा स्टोर जो बीज, कीटनाशक, उर्वरक, सूक्ष्म पोषक तत्वों सर्फटेक्ट्स, विशेष रसायन, कृषि मशीनरी, एग्री पम्प, फसल विकास हार्मोन्स, सोलर पम्प, कृषि किताबें और सीडी और मुक्त क्रय–विक्रय सुविधा के साथ विभिन्न कृषि आदान बेचता है।

कीटनाशक और कवकनाशी कैलकुलेटर मोबाइल ऐपः राष्ट्रीय समेकित नाशीजीव प्रबंधन अनुसंधान केन्द्र, नई दिल्ली ने 12 प्रमुख फसलों अर्थात् धान, कपास, गोभी, बैंगन, अरहर, मूँगफली, टमाटर, सोयाबीन, चना, मिर्च, भिण्डी के लिए वेब और मोबाइल प्लेटफार्म पर कीटनाशक और कवकनाशक ऐप विकसित किया है। कीटों और रोगों के प्रबंधन के लिए विवेकपूर्ण कीटनाशक चयन, अनुसंधानकर्ताओं, कृषि प्रसार कर्मियों और किसानों को लेबल के साथ कीटनाशकों के चयन और उपायो के लिए सहायता करना इन एप का मुख्य उद्देश्य है।

उपरोक्त मोबाइल एप्स के अतिरिक्त कृषि मंत्रालय ने एंड्रायड मोबाइल पर दो ऐप ऐसे लांच किये हैं जो किसानों का काम आसान कर सकते हैं। ये ऐप ठीक ऐसे काम करेंगे जैसे शेष खरीद–बिक्री वाले ऐप काम करते हैं।

1. ऐप पर मिलेंगे ट्रेक्टर और थ्रेशर

पहला ऐप CHC Farm Machinery है जिसमें किसान मशीनों, उपकरणों की खरीद–बिक्री कर सकते हैं। इस ऐप से मशीनों को किराए पर लिया जा सकता है। CHC Farm Machinery ऐप पर मशीन–उपकरण देने वाले 40,000 केन्द्र मौजूद है। इस ऐप से अब तक 1.21 लाख किसान जुड़ चुके हैं। लेन–देन के मामले में किसान रेटिंग के आधार पर फीडबैक देंगे। आवश्यक नहीं कि इन 40,000 सेंटर से ही किसान लेन–देन करेंगे बल्कि इस ऐप से किसान आपस में भी मशीनों का क्रय या उनका किराए पर लेना–देना कर सकते हैं।

2. उन्नत बीज और तकनीक

एक दूसरा ऐप कृषि किसान एप है इस ऐप से किसान उन खेतों की स्थिति देख सकेंगे जहाँ सरकार अच्छे बीज और उन्नत तकनीकों का उपयोग कर रही है। इस पर प्रयोग के परिणाम के आधार पर किसान उन बीजों और तकनीक को अपने खेत के लिये प्राप्त भी कर सकते हैं। Krishi Kisan App में खेत की जियो टैगिंग, जियो फैंसिंग भी की जाती है। फिलहाल इस मोबाइल ऐप पर देश के 4 ज़िलों के खेतों में चल रहे प्रयोग और उसके नतीजे देख सकते हैं। ये ज़िले है गुजरात में राजकोट, महाराष्ट्र में नांदेड़, मध्य प्रदेश में भोपाल, उत्तर प्रदेश का बनारस है। Krishi Kisan App mobile app से किसानों को कृषि एवं किसान जे जुडी जानकारी प्राप्त हो जायेगी। कृषि किसान सरकारी ऐप है। जिसे डाउनलोड करना बहुत ही आसान है। इस ऐप को आप गूगल प्ले स्टोर के माध्यम से आसानी से अपने एंड्राइड मोबाइल फोन में डाउनलोड कर सकते हैं।

सारांशः कृषि क्षेत्र में तीव्र गति से बदलाव हो रहा है। तकनीक से लेकर उन्नत विधियों में बदलाव देखने को मिल रहा है। बदलती तकनीक ने कृषि क्षेत्र को ऊँचाई के सर्वोच्च स्थान पर पहुँचा दिया है। अब किसान सिर्फ अपने आस–पास

की ख़बरों से नहीं बल्कि राष्ट्रीय व अंतर्राष्ट्रीय ख़बरों से भी अवगत रहते हैं। उन्नत तकनीक ने कृषि समुदाय को इतना बदल दिया है कि अब किसान अपने फ़ोन पर ही सारी जानकारी प्राप्त कर सकता है। आज दुनिया की प्रत्येक तकनीक स्मार्टफोन से जुड़ चुकी है। स्मार्टफोन ने लोगों के जीवन को बहुत आसान बना दिया है। खेती–किसानी के लिए भी स्मार्टफोन बहुत ही उपयोगी सिद्ध हो रहे हैं। इस कड़ी में कृषि मंत्रालय ने किसानों के कुछ कामों का आसान बनाने के लिए अनेक ऐप लॉन्च किए है। इन ऐप की सहायता से खेती–किसानी में उपयोग होने वाली मशीनरी, तकनीक और उन्नत किस्म के बीजों के बारे में घर बैठ जानकारी प्राप्त की जा सकती है। उक्त के अतिरिक्त सरकारी एवं गैर सरकारी संगठन किसानों के लिए खेतीबाड़ी से जुड़े कई ऐप उपलब्ध कराए जा रहे हैं, जिसके द्वारा उन्हें पल–पल खेती सम्बन्धी जानकारी मिलती है। अगर आप भी किसान हैं, तो उपरोक्त मोबाइल ऐप के द्वारा खेतीबाड़ी को और आसान बना सकते हैं।

9

स्मार्ट कृषि में नैनो उर्वरक की भूमिका

आज नैनो प्रौद्योगिकी विश्व के हर देश का भविष्य बन गया है। यह पर्यावरण, ऊर्जा, चिकित्सा और कृषि आदि क्षेत्र में क्रांतिकारी रूप से एक नवीन तकनीक के रूप में उभर रही है। कृषि में नैनो प्रौद्योगिकी के उपलब्ध विकल्पों में से एक है नैनो उर्वरक, जिससे विश्व की बढ़ती जनसंख्या के भरण–पोषण के लिए फसल उत्पादन में वृद्धि हो सके। जियोलाइट्स वर्धित उर्वरकों के अतिरिक्त कुछ ऐसे और भी नैनो कणों को खोजा गया है जो उर्वरक के रूप में उपयोगी है। जियोलाइट्स को कृषि के क्षेत्र में नत्रजन उर्वरकों के निक्षालन से होने वाले नुकसान एवं पौधों में अमोनिया विषाक्तता को कम करके कृषि उपज बढ़ाने के लिए प्रभावी ढंग से प्रयोग किया जा सकता है।

उर्वरकों का सफल प्रयोग किसानों के लिए लाभजनक कृषि का आधार माना गया है। उर्वरकों का यदि संतुलित उपयोग न हो, तो वे पर्यावरण के लिए हानिकारक भी हो सकते हैं। पारम्परिक उर्वरकों का उत्पादन, भंडारण एवं स्थानांतरण, जहाँ एक प्रमुख चुनौती है, वहीं इनके असंतुलित प्रयोग के दुष्प्रभाव बृहत रूप से देखे गए हैं। इसके साथ ही इनकी उपयोग दक्षता भी दिन प्रति दिन कम होती जा रही है। अतः उच्च पोषक तत्वों के साथ साथ मृदा और पर्यावरण के साथ अनुकूलता वाले उर्वरकों को विकसित करने की आवश्यकता है। नैनो प्रौद्योगिकी गुणात्मक विशेषताओं को बढाने के लिए नैनो उर्वरकों के रूप में एक आशाजनक विकल्प के रूप में तेजी से उभर रही है। कृषि एवं खाद विज्ञान के क्षेत्र में इस प्रौद्योगिकी के विभिन्न घटकों का महत्वपूर्ण योगदान है। नैनो उर्वरक में पोषक तत्वों के नैनो फॉर्मूलेशन शामिल होते हैं, जो रासायनिक उर्वरकों के अत्यधिक उपयोग के संभावित प्रतिकूल प्रभावों के साथ साथ उर्वरक अनुप्रयोग आवृत्ति को भी कम करते हैं। इसके अतिरिक्त, नैनो उर्वरकों के प्रयोग से रासायनिक अवशेष में भी भारी कमी आती है। इससे न सिर्फ पर्यावरण की सुरक्षा सुनिश्चित होती है, बल्कि लागत की भी बचत होती है।

नैनो–युग 1990 के दशक के अंत में शुरू हुआ और 2014 तक नैनोकण (नैनो उर्वरक) का प्रयोग पर्यावरण के लिए 23 बिलियन डॉलर तक पहुँच गया। नैनो उर्वरक यद्यपि नैनो शब्द एक नया शब्द प्रतीत होता है लेकिन यह क्षेत्र पूरी तरह से नया नहीं है। जब से धरती पर जीवन का प्रारम्भ हुआ तभी से निरंतर 3.8 अरब वर्षों से विकास के माध्यम से प्रकृति में परिवर्तन हो रहा है। दुनिया की बढ़ती जनसंख्या भरण पोषण के लिए फसल उत्पादन में वृद्धि के लिए नैनो उर्वरक वरदान सिद्ध हो रहे है। नैनो उर्वरक, आकार में छोटे होने के कारण नैनो उर्वरक मृदा में आसान वितरित हो जाते है और मृदा सुधार में सहायता करते है। जब हम बात उर्वरक की करते है तो हमे कुछ खास उर्वरकों का ही ध्यान आता है जैसे की यूरिया, फॉस्फोरस तथा पोटाश या सल्फर जो की अधातु उर्वरक है। धातु तत्वों जैसे कि लौह, जिंक, तांबा आदि को मिलाकर 17 पोषक तत्वों की आवश्यकता होती है। आजकल धातु नैनोकण का प्रयोग उर्वरक के रूप में बहुतायत में किया जा रहा है। जहाँ हम सामान्य उर्वरक 50 कि.ग्रा. डालते है वहीं 4–5 कि.ग्रा. नैनो उर्वरक डालने से अधिक उत्पादन लिया जा सकता है।

इसमें कोई संदेह नहीं की नैनोकण के प्रयोग ने मानव जीवन को सरल बनाया है। किन्तु इन कणो का अत्यधिक प्रयोग वातावरण तथा मानव के लिए हानिकारक भी हो सकता है। हाल के आकलन से पता चला है कि नैनो–साइज कॉपर और कॉपर–ऑक्साइड के दो सौ से अधिक मीट्रिक टन का उत्पादन 2010 और 5500 टन जिंक नैनो कण का उत्पादन किया गया था। प्रत्येक वर्ष हजारों टन नैनो कण पर्यावरण में छोड़ा जाता है, जिनमें से अधिकांश भाग मृदा में जाकर एकत्र होता हैं। मृदा अथवा जल में छोड़े गए नैनोकण खाद्य फसलों में एकत्र होते है। कई और फसलों पर हुए शोध में भी इस तरह की बात सामने आयी है। छोटा आकर होने के कारण नैनोकण आसानी से मानव शरीर में पानी, हवा एवं अन्य पदार्थो के द्वारा प्रवेश कर जाते है और त्वचा, हृदय, फेफड़े सर्कुलेटरी लिम्फेटिक सिस्टम आदि को प्रभावित तथा कैंसर जैसे बीमारी पैदा कर सकता है। खाद्य फसलों में नैनो उर्वरक के माध्यम से नैनो कण का संचय अत्यधिक चिंता का विषय है।

नैनो जैव उर्वरकों के उपयोग से पारम्परिक उर्वरकों के उपयोग में 50–75 प्रतिशत की कमी आने की आशा है। नैनो उर्वरक पारम्परिक उर्वरकों, मृदा कोलाइड्स और पौधों के भागों से निकाले गए नैनो कण होते हैं। ये 1–100 नैनो मीटर व्यास के आसपास होते हैं। विशिष्ट सतह क्षेत्र और अत्यंत सूक्ष्म आकार

होने के कारण, ये नियंत्रित एवं धीमी गति से पोषक तत्वों को उन्मुक्त करते हैं। ये मृदा की उर्वराशक्ति, उत्पादकता और कृषि उत्पादों की गुणवत्ता और पोषक तत्व को उपयोग दक्षता में सुधार के लिए आवश्यक होता है। नैनो सामग्री की उच्च प्रतिक्रियाशीलता के कारण, ये उर्वरकों के साथ परस्पर क्रिया कर पौधों को पोषक तत्वों के बेहतर एवं प्रभावी अवशोषण में सक्षम बनाते हैं। नैनो उर्वरक पोषक तत्वों को लीचिंग व वाष्पीकरण द्वारा होने वाली हानि को कम करते हैं। ये अधिक प्रतिक्रियाशील होने के कारण पोषक तत्वों की जैव उपलब्धता में भी सुधार करते हैं। इसके साथ ही पर्यावरणीय जोखिमों को भी कम करते हैं। मृदा के भौतिक और रासायनिक गुण, गैसीय नुकसान, रिसाव, अपवाह और उर्वरक विशेषताएं पौधों की पोषक तत्व उपयोग दक्षता में महत्वपूर्ण भूमिका निभाते हैं। पोषक तत्वों के उपयोग को प्रभावकारिता में सुधार के माध्यम से फसल उत्पादन में वृद्धि स्थाई कृषि और पर्यावरणीय स्वास्थ्य के प्रमुख स्तभों में से एक है। उर्वरक उपयोग दक्षता को बढ़ाने के लिए विभिन्न रणनीतियों जैसे–फर्टिगेशन, सटीक अनुप्रयोग, सीमित उपयोग और पारम्परिक उर्वरकों की तुलना में नैनो उर्वरकों के उपयोग की योजना बनाई गई है। पर्यावरणीय अखंडता, पर्यावरणीय स्थिरता और आर्थिक स्थिरता के साथ जनसंख्या की बढ़ती खाद्य मांगों को पूरा करने के लिए नैनो प्रौद्योगिकी फसलों के उत्पादन में महत्वपूर्ण भूमिका निभाती है। कृषि के क्षेत्र में नैनो एनकैप्सुलेशन के प्रयोग ने बहुलक मैट्रिक्स के भीतर उर्वरकों के एनकैप्सुलेशन और प्रतिकूल पर्यावरणीय परिस्थितियों में उर्वरकों के वाष्पीकरण/गिरावट को रोककर प्रभावकारिता को बढ़ाया है। बीज उपचार सहित कृषि क्षेत्र में नैनो तकनीक के अनुप्रयोग के सम्बन्ध में विभिन्न रिपोर्ट प्रकाशित की गई हैं।

नैनो उर्वरक से बदलेगी कृषि का स्वरूप

देश की सबसे बडी उर्वरक कम्पनी इफको द्वारा कहा गया है कि फसलों की लागत की वृद्धि के लिये रासानियक उर्वरक के प्रयोग मात्रा काफी सीमा तक बढ गई है इसलिए इफको कम्पनी नैनो उर्वरक का उत्पादन करेगी। भविष्य में ऐसा उर्वरक लाने वाली है जो मात्र दो ग्राम में एक टन उर्वरक के बराबर होगा उन्होंने इसके शोध के लिए गुजरात में एक प्रयोगशाला में कार्य चल रहा है।

नैनो उर्वरक निर्माण की विधि

यूरिया को पीसकर और विभिन्न जैव उर्वरकों के साथ मिलाकर प्रभावी नैनो उर्वरक तैयार किया जाता है। यह नैनो उर्वरक अधिक विस्तारित अवधि के लिए पोषक तत्वों की धीमी गति से अवशोषित होती है। नैनो उर्वरक को यांत्रिक और जैव रासायनिक दोनों प्रक्रियाओं का उपयोग करके विकसित किया गया है। इसकी एक बोतल में 40000 उर्वरक अमोनियम प्रूमेट, अमोनिया, यूरिया, पीट, पौधों के कचरे और अन्य सिंथेटिक उर्वरकों से बनाए जाते हैं।

नैनो उर्वरक के रूप में नाइट्रोजन

वर्तमान में भारतीय किसान उर्वरक सहकारी लिमिटेड (इफको) द्वारा किसानों के लिए दुनिया का पहला नैनो यूरिया (तरल) नैनों तकनीक पर आधारित एक अनूठा उर्वरक है तथा भारत सरकार द्वारा अनुमोदित है। नैनो यूरिया का फसलों में प्रयोग मृदा में यूरिया के अतिरिक्त उपयोग को कम करके सन्तुलित पोषण प्रदान करेगा। पारम्परिक यूरिया, पर्यावरण प्रदूषण का कारण बनती है। इससे मृदा के स्वास्थ्य को नुकसान पहुँचता है और पौधे को रोग और कीट के संक्रमण के लिए अधिक संवेदनशील बनाता है। यूरिया, फसल की परिपक्वता और उत्पादन हानि में देरी करता है। नैनो यूरिया, फसलों को मजबूत एवं स्वस्थ बनाता है और उन्हें गिरने से बचाता है। इफको नैनो यूरिया की 500 मि.ली. की बोतल पारम्परिक यूरिया के एक बैग के बराबर काम करती है। फसल की क्रांतिक अवस्थाओं पर नैनों यूरिया का पत्तियों पर छिड़काव करने से नाइट्रोजन की सफलतापूर्वक आपूर्ति हो जाती है, जिससे उत्पादन में वृद्धि के साथ–साथ पर्यावरण भी सुरक्षित रहता है।

जिंक ऑक्साइड नैनो कण

यह सूक्ष्म पोषक तत्व कई एंजाइमों के भीतर सहकारक, धातु घटकों और अन्य नियामक कारकों के रूप में कार्य करता है। इस प्रकार पौधों की कायिकी प्रतिक्रियाओं के लिए अत्यंत महत्त्वपूर्ण होता है। यह ज्यादातर या तो जिंक ऑक्साइड या जिंक सल्फेट के रूप में वितरित किया जाता है, जो आमतौर पर मृदा के भीतर जिंक की कमी को सन्तुलित करने के लिए प्रयोग किया जाता है। पौधों को जिंक की अनुपलब्धता के कारण उर्वरक के रूप में इनको प्रयोज्यता सीमित होती जा रही है। इस संदर्भ में, जिंक एनपी, जिंक की कमी को दूर करने

के लिए एक आशाजनक भूमिका निभाता है। वे इसके स्थूल रूप की तुलना में अत्यधिक प्रतिक्रियाशील होते हैं।

जिंक ऑक्साइड नैनो कण

यह सूक्ष्म पोषक तत्व अनेक एंजाइमों के अंदर सहकारक, धातु घटकों और अन्य नियामक कारकों के रूप में कार्य करता है। इस प्रकार पौधों की कार्यिकी प्रतिक्रियाओं के लिए अत्यंत महत्वपूर्ण सिद्ध होता है। यह अधिकांश या तो जिंक ऑक्साइड या जिंक सल्फेट के रूप में वितरित किया जाता है। जो आमतौर पर मृदा के अंदर जिंक की कमी को सन्तुलित करने के लिए प्रयोग किया जाता है। पौधों को जिंक की अनुपलब्धता के कारण उर्वरक के रूप में इनकी प्रयोज्यता सीमित होती जा रही है।

चित्र 9.1: इफको द्वारा नैनो यूरिया एवं नैनो जिंक का क्षेत्र प्रदर्शन सफलतापूर्वक किया गया।

आयरन ऑक्साइड नैनो कण

इसकी नवीन प्रयोज्यता को इनके नैनो आकार और चुंबकीय विशेषताओं के कारण कृषि क्षेत्र में नैनो उर्वरकों के रूप में उपयोग किया गया था। नैनो उर्वरक के रूप में आयरन ऑक्साइड नैनोकण की दक्षता अनेक अपर्याप्तता वाले रासायनिक आयरन उर्वरकों को प्रतिस्थापित कर सकती है।

जैव आधारित नैनो उर्वरकः सूक्ष्मजीव जैसे–राइजोबियम, नीले हरित शैवाल, माइकोराइजा, एजोटोबैक्टर, एजोस्पिरिलम, फॉस्फेट–विघटनकारी बैक्टीरिया जैसे स्यूडोमोनास और बैसिलस किस्में भी सूक्ष्मजीव उत्प्रेरक के समकक्ष कार्य करते हैं। ये विशिष्ट नाइट्रोजन स्थिरीकरण क्षमता को संशोधित एवं अघुलनशील जटिल कार्बनिक पदार्थों की घुलनशीलता में सुधार करके, सरल रूप में रूपांतरण के माध्यम से, आवश्यक तत्वों की जैव उपलब्धता बढ़ाने में सहायक होते हैं।

नैनो उर्वरकों के प्रकारः मुख्यतः दो प्रकार के नैनो उर्वरक होते हैं, मुख्य और सूक्ष्म पौषक तत्व नैनो उर्वरक। नैनो–उर्वरक, प्रमुख पोषक तत्वों (नत्रजन, फॉस्फोरस एवं पोटेशियम, मैग्नीशियम, सल्फर एवं कैल्शियम) को सटीक मात्रा में वितरित

करने के उद्देश्य से नैनो सामग्री के साथ समेकित रूप में एक या अधिक पोषक तत्व सम्मिलित होते हैं।

नैनो उर्वरक उपयोग के तरीके

नैनो उर्वरक मुख्यतः दो प्रकार से उपयोग किए जा सकते हैः–

1. पर्णीय छिड़कावः एनपीके नैनो कण जब पत्तियों की सतहों पर छिड़का जाता है, तो गैसीय विनिमय के माध्यम से रन्ध्र की सहायता से प्रवेश करते है और फ्लोयम ऊतकों के माध्यम से स्थानांतरित होते हैं।
2. मृदा में छिड़कावः अनेक अध्ययनों से यह ज्ञात होता है कि एनपीके उर्वरकों का मृदा में प्रयोग करने से फसलों के समग्र विकास को बढ़ावा मिलता है। हाइड्रोक्सी एपेटाइट नैनोकण अनुप्रयोग से अंकुरण दर और पौधों की वृद्धि पर सकारात्मक प्रभाव डालते हैं।

नैनो उर्वरक उपयोग विधि

1. नैनो यूरिया (तरल) का 2–4 मि.ली. प्रति लीटर जल के घोल का खड़ी फसल में छिड़काव करना चाहिए।
2. नाइट्रोजन की कम आवश्यकता वाली फसल में 2 मि.ली. एवं नत्रजन की अधिक आवश्यकता वाली फसलों में 4 मि.ली. तक नैनों यूरिया प्रति लीटर जल की दर से उपयोग किया जा सकता है।
3. अनाज, तेल, सब्जी, कपास इत्यादि फसलों में दो बार तथा दलहनी फसलों में एक बार नैनो यूरिया का उपयोग किया का सकता है।
4. पहला छिड़काव अंकुरण/रोपाई के 30 से 35 दिन बाद तथा दूसरा छिड़काव फूल अथवा बाली आने के एक सप्ताह पूर्व किया जा सकता है।
5. एक एकड़ खेत के लिए एक बार में प्रति छिड़काव लगभग 125 ली. जल की मात्रा होती है।

नैनो उर्वरकों का उपयोग के निर्देश तथा सावधानियां

नैनो उर्वरक को उपयोग से पहले अच्छी तरह से बोतल को हिलाएं। फ्लैट फैन अथवा कट नोजल का उपयोग करें। जब तेज धूप, तेज हवा तथा ओस न हो, तब सुबह या शाम के समय छिड़काव करें। यदि नैनो उर्वरक के छिड़काव के 12 घंटे के अंदर वर्षा होती है, तो यह सुझाव दिया जाता है कि छिड़काव पुनः किया जाए। 100 प्रतिशत जल में घुलनशील उर्वरकों और अधिकतर कृषि रसायनों

के साथ मिलाकर उपयोग किया जा सकता है। नैनो उर्वरक के छिड़काव की संख्या फसल, इसकी अवधि और समय नाइट्रोजन आवशयकता के आधार पर बढ़ाई या घटाई जा सकती है। नैनो उर्वरक को बच्चों और पालतू जानवरों की पहुँच से दूर ठंडी, सूखी जगह में रखें। नैनो उर्वरक की 500 मि.ली. की पैकिंग 45 कि.ग्रा. यूरिया से अधिक उपयोगी सिद्ध हो रही हैं। इसका 2 से 4 मि.ली. प्रति लीटर के घोल का खड़ी फसल में छिड़काव करें। नाइट्रोजन की कम आवश्यता वाली फसलों में 2 मि.ली. एवं नाइट्रोजन की अधिक आवश्यकता वाली फसलों में 4 मि.ली. तक नैनो यूरिया प्रति लीटर जल की दर से प्रयोग करें। पहला छिड़काव अंकुरण/रोपाई के 30 से 35 दिनों बाद तथा दूसरा छिड़काव फूल आने के पूर्व किया जा सकता है। नैनो यूरिया 500 मि.ली. प्रति एकड़ की बोतल का मूल्य 240 रुपये है। इसी प्रकार इफको नैनो जिंक एवं तांबा का परीक्षण कृषि विज्ञान केन्द्रों में चल रहा है। अच्छे परिणाम प्राप्त करने के लिए नैनो यूरिया का उपयोग इसके निर्माण की तारीख से 2 वर्ष के अंदर करें।

नैनो उर्वरक के लाभ

नैनो उर्वरकों को पौधों द्वारा तेजी से और पूरी तरह से अवशोषित किया जाता है, जोकि उर्वरक खपत कम करते है और पर्यावरण प्रदूषण को भी कम करने में सहायक हो सकते है। नैनो उर्वरक का उपयोग पोषक तत्वों की दक्षता बढ़ा सकता है और फसल उत्पादन में मृदा के पोषण तत्वों के अनुपात में वृद्धि कर सकता है और उर्वरक संसाधन को बचा सकता है। इसमें आशाजनक परिणाम पाए गए हैं। इसके लाभ निम्नलिखित हैः

1. **उच्च पोषक तत्व उपयोग दक्षताः** जड़ और पत्तियों के छिद्रों के आकार से छोटे कण होने के कारण ये पौधे में अधिक मात्रा में ग्रहण हो जाते हैं। इनके प्रयोग से फसल की बढ़वार और पोषक तत्वों के उपयोग की प्रभावकारिता में सुधार होता है एवं पोषक तत्वों के नुकसान में कमी होती है।
2. **पोषण मूल्य और स्वास्थ्यः** नैनो उर्वरक पौधों के अंगों की वृद्धि और प्रकाश संश्लेषण जैसी चयापचयी प्रक्रियाओं को बढ़ाते हैं। इससे उपज अधिक होती है। पोषक तत्वों की अधिक उपलब्धता फसलों के गुणवत्ता मानकों जैसे प्रोटीन, तेल सामग्री, चीनी सामग्री आदि को बढ़ाने में सहायक है। पौधे को नैनो पोषक तत्वों की अधिक उपलब्धता, रोग, पोषक तत्वों की कमी और अन्य जैविक और अजैविक तनाव से बचाते हैं। इसके परिणामस्वरूप उपभोग के लिए बेहतर उपज और गुणवत्ता वाले खाद्य उत्पाद उपलब्ध होते हैं।

3. **नियंत्रित रूप से पौधों का प्रयोग करना:** नैनो उर्वरक फसल के पौधे द्वारा अधिक ग्रहण करने के लिए सन्तुलित पोषक तत्व/उर्वरक की गति और मात्रा को नियंत्रित करते हैं। पोषक तत्वों के धीरे रिसाव के कारण उपलब्धता में वृद्धि एवं पोषक तत्वों की पूर्ति की वास्तविक अवधि बढ़ जाती है।
4. **उर्वरकों की हानि और मांग कम होना:** स्रवण की धीमी दर के कारण नैनो उर्वरक पौधों द्वारा अधिक मात्रा में ग्रहण किए जा सकते हैं। इनकी निक्षालता कम होती है और ये उर्वरकों की मांग कम करते हैं।
5. **मृदा गुणवत्ता में सुधार:** जलधारण क्षमता और मृदा की गुणवत्ता में सुधार एवं सूक्ष्मजीवों की गतिविधियां बढ़ जाती हैं।
6. सभी फसलों के लिए उपयोगी है।
7. सुरक्षित एवं पर्यावरण के अनुकूल, टिकाऊ खेती हेतु उपयोगी।
8. परिवहन एवं भंडारण खर्चों में कमी तथा सुगम परिवहन।
9. 500 मि.ली. नैनो यूरिया, एक बोरा यूरिया के बराबर नत्रजन देता है।

सारांश: नैनो उर्वरक एक आशाजनक उर्वरक विकल्प के रूप में सामने आया हैं, जो उच्च फसल उत्पादन और मृदा की उर्वरता को बढ़ाता है। नैनो–उर्वरक के प्रयोग से उर्वरकों की मांग कम होती है, जल धारण क्षमता को बढ़ा कर मृदा की गुणवत्ता में सुधार होता है और मृदा में सूक्ष्म जीवाणुओं की गतिविधि में वृद्धि होती है। कई अध्ययनों में धान, सोयाबीन, आलू, मक्का और जई इत्यादि पौधों पर नैनो उर्वरक के उपयोग से लाभप्रद पाया गया है। सफल वैज्ञानिक परीक्षण के बाद सरकारी संस्था इंडियन फार्मर फर्टिलाइजर कॉपरेटिव (इफको) द्वारा खेती के लिए व्यापक स्तर पर नैनो उर्वरक बनाने की तैयारी है। खेतों में अब रासायनिक नाइट्रोजन के स्थान पर जैविक नत्रजन का उपयोग अनाज, फल एवं सब्जियां उगाई जा सकेगी। नैनो उर्वरक का नत्रजन की कमी वाले खेतों में फसलों पर छिड़काव किया जा सकेगा। लौह, तांबा, सेलेनियम और जिंक सबसे अधिक बार प्रयोग आने वाले खनिज हैं जो पहले से ही पोषक तत्व–आधारित नैनो उर्वरक के रूप में उपयोग किए जाते हैं। भारतीय संस्था इफको ने पहली बार विश्व में नैनो नत्रजन उर्वरक तैयार किया है। इफको द्वारा व्यापक स्तर पर नैनो उर्वरक उत्पादन क्षमता वाले संयंत्र का निर्माण किया जा रहा है। यह नैनो उर्वरकों के कारण 'आत्मनिर्भर भारत' और 'आत्मानिर्भर कृषि' के मामले में आत्मनिर्भरता की

10

समार्ट कृषि के लिए तरल नैनो यूरिया

यूरिया को सामान्यतया ठोस रूप में प्रयोग किया जाता रहा है। लेकिन नैनो यूरिया पूरी तरह से तरल रूप में है। ठोस यूरिया बोरे में मिलता है, लेकिन नैनो यूरिया बोतल में उपलब्ध है। इस तरल यूरिया को नैनो तकनीक द्वारा विकसित किया गया है। नैनो यूरिया जैसे स्मार्ट उर्वरक के प्रयोग से जब पोषक तत्व उपयोग क्षमता में सार्थक वृद्धि होगी तब देश में आयातित यूरिया की मात्रा में भी स्वतः कमी हो जाएगी। यूरिया किसानों को सस्ते दाम पर मिले, इसे सुनियोजित करने के लिए केन्द्र सरकार देश में उत्पादित और विदेशों से आयातित यूरिया पर एक अच्छी खासी धनराशि अनुदान के रूप में खर्च होती है। इससे सरकार द्वारा यूरिया एवं डीएपी पर दी जाने वाली अनुदान राशि का बोझ भी कम हो जाएगा। उर्वरक का उत्पादन करने वाली दुनिया की सबसे बड़ी सहकारी संस्था इफको ने नैनो तकनीक पर आधारित नैनो नाइट्रोजन, नैनो जिंक और नैनो कॉपर तैयार किए हैं। इनका देशभर में बड़े पैमाने पर परीक्षण (ट्रायल) किया गया है। विशेष बात यह है कि ट्रायल में इनके अच्छे परिणाम सामने आए हैं। इफको के प्रबंध निदेशक डॉ. उदय शंकर अवस्थी के अनुसार, गुजरात के कलोल में इफको के संयंत्र की लैब में नैनो नाइट्रोजन, नैनो जिंक और नैनो कॉपर को तैयार किया गया है। इन तीनों नैनो उत्पादों से मिट्टी, किसान और पर्यावरण तीनों को लाभ मिलेगा और परम्परागत उर्वरकों की खपत में 50 प्रतिशत तक की कमी आएगी। इससे खेती की लागत में भी कमी आएगी।

नैनो यूरिया का अर्थ

नैनो तकनीक से उत्पादित यूरिया को फसलों के पोषक तत्वों को सुधारने के लिए बनाया गया है जिसे नैनो यूरिया कहा जाता है। तरल नैनो यूरिया पारंपरिक यूरिया के स्थान पर उपयोग किया जाएगा। सामान्य यूरिया की तुलना में इसकी आवश्यकता में कम से कम 50 प्रतिशत की कमी की जा सकती है।

इफको ने भारत में पहला नैनो नाइट्रोजन (Nano Urea) तैयार किया है जिसे यूरिया के विकल्प के रूप में उपयोग किया जा सकता है। नैनो नाइट्रोजन का सही तरीके से उपयोग करने पर यह यूरिया की खपत को 50 प्रतिशत तक कम कर सकता है। नैनो जिंक (Nano Urea) को जिंक उर्वरक के विकल्प के रूप में विकसित किया गया है। नैनो जिंक का उपयोग करने पर जिंक की पूरी मात्रा पौधों को मिलेगी। इससे पौधों में जिंक ग्रहण करने की क्षमता का विकास होगा।

इसका फसल की पैदावार पर सीधा असर पड़ेगा। तीसरा उत्पाद इफको नैनो कॉपर है जो पौधे को पोषण और सुरक्षा, दोनों में सहायता करता है। इसे कवकनाशी के रूप में भी प्रयोग किया जाता है।

चित्र 10.1: इफको नैनो यूरिया तरल के लाभ

यह पौधे में नुकसान पहुँचाने वाले कीटों से लड़ने की क्षमता पैदा करता है। इससे पौधे में वृद्धि व विकास हारमोन तेजी से बढ़ते हैं और पौधा भी तेजी से विकास करता है। नैनो कॉपर का कृषि रसायन के रूप में भी प्रयोग किया जा सकेगा।

नैनो यूरिया एक नैनो प्रौद्योगिकी आधारित क्रांतिकारी कृषि आदान है जो पौधों को नाइट्रोजन प्रदान करता है। नैनो यूरिया किसानों के लिए स्मार्ट कृषि और जलवायु परिवर्तन से निपटने का एक स्थायी विकल्प है। ये उर्वरक के रूप में पौधों की पोषक तत्वों की आवश्यकता को पूरा करते हैं क्योंकि नैनो यूरिया पौधों के लिए जैव उपलब्ध है। इसके वांछनीय कण आकार लगभग 20–50 नैनो मीटर और अधिक सतह क्षेत्र (1 मि.मी. यूरिया प्रिल से 10,000 गुना अधिक) और कणों

की संख्या (55,000 नाइट्रोजन कण) 1 मि.मी. से अधिक यूरिया प्रिल)। इसलिए, नैनो यूरिया फसलों के लिए इसकी उपलब्धता को 80 प्रतिशत से अधिक बढ़ा देता है जिसके परिणामस्वरूप उच्च पोषक तत्व उपयोग दक्षता प्राप्त होती है। नैनो यूरिया 4 आर पोषक तत्व प्रबंधन का एक सम्भावित घटक है क्योंकि यह सटीक और टिकाऊ कृषि को बढ़ावा देता है। यह स्वच्छ और हरित प्रौद्योगिकी को बढ़ावा देता है क्योंकि इसका औद्योगिक उत्पादन न तो ऊर्जा–गहन है और न ही संसाधन–खपत। इसके अतिरिक्त, नैनो यूरिया निक्षालन और गैसीय उत्सर्जन के रूप में कृषि क्षेत्रों से पोषक तत्वों के नुकसान को कम करके पर्यावरण पदचिन्हको कम करने में सहायता करता है जो पर्यावरण प्रदूषण और जलवायु परिवर्तन का कारण बनते हैं।

इफको तरल नैनो यूरिया दुनिया का पहला नैनो–उर्वरक है जिसे भारत सरकार के उर्वरक नियंत्रण आदेश (एफसीओ, 1985) द्वारा अधिसूचित किया गया है। नैनो यूरिया में 4.0 प्रतिशत कुल नाइट्रोजन (w/अ) होता है। नैनो नाइट्रोजन कण आकार 20–50 नैनो मीटर से भिन्न होता है। ये कण समान रूप से जल में बिखरे हुए हैं। नैनो यूरिया अपने छोटे आकार (20–50 नैनो मीटर) और उच्च उपयोग दक्षता (> 80 प्रतिशत) के कारण पौधे को नाइट्रोजन की उपलब्धता में वृद्धि करता है। जब महत्वपूर्ण विकास चरणों में पौधे की पत्तियों पर छिड़काव किया जाता है, तो यह रंध्रों और अन्य छिद्रों के माध्यम से प्रवेश करता है और पौधे की कोशिकाओं द्वारा आत्मसात कर लिया जाता है। फ्लोएम परिवहन के कारण, इसे स्रोत से वितरित किया जाता है ताकि जहाँ भी आवश्यकता हो, फसल के अंदर पहुंच जाए। अप्रयुक्त नाइट्रोजन को पौधे के रिक्तिका में संग्रहित किया जाता है और पौधे की उचित वृद्धि और विकास के लिए धीरे–धीरे छोड़ा जाता है।

प्रयोग का समय और तरीकाः एक लीटर जल में 2–4 मि.ली. नैनो यूरिया (4% N) मिलाएं और सक्रिय वृद्धि के चरणों में फसल के पत्तों पर छिड़काव करें। सर्वोत्तम परिणामों के लिए 2 प्रतिशत का पर्णीय छिड़काव करें'–

- **पहला पर्णीय छिड़काव**ः सक्रिय जुताई/शाखाओं की अवस्था में (अंकुरण के 30–35 दिन बाद या रोपाई के 20–25 दिन बाद)
- **दूसरा पर्णीय छिड़काव**ः पहली छिड़काव के 20–25 दिन बाद या फसल में फूल आने से पहले।

नोट– डीएपी या जटिल उर्वरकों के माध्यम से आपूर्ति की जाने वाली आधार नाइट्रोजन को न डालें। केवल टॉप ड्रेसिंग यूरिया को डालें जिसे 2–3 भागों में

लगाया जा रहा है। नैनो यूरिया के छिड़काव की संख्या फसल, इसकी अवधि और समग्र नाइट्रोजन आवश्यकता के आधार पर बढ़ाई या घटाई जा सकती है।

मात्रा बनाने की विधि

फसलों पर प्रयोग किए जाने वाले नैनो यूरिया की मात्रा हेतु एक लीटर पानी में 2–4 मि.ली. नैनो यूरिया (4% N) मिलाएं और सक्रिय विकास चरणों में फसल के पत्तों पर छिड़काव करें।

नैनो यूरिया की प्रयोग विधि और सामान्य सुझाव

(क) प्रयोग विधिः नैनो यूरिया की प्रयोग विधि बहुत ही सरल है, जो इस प्रकार हैः

1. नैनो यूरिया की बोतल को प्रयोग करने से पहले अच्छी तरह हिला लें।
2. अब 500 मि.ली. बोतल की सम्पूर्ण सामग्री को 125 लीटर जल में अच्छी तरह मिला लें। जल की मात्रा फसल और उसकी वृद्धि की अवस्था के अनुसार घट–बढ़ सकती है।
3. नैनो यूरिया की एक बोतल एक एकड़ के लिए पर्याप्त होती है।
4. नैनो यूरिया के 2 छिड़काव फसल के अनुसार अर्थात् पहला अंकुरण के 25 से 30 दिन बाद और दूसरा छिड़काव पहले छिड़काव के 20 से 25 दिन बाद करना चाहिए।
5. छिड़काव करते समय मास्क और दस्ताने का प्रयोग अवश्य करना चाहिए।

(ख) प्रयोग के लिए सामान्य सुझाव

1. फ्लैट फैन या कट नोजल वाले स्प्रेयर का प्रयोग कर पत्तियों पर अच्छी तरह छिड़काव करें।
2. छिड़काव सुबह या शाम के समय जब पत्तियों पर ओस के कण न हो, तब करें।
3. यदि छिड़काव के 12 घंटे के अंदर वर्षा हो जाए तो पुनः छिड़काव करना पडेगा।
4. यदि आवश्यक हो तो तरल उत्प्रेरक, शत–प्रतिशत जल विलेय उर्वकों और

अन्य कृषि रसायनों के साथ मिलाकर भी इसका छिड़काव किया जा सकता है।

5. अच्छे परिणाम के लिए नैनो यूरिया का प्रयोग निर्माण तिथि से दो वर्ष तक किया जा सकता है।

नैनो यूरिया अनुप्रयोग के लिए उपयुक्त फसलें

नैनो यूरिया को सभी फसलों पर लगाया या छिड़काव किया जा सकता है जिसमें अनाज, दालें, सब्जियां, फल, फूल, औषधीय और अन्य शामिल हैं।

नैनो यूरिया फसलों को आवश्यक नाइट्रोजन प्रदान कर मृदा को अधिक उपजाऊ व फसल को गुणवत्तापूर्ण बनाने में सहायक है। इफको तरल नैनो यूरिया का प्रयोग पर्यावरण के अनुकूल, सस्ता व अधिक लाभ प्रदान करने वाला है। इस स्वदेशी नैनो उर्वरक को दुनिया में पहली बार इफको–नैनो बायोटेक्नोलॉजी रिसर्च सेंटर (एनबीआरसी) कलोल, गुजरात में पेटेंटेड तकनीक के द्वारा तैयार किया गया है।

नैनो यूरिया है पर्यावरण के अनुरूप

भारतीय कृषि अनुसंधान संस्थान, आईसीएआर/राज्य कृषि विश्वविद्यालयों के 20 से अधिक अनुसंधान केंद्रों पर 43 फसलों पर अनुसंधान ट्रायल किये गये हैं। अखिल भारतीय स्तर पर 11,000 से अधिक परीक्षण किसानों के खेतों पर कृषि विज्ञान केन्द्रों के वैज्ञानिकों की देखरेख में करीब 90 फसलों पर लगाए गए। अनुसंधान परिणामों में पाया गया है कि नैनो यूरिया (तरल) के प्रयोग द्वारा फसल उत्पादन बढ़ाने के साथ यूरिया की आवश्यकता को 50 प्रतिशत तक कम किया जा सकता है। इसके अतिरिक्त नैनो यूरिया (तरल) के प्रयोग से फसल उपज, बायोमास, मृदा स्वास्थ्य और पोषण गुणवत्ता में भी सुधार होता है।

जैव सुरक्षा और विषाक्तता के लिए नैनो यूरिया (तरल) का परीक्षण भारत सरकार के जैव प्रौद्योगिकी विभाग (डीबीटी) के दिशा–निर्देशों और अंतर्राष्ट्रीय ओईसीडी निर्धारित मानकों के अनुरूप किया गया है। तरल नैनो यूरिया का प्रयोग अनुशंसित मात्रा में मानव, पशु, पक्षियों, मृदा व जड़ क्षेत्र के सूक्ष्म जीवों और पर्यावरण के लिए पूर्णतः सुरक्षित है।

नैनो यूरिया का कार्य

द्रव रूप में उपलब्ध नैनो यूरिया का फसल की क्रांति अवस्थाओं पर यूरिया के स्थान पर पत्तियों पर छिड़काव करने से नाइट्रोजन की सफलतापूर्वक पूर्ति हो जाती है। पर्णीय छिड़काव के बाद नैनो यूरिया के कण रन्ध्र या अन्य रिक्त स्थानों के माध्यम से आसानी से पत्तियों में प्रवेश कर जाते हैं और पादप कोशिकाओं द्वारा अवशोषित कर लिए जाते हैं। ये कण फ्लोयम के द्वारा बड़ी आसानी से पौधे की आवश्यकतानुसार अन्य बची हुई नाइट्रोजन रिक्तकाओं में जमा हो जाती है और आवश्यकतानुसार धीरे–धीरे मुक्त होकर पौधे की वृद्धि और विकास में योगदान देती है बल्कि यूरिया की तुलना में यह सस्ता भी पड़ता है और वातावरण के प्रदूषण की समस्या भी समाप्त हो जाती है।

नैनो यूरिया की विशेषताएं

- इफको नैनो यूरिया तरल भूमिगत जल की गुणवत्ता सुधारने, मिट्टी में यूरिया के अधिक प्रयोग को कम करने, फसल को कीट व बीमारियों से बचाने के साथ ही उत्पाद की पोषण गुणवत्ता में वृद्धि करने में सहायक है।
- नैनो यूरिया (तरल) प्रमुख पोषक तत्व नाइट्रोजन का स्रोत है जो कि पौधों में कार्बोहाइड्रेट एवं प्रोटीन के निर्माण तथा पौधे की संरचना एवं वानस्पतिक वृद्धि के लिए अत्यन्त उपयोगी है।
- सामान्यतया, एक स्वस्थ पौधे में नाइट्रोजन की मात्रा 1.5 से 4 प्रतिशत तक होती है। फसल विकास की प्रमुख अवस्थाओं में नैनो यूरिया (तरल) का पत्तियों पर छिड़काव करने से नाइट्रोजन की आवश्यकता प्रभावी तरीके से पूरी होती है और साधारण यूरिया की तुलना में अधिक और उत्तम गुणवत्ता युक्त उत्पादन प्राप्त होता है।
- नैनो यूरिया पौधों के पोषण के लिए प्रभावी और असरदार है। यह फसल को स्वस्थ व मजबूत बनाने के साथ ही पैदावार बढ़ाने में भी सहायक है।
- नैनो यूरिया तरल पोषित मृदा के लिए आवश्यक तत्वों की पूर्ति करने में सहायक है। यह मृदा की जैविक गुणवत्ता को सुधार उसे और अधिक उपजाऊ बनाता है।
- यह यूरिया बाजार में मिलने वाले महंगे यूरिया की तुलना में सस्ता है। साथ ही यह अधिक फसल उत्पादन में सहायक है, जिससे किसानों को इससे

उत्पादित फसल के अच्छे दाम मिल सकेंगे।

- यह यूरिया अवशेष मुक्त, सटीक और टिकाऊ कृषि में सहायक है।
- यह पर्यावरण के अनुकूल उत्पाद है जो कि न केवल आधुनिक कृषि की चुनौतियों को पूरा करता है बल्कि अप्रत्याशित लाभ भी प्रदान करता है।

नैनो यूरिया के लाभ

- यह सभी फसलों के लिए उपयोगी है।
- सुरक्षित एवं पर्यावरण के अनुकूल टिकाऊ खेती हेतु उपयोगी है।
- बिना उपज प्रभावित किए यूरिया तथा अन्य नाइट्रोजन युक्त यूरिया की बचत करता है।
- वातावरण प्रदूषण की समस्या से मुक्ति यानि मृदा हवा और जल की गुणवत्ता में सुधार के साथ उर्वरक उपयोग दक्षता भी इसकी अधिक है।
- उत्पादन वृद्धि के साथ उत्पादक गुणवत्ता में वृद्धि होती है।
- परिवहन एवं भंडारण खर्चों में कमी एवं सुगम परिवहन किया जा सकता है।
- यूरिया की आवश्यकता को 50 प्रतिशत या उससे भी अधिक, कम करता है।
- कम मात्रा में प्रयोग करने पर भी अधिक उत्पादन प्राप्त होता है।

चित्र 10.2: इफको तरल नैनो यूरिया के प्रयोग के लाभ

- पर्यावरण अनुकूल उत्पाद, मिट्टी, वायु और जल के प्रदूषण को रोकने में सहायक है।
- पारम्परिक यूरिया की तुलना में टिकाऊ और सस्ता है।
- किसानों को कृषि आदान की लागत में कमी कर, किसानों की आय बढ़ाने

में सक्षम है।

- फसल उत्पादकता, मृदा स्वास्थ्य और उपज की पोषण गुणवत्ता में सुधार करता है।

यूरिया की कालाबाजारी से भी मिलेगा छुटकारा

देश के कई जिलों में किसानों को पीक सीजन में अपेक्षा से 50 से 100 रुपए तक प्रति बोरी ज्यादा देकर यूरिया खरीदनी पड़ती थी। कई राज्यों में रेट को लेकर विवाद के कारण दूरदराज के क्षेत्रों में खाद मिलने में अधिक समस्या आती थी, लेकिन अब नैनो यूरिया की नई तकनीक के द्वारा यूरिया की किल्लत से छुटकारा मिलेगा। साथ ही बर्बादी से भी निजात मिलेगी। कई राज्यों में तो कालाबाजारी को कम किया जा सकेगा।

तरल नैनो यूरिया की उपयोग विधि

नैनो यूरिया का 2 से 4 मि.ली. प्रति लीटर जल के घोल का खड़ी फसल में छिड़काव करना चाहिए। नाइट्रोजन की कम आवश्यकता वाली फसलों में 2 मिलीलीटर एवं नाइट्रोजन की अधिक आवश्यकता वाली फसलों में 4 मि.ली. तक नैनो यूरिया प्रति लीटर जल की दर से उपयोग किया जा सकता है। अनाज, तेल, सब्जी एवं कपास इत्यादि फसलों में दो बार तथा दलहनी फसलों में एक बार नैनो यूरिया का उपयोग किया जा सकता है, जिसमें पहला छिड़काव अंकुरण या रोपाई के 30 से 35 दिन बाद तथा दूसरा छिड़काव फूल आने के 1 सप्ताह पहले किया जा सकता है। एक एकड़ खेत के लिए प्रति छिड़काव लगभग 125 लीटर पानी की मात्रा पर्याप्त होती है।

उपयोग करने के दिशा निर्देश तथा सावधानियाँ

- उपयोग से पहले अच्छी तरह से बोतल को हिलाएं।
- प्लेट फैन नोजल का उपयोग करें।
- सुबह या शाम के समय छिड़काव करें. तेज धूप, तेज हवा तथा और ओस हो तब प्रयोग नहीं करना चाहिए।

- यदि नैनो यूरिया के छिड़काव के 12 घंटे के भीतर वर्षा होती है तो छिड़काव को दोहराना चाहिए।
- जैव–उत्प्रेरक जैसे सागरिका, 100 प्रतिशत घुलनशील उर्वरकों और कृषि रसायनों के साथ मिलाकर उपयोग किया जा सकता है। लेकिन जार परीक्षण करके ही प्रयोग करें।
- बेहतर परिणाम के लिए नैनो यूरिया का उपयोग इसके निर्माण की तारीख से 2 वर्ष के अंदर कर लेना चाहिए।
- नैनो यूरिया विष मुक्त है, फिर भी सुरक्षा की दृष्टि से फसल पर छिड़काव करते समय फेस मास्क और दस्ताने का उपयोग करने अनुशंसा दी जाती है।
- नैनो यूरिया को बच्चों और पालतू जानवरों की पहुँच से दूर ठंडे और सूखे स्थान पर ही रखे।

नैनों यूरिया की कीमत

नैनो उर्वरक रासायनिक उर्वरकों की तुलना में सस्ते होते हैं। साथ ही यह पौधों द्वारा आसानी से और जल्दी अवशोषित हो जाते हैं। इसके अतिरिक्त यह मिट्टी को प्रभावित नहीं करते हैं क्योंकि ये पत्तियों पर छिड़के जाते हैं और सीधे सतह से अवशोषित होते हैं। तरल नैनो यूरिया लागत प्रभावी होगा क्योंकि यह सस्ता होगा और इससे किसानों को अपनी आय बढ़ाने में मदद मिलेगी।

1. नैनो यूरिया के 500 मिलीलीटर की एक बोतल में नाइट्रोजन का 40,000 पीपीएम होता है, जो पारम्परिक यूरिया के एक बैग द्वारा प्रदान किए गए नाइट्रोजन पोषक तत्व प्रभाव के बराबर होता है।
2. इससे न केवल किसानों की इनपुट लागत में कमी आएगी बल्कि इसके छोटे आकार के कारण इसे स्टोर करने की लागत में काफी कमी आएगी।
3. नैनो यूरिया की 500 मि.ली. की एक बोतल की कीमत किसानों के लिए मात्र 240 रुपये होगी, जो पारम्परिक यूरिया के बोरी की लागत से 10 प्रतिशत सस्ती है।

नैनों यूरिया की कीमत और बिक्री केन्द्र

इसकी 500 मिली बोतल की कीमत लगभग 240 रूपये रखी गई है। खरीदने हेतु अपने नजदीकी इफको बिक्री केंद्र पर संपर्क करें अथवा वेबसाइट www-iffcobazar- पद पर ऑनलाइन आर्डर करके सीधे अपने घर पर मंगवा सकते हैं। अधिक जानकारी के लिए टोल फ्री नंबर 1800–103–1967 या ई–मेल आईडी nbrc@iffco- पर भी संपर्क किया जा सकता है।

सारांशः तरल नैनो यूरिया पोषक तत्वों से भरपूर है और इसके प्रयोग से फसलों की उपज में लगभग 8 प्रतिशत तक वृद्धि हो सकती है। तरल नैनो यूरिया वातावरण के अनुकूल उच्च पोषक तत्व उपयोग क्षमता वाला एक अनोखा उर्वरक है जो लम्बे समय में प्रदूषण और वैश्विक तापन कम करने की दिशा में एक टिकाऊ समाधान है। यह नाइट्रस ऑक्साइड के उत्सर्जन को कम कर देता है और मृदा, वायु एवं जल को दूषित नहीं करता है। इसके प्रयोग से फसलों व उपज की गुणवत्ता में सुधार होने के साथ खेती की लागत में कमी आएगी, जिससे किसान भाइयों की आमदनी को बढ़ाने में सहायता मिलेगी।

11

स्मार्ट कृषि हेतु नीम लेपित यूरिया

फसलों द्वारा भूमि से लिये जाने वाले प्राथमिक मुख्य पोषक तत्वों यथा नत्रजन, फास्फोरस एवं पोटाश में से नत्रजन का सर्वाधिक अवशोषण होता है, क्योंकि पौधों को इस तत्व की सबसे अधिक आवश्यकता पड़ती है। नत्रजन का मुख्य स्रोत यूरिया है। सामान्य यूरिया की नत्रजन उपयोग क्षमता 40–50 प्रतिशत है तथा शेष 50 प्रतिशत नत्रजन की वाष्पीकरण, लीचिंग या डिनाइट्रीफिकेशन के कारण क्षति हो जाती है। युक्ति संगत तकनीकी विधि एवं नीम लेपित यूरिया का प्रयोग करके इस क्षति को कम किया जा सकता है।

चित्र 11.1 नीम लेपित यूरिया

साधारण यूरिया की तुलना पर नीम लेपित यूरिया में एक परत नीम लेपित होती है। यूरिया के ऊपर नीम के तेल का लेप कर दिया जाता है। यूरिया के ऊपर नीम का लेप नाइट्रीफिकेशन अवरोधी के रूप में कार्य करता है। नीम लेपित यूरिया धीमी गति से प्रसारित होता है, जिसके कारण फसलों की आवश्यकता के अनुरूप नत्रजन पोषक तत्व की उपलब्धता होती है एवं फसल उत्पादन में वृद्धि होती है।

पहले नाइट्रोजन के रूप में यूरिया का उपयोग गैर कृषि कार्यों में अधिक होता था, जिसके चलते किसान प्रतिक्षा करते रह जाते थे। जिसके कारण देश के कई क्षेत्रों में गेहूँ और धान आदि की फसल के दौरान किल्लत हो जाती थी। लेकिन नीम का लेप होने से वो सिर्फ खेती के कार्यों में उपयोग के लिए शेष रहता है। यूरिया के अंधाधुंध प्रयोग को सीमित करने और कालाबाजारी रोकने के लिए वर्ष 2015 भारत सरकार ने सम्पूर्ण यूरिया उत्पादन को नीम लेपित करना अनिवार्य कर दिया था। भारत में किसी न किसी रुप में नीम का प्रयोग हमेशा से

होता आया है। नीम को अच्छा कीटनाशक और बैक्टीरिया रोधी भी माना जाता है, इसके प्रयोग से फसलों में रोग कम लगते हैं तो कीड़ों का प्रकोप भी कम होता है। नीम कोटेड यूरिया के लाभ के बारे में कृषि वैज्ञानिक बताते हैं, कि ''खेतों में रासायनिक खादों के लगातार प्रयोग से भूमि के नीचे नाइट्रोजन की एक लेयर बन जाती है जो फसल मिट्टी में उपलब्ध पोषक तत्वों को अवशोषित नहीं कर सकता लेकिन नीम लेपित यूरिया के प्रयोग से नाइट्रोजन लेयर नहीं बन पाती। इसलिए भूमि के स्वास्थ्य के लिए भी लाभप्रद है। ''नीम कोटेड यूरिया बनाने के लिए यूरिया के ऊपर नीम के तेल का लेप कर दिया जाता है। ये लेप नाइट्रीफिकेशन अवरोधी के रूप में काम करता है। नीम लेपित यूरिया धीमी गति से प्रसारित होता है जिसके कारण फसलों की आवश्यकता के अनुरूप नाइट्रोजन पोषक तत्व की उपलब्धता होती है और फसल उत्पादन में भी वृद्धि होती है। कृषि वैज्ञानिकों के अनुसार, नीम कोटेड यूरिया सामान्य यूरिया के अनुपात में 5 से 10 प्रतिशत तक कम लगती है, जिससे किसान की लागत घटती है। व्यापक क्षेत्र परीक्षण के परिणामों के आधार पर जहाँ नीम लेपित यूरिया को सामान्य प्रिल्ड यूरिया से कृषि सम्बन्धी बेहतर पाया गया, नेशनल फर्टिलाइजर लिमिटेड भारत की पहली कम्पनी बन गई 9 जुलाई 2004 को जिसे भारत सरकार द्वारा दिनांकित नीम लेपित यूरिया के उत्पादन और विपणन की अनुमति दी गई।

नीम लेपित यूरिया एक उर्वरक और कृषि योजना है जो भारत सरकार द्वारा गेहूँ और धान के विकास को बढ़ावा देने और काला बाजारी और यूरिया की जमाखोरी को रोकने के लिए नीम के बीजों के तेल के साथ यूरिया को लेपित किया जाता है। नीम के पेड़ के बीज के तेल के साथ लेपित यूरिया को नीम लेपित यूरिया कहा जाता है। भारत में यूरिया कृषि में नाइट्रीकरण का सबसे प्रमुख आपूतिकर्ता है। यूरिया जल में अत्यधिक घुलनशील होता है, जिसके परिणामस्वरूप नाइट्रीकरण एवं विनाइट्रीकरण इसकी दक्षता को कम कर देता है। यदि यूरिया को नीम के तेल के साथ लेपित किया जाए तो इसके नुकसान को कम किया जा सकता है क्योंकि यूरिया की लेपित इसे धीमी गति का उर्वरक बनाती है। जिससे मृदा में पौधों को इसकी उपलब्धता लम्बे समय तक बनी रहती है। स्मार्ट खेती में उपज वद्धि एवं मृदा की जैविक शक्ति को बनाए रखने हेतु नीम लेपित यूरिया का उपयोग बड़े पैमाने पर किया जा रहा है जो स्मार्ट खेती के विकास की ओर एक बढ़ता कदम है।

नीम लेपित यूरिया का आशय

नीम लेपित यूरिया से अभिप्राय साधारण यूरिया को नीम के तेल से आवरित करना है। इस यूरिया में ट्राइटपीन्स तथा विनाइट्रीकरण तत्वों की अधिकता रहती है। नीम लेपित यूरिया के उपयोग से नत्रजन मृदा में धीरे–धीरे समावेशित होती है और यदि किसान साधारण यूरिया का प्रयोग करता है तथा उसका अधिकांश भाग पौधों द्वारा उपयोग किए बिना ही नष्ट हो जाता है।

नीम लेपित (कोटेड) यूरिया का अर्थ

नीम लेपित यूरिया को नीम के तेल और यूरिया के दानों के साथ मिलाकर इसे तैयार किया जाता है। यूरिया पर नीम के तेल की एक पतली परत सी चढ़ा दी जाती है। इससे यूरिया की नाइट्रोजन की दक्षता बढ़ जाती है और यह कीटनाशक के रूप में भी बेहतरीन काम करता है। यह यूरिया सामान्य यूरिया से बहुत अधिक प्रभावी है। यही कारण है कि सरकार भी नीम कोटेड यूरिया के उपयोग को बढ़ावा दे रही है।

नीम लेपित यूरिया के लाभ

1. कृषि लागत में कमी
2. किसानों की आय में वृद्धि
3. 5 से 10 प्रतिशत तक यूरिया की बचत
4. 10–15 प्रतिशत तक उपज में वृद्धि यूरिया का आयात कम होगा

चित्र 11.2 नीम लेपित यूरिया के लाभ

5. नाइट्रोजन के धीरे धीरे निकलने के कारण मृदा उर्वरा को सहायता मिलती है।
6. यूरिया की सब्सिडी की बचत होगी।

7. नीम लेपित यूरिया का संतुलित उपयोग यूरिया के औद्योगिक प्रयोग पर अंकुश लगेगा पर्यावरण अनुकूल होगा।
8. यह भूमि का उपजाऊपन स्थिर रखने में सहायक है।
9. नीम लेपित यूरिया भूमि के अंदर नाइट्रोजन लेयर नहीं बनने देता।
10. जबकि रासायनिक खादों से धरती के अंदर एक लेयर बन जाती है, जो फसल को पोषक तत्व नहीं मिलने देती।
11. नाइट्रोजन निकलने से भूमि की उर्वरक क्षमता बढ़ती है।
12. यूरिया के औद्योगिक प्रयोग पर अंकुश लगेगा।
13. पर्यावरण अनुकूल है।
14. नत्रजन प्रयोग दक्षता में वृद्धि।
15. नाइट्रीफिकेशन अवरोधी।
16. नीम लेपित यूरिया बनाने के लिए यूरिया के ऊपर नीम के तेल का लेप कर दिया जाता है। ये लेप नाइट्रीकरण अवरोधी के रूप में काम करता है जिससे नत्रजन वाष्पीकरण तथा निक्षालन (लीचिंग) से क्षति को कम करता है।
17. नीम लेपित यूरिया के बैग द्वारा नमी अवशोषित होने पर ढेले नहीं बनते हैं और उर्वरक सरल व दानेदार रूप में ही रहता है।
18. नीम के बीजों को एकत्रित करके नीम लेपित यूरिया बनाने वाली कम्पनियों को बेचकर किसान भाई अतिरिक्त आय का सृजन कर सकते हैं।
19. नीम की तीक्ष्ण गंध होने के कारण नीम लेपित यूरिया का प्रयोग कृषि के अतिरिक्त अन्य दूसरे कार्यों में नहीं किया जा सकता है।
20. सामान्य यूरिया की तुलना में नीम लेपित यूरिया का प्रयोग 10 से 15 प्रतिशत कम होता है जिससे उर्वरकों पर होने वाले खर्च में कमी आने के कारण उत्पादन लागत घट जाती है।
21. नीम लेपित यूरिया के उपयोग से फसलों की उत्पादकता में 10 से 12 प्रतिशत की वृद्धि होती है।

नीम लेपित यूरिया को अपनाने के कारण

यूरिया जब खेत में डाला जाता है तो वह जल में शीघ्र ही अवशोषित करके अमोनियम कार्बोनेट में परिवर्तित हो जाता है। इस प्रकार उत्पन्न अमोनिया शीघ्र ही नाइट्रीकरण द्वारा नाइट्रस अम्ल और नाइट्रिक अम्ल में परिवर्तित हो जाती है। इस प्रक्रिया के दौरान निर्मित नाइट्रिक अम्ल शीघ्र ही भूमि में पाये जाने वाले क्षारों से मिलकर जीवाणुओं की सहायता से नाइट्रेट में परिवर्तित हो जाता है जिसे पौधों के द्वारा उपयोग कर लिया जाता है। यूरिया के अमोनिया और नाइट्रेट दोनों ही प्रकार के आयन्स पौधों द्वारा अवशोषित किए जाने के लिए उपलब्ध हो जाते हैं। नाइट्रीकरण की प्रक्रिया इतनी तेजी से होती है कि नत्रजन की बहुत कम मात्रा ही पौधों को प्राप्त होती है। नत्रजन की शेष मात्रा निक्षालन तथा अन्तःस्रवण द्वारा भूमि में नीचे तथा किनारों में चली जाती है जिससे भूमिगत जल प्रदूषित हो जाता है तथा मृदा की प्रकृति भी खराब हो जाती है।

नीम लेपित यूरिया के प्रभाव पर अध्ययन

यूरिया से प्राप्त होने वाली नाइट्रोजन की क्षति को रोकने के लिए विभिन्न संस्थानों में अनुसंधान कार्य किए गए है, इन अनुसंधानों के अच्छे परिणाम के आधार पर अनेक प्रकार के मंद निस्तारण नत्रजन उर्वरक तैयार किये गए है। इनमें नीम लेपित यूरिया एवं सल्फर लेपित यूरिया है। सरकार द्वारा लागू की गयी नीम लेपित यूरिया के फसलों में प्रयोग को लेकर सरकार ने इसके प्रभाव को जानने के लिए इस पर अध्ययन की योजना बनाई है नीम लेपित यूरिया के प्रभाव पर अध्ययन की जिम्मेदारी इंस्टीट्यूट ऑफ सोशल एंड इकोनोमिक चेंज, बैंगलोर को सौपी गयी है। यह अध्ययन मुख्य रूप से छः राज्यों कर्नाटका, महाराष्ट्र, मध्य प्रदेश, बिहार, असम और पंजाब में होगा।

नीम लेपित यूरिया के अंगीकरण में सरकार की भूमिका

भा.कृ.अनु.परि.–भा.कृ.अनु.सं., पूसा, नई दिल्ली ने सर्वप्रथम नीम के बीजों का पाउडर तैयार करके उसे यूरिया के दानों के साथ एक ड्रम में मिलाकर नीम लेपित यूरिया तैयार किया था। उन्होंने इसका उपयोग धान की फसल में किया। इसके प्रयोग से धान की फसल में नत्रजन के उपयोग की दक्षता के कारण पौधों की अच्छी वानस्पतिक बढ़वार एवं उत्पादन में वृद्धि देखी गई। ऐसे में नीम लेपित यूरिया एक अच्छे विकल्प के रूप में उभरा है। नीम लेपित यूरिया के विभिन्न

लाभों एवं वातावरण पर इसके सकारात्मक प्रभाव को ध्यान में रखते हुए राष्ट्रीय उर्वरक लिमिटेड (एनएफएल) ने वर्ष 2002 के दौरान व्यवसायिक स्तर पर नीम लेपित यूरिया के उत्पादन के लिए एक प्रक्रिया विकसित की। बाद में नीम लेपित यूरिया के लाभ को ध्यान में रखते हुए कृषि एवं किसान कल्याण मंत्रालय ने वर्ष 2004 में इसे उर्वरक नियंत्रण आदेश में शामिल किया था। किसानों में इसके प्रयोग के बाद इसके 'एनपीके' प्रकार के उपयोग में अच्छी वृद्धि हुई है। नीम लेपित यूरिया के विनिर्माताओं को यूरिया को लेपित करने की लागत की वसूली के लिए रसायन एवं उर्वरक मंत्रालय ने वर्ष 2008 से अनुमति दी। वहीं इसके बाद नीम लेपित यूरिया के उत्पादन में वृद्धि दर दर्ज की गई। भारत सरकार की अधिसूचना के अनुसार कम्पनी अपनी यूरिया की कुल स्थापित उत्पादन क्षमता का अधिकतम 35 प्रतिशत नीम लेपित यूरिया उत्पादित एवं विक्रय कर सकती हैं। कृषि वैज्ञानिकों के लिए पोषक तत्वों के सफलतापूर्वक उपयोग कर कृषि उत्पादन को बढ़ाना एक महत्वपूर्ण कार्य है। वहीं आर्थिक स्तर पर अन्य दूसरे सूक्ष्म पोषक तत्वों के साथ नाइट्रोजन, फास्फोरस, पोटेशियम का संतुलित उपयोग करने से उपज की मात्रा अधिक हुई है। अन्य सूक्ष्म पोषक तत्वों की तुलना में नाइट्रोजन पर अधिक ध्यान केंद्रित हुआ है। नाइट्रोजन अन्य प्रकार के उर्वरकों के अनुसार आसानी से परिवर्तित हो जाता है। वर्ष 2015 में, भारत सरकार द्वारा यूरिया निर्माताओं को उनके नीम–लेपित यूरिया की सब्सिडी वाली मात्रा के 35 प्रतिशत से 75 प्रतिशत तक उत्पादन बढ़ाने के लिए अनिवार्य किया गया था। नीम लेपित यूरिया केंद्र सरकार की किसान हितैषी नीतियों के क्रम में है। इससे पहले, 2015 में 100 प्रतिशत नीम कोटेड यूरिया अनिवार्य कर दिया गया था। कृषि, सहकारिता और किसान कल्याण विभाग (डीएसी और एफडब्ल्यू) द्वारा किए गए एक अध्ययन में यूरिया के नीम कोटिंग के प्रभाव निम्नानुसार पाए गए थेः–

1. मृदा स्वास्थ्य में सुधार।
2. पौध संरक्षण रसायनों के संबंध में लागत में कमी।
3. कीट और रोग के हमले में कमी।
4. धान की उपज में 5.79 प्रतिशत की वृद्धि।
5. गन्ने की उपज में 17.5 प्रतिशत की वृद्धि।
6. मक्का की उपज में 7.14 प्रतिशत की वृद्धि।
7. सोयाबीन की उपज में 7.4 प्रतिशत की वृद्धि।
8. अरहर/लाल चने की उपज में 16.88 प्रतिशत की वृद्धि।

सारांशः नीम लेपित यूरिया को बनाने के लिए यूरिया के ऊपर नीम के तेल का लेप लगा दिया जाता है। जोकि एक नाइट्रीकरण अवरोधी के रूप में काम करता है। पहले के समय में लोग यूरिया को गैर कृषि कार्यों में अधिक मात्रा में प्रयोग करते थे। जिस कारण से किसानों को फसल का उत्पादन करने के लिए बहुत प्रतिक्षा करनी पड़ती थी। इस परेशानी के चलते देश के कई क्षेत्रों में गेहूँ और धान अधिक की फसल में बहुत परेशानी होती थी, लेकिन खेत में यूरिया प्रयोग से पहले नीम का लेप का प्रयोग करने से वह फसल सिर्फ खेती के कार्यों के लिए ही बची रहती थी। नीम को अच्छी कीटनाशक और बैक्टीरिया रोधी भी माना जाता है, क्योंकि इसके उपयोग से फसल में रोग नहीं लगते है और साथ ही कीड़ो का प्रकोप भी बहुत कम होता है।

12

स्मार्ट कृषि में रोबोटिक तकनीक

कृषि लगातार अपना स्वरूप बदल रही है। अब वह दिन दूर नहीं जब खेतों में श्रमिकों के स्थान पर रोबोट काम करते नजर आएंगे। इतना ही नहीं फसलों पर ड्रोन के माध्यम से नजर रखी जाएगी। खेती की चुनौतियों के स्थायी हल और खेती को लाभप्रद बनाने के लिए आर्टिफिशियल इंटेलीजेंसी के द्वारा स्मार्ट खेती की तरफ बढ़ना होगा। स्मार्ट खेतीबाड़ी को लेकर आइआइटी व कृषि अनुसंधान संस्थानों एवं राज्य कृषि विश्वविद्यायलों (यूनिविर्सिटी) के वैज्ञानिकों व विशषज्ञों को आपस में समाजंस्य बनाये रखना होगा। आर्टिफिशियल इंटेलीजेंस में ड्रोन, रोबोटिक व सेंसर आधारित तकनीक शामिल है। जिसके उपयोग से कम लागत में फसल से अधिक उपज और आय प्राप्त की जा सकती है। कार्यालय और कारखानों में रोबोट के काम करने की बात पुरानी हुई अब तो रोबोट खेती भी करने लगे हैं, सुनकर आश्चर्य होगा लेकिन ये बिल्कुल सच है। ब्रिटिश वैज्ञानिकों की देखरेख में रोबोट ने खेती–किसानी भी प्रारम्भ कर दी है। इसके द्वारा दुनिया में तेजी से बढ़ रही जनसंख्या के सामने पैदा हुए खाद्य संकट से निपटा जा सकता है। इस मानव रहित खेती के लिए शोधकर्ताओं ने कृषि के लिए उपलब्ध व्यावसायिक मशीनों और ड्रोन्स को सॉफ्टवेयर से नियंत्रित किया है। ब्रिटेन के एक एग्रीकल्चर टेक्नोलॉजी स्टार्टअप ने तीन रोबोट बनाए हैं, जो खेती का काम कर रहे हैं। कम्पनी ने इन आर्टिफिशियल इंटेलीजेंस आधारित रोबोट्स का नाम टॉम, डिक और हैरी रखा है। स्मॉल रोबोट कंपनी के इंजीनियर ने बताया कि ये रोबोट्स बुवाई से लेकर फसल की कटाई तक का काम करते हैं। इनमें से एक ट्रैक्टर का काम करता है। दो रोबोट्स फसल की गुणवत्ता का देखभाल रखते हैं। जापान, जर्मनी सहित अनेक देशों में वैज्ञानिकों ने ऐसे रोबोट बनाए हैं जो अत्यधिक लेजर सेंसर का प्रयोग कर सेंसर व नियंत्रण के बीच एक ऐसा नेटवर्क बनाते हैं जो खेत की सही स्थिति की जानकारी देते है। यह सुखी तथा दलदली दोनों प्रकार की मृदा स्थितियों में उपयोग किये जा सकते हैं। ए.जी.ऐंट एक ऐसी रोबोट है जो समूह में कार्य करता है। ये रोबोट खेत में घुम–घुमकर

खरपतवार को तरीके से एकत्र कर नष्ट करते हैं। फ्रांस में बना 'वाइन बोट' एक ऐसा स्वचालित रोबोट है जो अंगुर की खेती की छटाई करने में निपुण हैं।

आज श्रमिकों की अस्थिरता एवं कम होती संख्या के कारण नर्सरी उद्योग में भी समय तथा श्रम को बचाने के लिए 'नर्सरी रोबोट' का प्रयोग किया जा रहा है। रोलिंग टावर ग्रिपर हथियारों वाले ये रोबोट पौधों को उठाने एवं सही स्थान पर ले जाने के लिए सेंसर का प्रयोग करते हैं। 'हेमस्तर रोबोट' एक ऐसा रोबोट है जो जीपीएस तथा वाई–फाई प्रौद्योगिकी के प्रयोग द्वारा मृदा संरचना, तापमान नमी तथा पौधे के स्वास्थ्य की सही जानकारी किसान को देता है।

चित्र 12.1 स्मार्ट कृषि के लिए रोबोटिक

रोबोट एक स्वचालित कम्प्युटर प्रोग्राम्ड मशीन है जो वातावरण का बोध करने में सक्षम तथा वास्तविक दुनिया की समस्याओं तथा बाधाओं के अनुसार निर्णय लेकर कार्य करने योग्य होती है। रोबोट्स को तीन प्रकार से प्रोग्राम्ड (बुद्धिमान बनाने की प्रक्रिया) किया जाता है। इस तकनीक में मशीन में कुछ कमांड्स की प्रोग्रामिंग कर दी जाती है। जिन्हे रोबोट नियंत्रक से आदेश मिलने पर ही क्रियांवित करता है। क्रियान्वयन के लिए व्यक्ति एक रिमोट कंट्रोल का प्रयोग करते है। इसलिए इसे रिमोट कंट्रोलिंग प्रोग्राम्स भी कहा जाता है।

रोबोटिक, इंजिनियरिंग की एक अध्ययन शाखा है जिसमें रोबोट अवधारणा (Conception), रचना (Design) उत्पादन (Manufacture) तथा संचालन (Operation) का अध्ययन करवाया जाता है। इस शाखा में इलेक्ट्रॉनिक, कम्प्युटर विज्ञान, नैनोटेकनॉलोजी, मैकाट्रॉनिक्स, बायोटेकनॉलोजी तथा आर्टिफियल इंटेलिजेन्ट भी शामिल होते हैं। Robotic शब्द Robot से आया है जिसे चेक (Czech) लेखक

Karel Capek ने अपने नाटक R- U- R- (Rossum*s Universal Robot) में परिचय करवाया था। यह नाटक 1920 में प्रकाशित हुआ था। मूल Robot 'kCn Robot जो एक चेक शब्द है, से आया है जिसका अर्थ "मजदूर" होता है। OXford English Dictionary के अनुसार Robotic शब्द पहली बार प्रकाशन में Isaac Asimov द्वारा अपनी विज्ञान Qarklh लघु–कथा "स्पंत" के द्वारा लाया गया। लेखक ने अपनी लघु–कथा "Runaround" में रोबोटिक्स के लोकप्रिय तीन सिद्धांत, जिन्हे Asimov*s Three Laws of Robotics के नाम से जाना जाता है, भी दिए जो आज भी प्रासंगिक है।

रोबोट का अध्ययन ही रोबोटिकय है। यह इंजिनियरिंग की एक शाखा है जिसमें रोबोट अवधारणा, रचना, उत्पादन तथा संचालन का अध्ययन और शोध होता है। इसमें कम्प्युटर विज्ञान, बायोटेकनॉलोजी, आर्टीफिशियल इंटेलीजेंट, नैनोटेकनॉलोजी, इलेक्ट्रॉनिक भी शामिल है।

रोबोट और रोबोटिक में अंतर

रोबोट एक मशीन होती है जबकी रोबोटिक एक अध्ययन शाखा है जिसमें इस स्वचालित बुद्धिमान मशीन के ऊपर शोध और अध्ययन होता है। यह शाखा आर्टिफियल इंटेलिजेंट की एक उपशाखा है।

रोबोटिक का उपयोगः एक प्रकार के कार्य के लिए विशेष रोबोट बनाए जाते है. जैसे उडने वाल रोबोट Flying Robot अथवा Drones कहलाते है। ये सिर्फ उडान भरते है और जमीन पर चल नही सकते है। अन्य कार्यों के लिए यह रोबोट अनुपयुक्त होगा। इसी आधार पर हम रोबोट का कार्य–क्षेत्र निर्धारित कर सकते हैं. और वास्तविक जीवन में इनका उपयोग पहचान सकते है। वर्तमान में इनका उपयोग जोखिम भरे और इंसानों से परे कार्यों के लिए अधिक किया जा रहा है।

कृषि रोबोट

कृषि प्रयोजनों के लिए एक रोबोट आधुनिक उपकरण है। आज कृषि में रोबोट के उपयोग का मुख्य क्षेत्र कटाई चरण में है। कृषि में रोबोट या ड्रोन के उभरते अनुप्रयोगों में खरपतवार नियंत्रण, क्लाउड बीजिंग, रोपण बीज, कटाई, पर्यावरण निगरानी और मृदा के विश्लेषण शामिल हैं। कृषि क्षेत्र में इनका उपयोग अभी नया है और फिलहाल बुवाई जैसे श्रम कार्यों में इनका उपयोग किया जा रहा है। यदि

बुवाई, जुताई, कटाई, मौसम की भविष्यवाणी के अनुसार फसल की जानकारी, ड्रॉन से कीटनाशकों का छिडकाव आदि भविष्य के गर्भ में पल रहे है। फसलों की निगरानी करना भी उनके लिए टेढ़ी खीर होता है। ऐसे में उनके लिए बड़ी राहत की खबर है। अब रोबोट द्वारा खेती के अनेक कार्य कर सकेंगे और फसलों पर ड्रोन से मानिंटरिंग के साथ फसलों पर छिड़काव भी किया जा सकेगा।

कृषि में रोबोट और ड्रोन का उपयोग

चित्र 12.2 खेत में रोबोट कृषि कार्य करता दर्शाया गया है

डेयरी फार्म: पूरे विश्व में हजारों रोबोटिक दूध डेयरी की स्थापना हो चुकी है। वर्तमान में 1.9 बिलियन डालर का यह उद्योग है। ताजे फलों को तोड़ने में रोबोट का उपयोग हो चुका है। स्ट्राबेरी, सेब, संतरा और नींबू को तोड़ने वाली मशीनों के साथ रोबोट प्रयोग किए जा रहे हैं।

रोबोटिक वीडिंग: खेतों में खरपतवारों को उखाड़ने के लिए इसका उपयोग हो रहा है।

आटोमेटिक ट्रैक्टर: मानव रहित ट्रैक्टर का उपयोग शुरु हो चुका है।

पौध रोपण: मानव द्वारा सब्जी पौध रोपाई अधिक समय लेने वाला और श्रम साध्य कार्य है। रोबोटिक ट्रांसप्लान्टर इस कार्य के लिए एक अच्छा विकल्प हो

सकता है। इससे न केवल समय की बचत होती है, बल्कि श्रम भी कम लगता है। रोबोटिक ट्रांसप्लान्टर पौध रोपाई के लिए कम्प्यूटर ग्राफिक का उपयोग किया जाता है। इस रोबोट में रोबोटिक आर्म, पाथ मैनिपुलेटर और एंड–इफेक्टर होता है। पीएलसी का उपयोग संचरण को नियंत्रित करने और पौधे ट्रे के खाली जगह का पता लगाने के लिए किया जाता है। सब्जियों और फसलों की रोपाई के लिए रोबोटिक ट्रांसप्लान्टर का उपयोग किया जा सकता है। यह सुरक्षित और आरामदायक संचालन के साथ सटीकता के साथ कार्य करता है।

फसल कटाई / तुड़ाईः कुशल कटाई के लिए फलों का चयन और पृथक्ककरण जैसे कार्य आवश्यक कार्यों में से एक हैं। अधिकांश रोबोटिक हार्वेस्टर सेब नींबू, चेरी, स्ट्रोबेरी आदि फलों के लिए ही विकसित किये गये हैं। ग्रीनहाउस में उगाई जाने वाली फसल जैसे टमाटर, शिमला मिर्च आदि के लिए भी कुछ हार्वेस्टर विकसित किये गए है। इनमें फलों का आकार, रंग और बनावट के आधार पर मशीन में लगे ग्रिपर से अलग करके फलों की कटाई पूरी की जाती है।

कृषि के विभिन्न कार्यो में रोबोटों के अनुप्रयोग

चित्र 12.3 सब्जी उत्पादन में रोबोट का उपयोग

रोबोट के कृषि में प्रयोग हेतु अनेक क्षेत्र हैं। रोबोट के कुछ उदाहरणों और प्रोटोटाइपों में मर्लिन रोबोट मिलकर, रोस्फीयर, हार्वेस्ट ऑटोमेशन, ऑरेंज हार्वेस्टर, सलाद बॉट और वीडर शामिल हैं। कृषि रोबोटों के बड़े पैमाने पर उपयोग का मामला दूध देने वाले रोबोटों का है। ब्रिटेन की डेयरी फार्मों पर उनकी प्रभावशीलता और यात्रा आवश्यकताओं की अनुपस्थिति के कारण ये बहुत आम हैं। डेविड गार्डनर (इंग्लैंड की रॉयल एग्रीकल्चरल सोसाइटी के प्रबंध निदेशक) के अनुसार, एक रोबोट एक जटिल कार्य पूरा कर सकता है यदि यह दोहराया जा सकता है और रोबोट गतिहीन रह सकता है। इसके

अतिरिक्त, रोबोट जो दोहराए जाने वाले कार्यों (जैसे दुग्धपान) पर काम करते हैं, उनकी नियमितता और कार्य–विशिष्ट अनुकूलन के साथ अपनी भूमिका पूरी करते हैं।

कृषि रोबोट का एक और क्षेत्र बागवानी है। एक बागवानी अनुप्रयोग हार्वेस्ट ऑटोमेशन इंक द्वारा आरवी 100 का विकास आरवी 100 को ग्रीनहाउस या आउटडोर सेटिंग में पॉटेड पौधों को परिवहन के लिए डिजाइन किया गया है। पॉटेड पौधों को संभालने और व्यवस्थित करने में आरवी 100 के कार्यों में अंतरण क्षमता, संग्रह और समेकन शामिल है।

इस कार्य के लिए आरवी 100 का उपयोग करने के लाभों में उच्च स्थानापन सटीकता, स्वायत्त बाहरी और आंतरिक कार्य और उत्पादन लागत कम हो गई है।

कृषि रोबोट के प्रकार

एलएसयू का एगबॉटः हार्वेस्ट ऑटोमेशन एक कंपनी है जो पूर्व आईरोबोट कर्मचारियों द्वारा ग्रीनहाउस के लिए रोबोट विकसित करने के लिए स्थापित की गई है।

रोबोटिक हार्वेस्टिंग और एग्रोबॉट से स्ट्रॉबेरी पिकिंग रोबोट।

कैस्मोबोट (Casmobot) अगली पीढ़ी ढलान मॉवर

फील्डबोट इवेंट मोबाइल कृषि रोबोटिक्स में एक प्रतियोगिता है

हॉर्टीबॉट – एक प्लांट नर्सिंग रोबोट,

लेटस बॉट – कार्बनिक खरपतवार उन्मूलन और लेटस की पतली

धान रोपण रोबोट जापानी राष्ट्रीय कृषि अनुसंधान केंद्र द्वारा विकसित किया गया

विकास के तहत चरम इलाके के लिए आईबीएक्स स्वायत्त खरपतवार रोबोट स्प्रेइंग

फार्मबॉट, ओपन सोर्स सीएनसी फार्मिंग

वीएई, एक अर्जेंटीना एजी–टेक स्टार्टअप द्वारा विकास के तहत, कई कृषि अनुप्रयोगों के लिए सार्वभौमिक मंच बनना है, सटीक छिड़काव से पशुओं के हैंडलिंग तक

एसीएफआर आरआईपीपीएः स्पॉट स्प्रेइंग के लिए

एसीएफआर स्वैगबॉटः पशुधन निगरानी के लिए

एसीएफआर डिजिटल फार्महैंडः छिड़काव, खरपतवार और बीजिंग के लिए

भारत में स्मार्ट कृषि हेतु रोबोटिक कार्य

कृषि में वैज्ञानिक तरीके से हो रहे क्रांतिकारी बदलाव की यह झलक अमेरिका और जापान के साथ ही भारत के कुछ हिस्सा में भी देखने को मिल रही है। पंजाब और मध्य प्रदेश के कुछ हिस्सा में ड्रोन के द्वारा खेतों की निगरानी का काम शुरू भी हो चुका है। खेती–किसानी में काम करने वाले कुशल लोगों की कमी और कृषि में बढ़ती तकनीकी की हस्तक्षेप ने खेती–किसानी को अब रोबोट और ड्रोन तक पहुँचा दिया है। लंदन में आईडी टेक एक्स रिसर्च इंस्टीट्यूट ने अपनी नवीनतम रिपोर्ट में बताया है कि पूरी दुनिया में कृषि क्षेत्र में उपयोग किए जाने वाले कृषि रोबोट्स और ड्रोन्स का मार्कट तेजी से बढ़ रहा है। मौजूदा समय में यह बाजार तीन बिलियन डालर का है जो वर्ष 2022, के अंत तक 10 बिलियन डालर होने की संभावना है। इसमें जापान और अमेरिका के साथ ही भारत की भी मुख्य भूमिका होगी क्योंकि भारत में टेक्नोलॉजी आधारित खेती की बहुत ज्यादा संभावना है क्योंकि यहाँ अभी भी 70 प्रतिशत से ज्यादा किसान परंपरागत तरीके से ही खेती करते हैं। देश के सबसे बड़े राज्य उत्तर के किसान भी तकनीक विशेषकर रोबोट और ड्रोन को उपयोग कर सकें इसको लेकर उत्तर प्रदेश सरकार ने जापान के साथ मिलकर इस प्रोजेक्ट पर काम करने की योजना बनाई है। विदेशों की तकनीक पर यूपी में भी आने वाले दिनों में किसान रोबोट और ड्रोन का प्रयोग अपने खेतों के लिए करेंगे। कृषि क्षेत्र में जो भी प्रयोग अभी तक हुए हैं उसमें कृषि रोबोट और ड्रोन इस अर्थ में सबसे यूनिक प्रयोग है। यह पर्यावरण की दृष्टि से बहुत अनुकूल है। इस शोध में बताया गया कि रोबोट और ड्रोन का प्रयोग करके किसान जहाँ कृषि की पैदावार बढ़ा पाएंगे वहीं खेतों को मानव श्रम से भी बचाया जा सकेगा। विश्व भर में नई–नई टेक्नोलॉजी की खोज की जा रही है जिसके उपयोग करने से किसानों को लाभ मिल रहा है और इससे पर्यावरण को भी नुकसान नहीं पहुँच रहा है। ऐसे में अब पूरी दुनिया में कृषि काम में रोबोट और ड्रोन का उपयोग बढ़ेगा।

पंजाब में हेलीकॉप्टर से खेतों में छिड़काव किया जाता है। खेती में टेक्नोलॉजी

चित्र 12.4 हाईटेक कृषि में रोबोट का उपयोग

का प्रयोग सबसे पहले जापान ने शुरू किया था। वर्ष 1990 में जापान में रिमोट कंट्रोल से धान की खेतों में छिड़काव का काम शुरु किया गया था। इसके बाद देश में पहली बार पंजाब के किसानों ने इसको अपनाया था। वर्ष 2006 से आटोनामकस ड्रोन से खेतों की निगरानी का काम शुरु हुआ था। इसके बाद देखते–देखते इसका प्रयोग पूरी दुनिया में तेजी से बढ़ा जिसके कारण आज इसका बाजार भी तेजी से बढ़ रहा है।

देश में अभी तक खेती में कहीं भी रोबोट का उपयोग नहीं हुआ है लेकिन ड्रोन का प्रयोग शुरु हो चुका है। हालांकि बड़े और संपन्न किसान ही अभी इसका प्रयोग परीक्षण के तौर पर कर रहे हैं।

कृषि रोबोट के लाभ

अगर किसी फल के बाग की निगरानी किसान रोबोट द्वारा करे तो वह फल तक गिन कर बता सकता। कीटनाशक का छिड़काव करेगा। पशुओं को फसल खराब करने से खदेड़ेगा। आस्ट्रेलिया में किसान रोबोट मशीन से खेती कर रहे हैं और इसके परिणाम प्रेरणादायक हैं। खेती में मजदूरी की लागत काफी हद तक घट गई है।

स्मार्ट खेती के रोबोटिक उपकरण

1. **लेडीबर्ड मशीन**: ऑस्ट्रेलिया में एक मशीन का नाम लेडीबर्ड है, जो खेतों में बहुत धीमी गति से प्रवेश करती है और यह रेंग भी सकती है। कीटनाशक का छिड़काव उचित तरीके से करती है कि जरा भी नुकसान नहीं होता। वह सीधे पत्ती के रोग वाले स्थान पर ही गिरता है। बाग की निगरानी फलों की खेती करने वाले किसान ऐसे रोबोट उपयोग कर रहे हैं जिनमें सेंसर और लेजर लगे होते हैं। इससे वह खेत की 3 डी फोटो

खींच लेते हैं। किसान इस तस्वीर को वैज्ञानिकों को दिखाकर रोग का पता लगा लेते हैं। साथ ही बाग में उगे फल भी गिन लेते हैं। इससे किसानों को कम लागत में अच्छी पैदावार मिल जाती है।

2. **पशुओं पर नियंत्रणः** कुछ स्थानों पर मवेशी पालने वाले किसान भी रिमोट कंट्रोल वाले रोबोट का उपयोग कर रहे हैं। ये रोबोट 20 से डेढ़ सौ मवेशियों के झुंड को आसानी से नियंत्रण में रख सकते हैं।

3. **सामान्यः** फ्रूट पिकिंग रोबोट, ड्राइवर रहित ट्रैक्टर/स्प्रेयर, और भेड़ काटने वाले रोबोट मानव श्रम को बदलने के लिए डिजाइन किए गए हैं। ज्यादातर मामलों में, कार्य के शुरू होने से पहले कई कारकों पर विचार किया जाना चाहिए (उदाहरण के लिए, फल का आकार और रंग चुना जाना चाहिए)। रोबोट का उपयोग अन्य बागवानी कार्यों जैसे कि कटौती, खरपतवार, छिड़काव और निगरानी के लिए किया जा सकता है। रोबोट का उपयोग पशुओं के अनुप्रयोगों (पशुधन रोबोटिक्स) में भी किया जा सकता है, जैसे स्वचालित दुग्ध, धोने और काटना। इन तरह के रोबोटों में कृषि उद्योग के लिए कई लाभ हैं, जिनमें ताजा उपज की उच्च गुणवत्ता, कम उत्पादन लागत और मानव श्रम की कम आवश्यकता शामिल है। इन्हें व्यक्तिगत कार्यों को स्वचालित करने के लिए भी उपयोग किया जा सकता है, जैसे कि खरपतवार या ब्रेकन स्प्रेइंग, जहाँ ट्रैक्टर और अन्य मानव वाहनों का उपयोग ऑपरेटरों के लिए बहुत खतरनाक है।

4. **अंत प्रभावकः** एक कृषि रोबोट में एक अंत प्रभावक रोबोटिक बांह के अंत में पाया गया उपकरण है, जो विभिन्न कृषि परिचालनों के लिए उपयोग किया जाता है। कई अलग–अलग प्रकार के एंड इफेक्टर्स विकसित किए गए हैं। जापान में अंगूर से जुड़े एक कृषि अभियान में, अंतिम प्रभावक का उपयोग कटाई, बहुत–पतला छिड़काव और बैगिंग के लिए किया जाता है। प्रत्येक को कार्य की प्रकृति और लक्ष्य फल के आकार के अनुसार डिजाइन किया गया था। उदाहरण के लिए, कटाई के लिए उपयोग किए जाने वाले अंतिम प्रभावकारों को अंगूर के बंच को समझने, कट करने और धकेलने के लिए डिज़ाइन किया गया था। वर्षों में अन्य विकासों में फ्रांस और अमेरिका दोनों में रोबोट का उपयोग करके संतरे की कटाई शामिल थी। जबकि दशकों से इनडोर औद्योगिक सेटिंग्स में रोबोट शामिल किए गए हैं, कृषि के उपयोग के लिए आउटडोर रोबोट को और अधिक जटिल

और विकसित करना कठिन माना जाता है। यह सुरक्षा पर चिंताओं के कारण है, लेकिन फसलों को चुनने की जटिलता पर भी विभिन्न पर्यावरण ीय कारकों और अप्रत्याशितता के अधीन है।

जबकि कृषि खेतों के काम के कई क्षेत्रों में रोबोट पहले से ही शामिल किए जा चुके हैं, फिर भी वे विभिन्न फसलों की खेती में काफी हद तक गायब हैं। यह बदलना शुरु हो गया है क्योंकि कम्पनियां रोबोट विकसित करना शुरु करती हैं जो खेत पर अधिक विशिष्ट कार्यों को पूरा करती हैं। रोबोटों की कटाई फसलों पर सबसे बड़ी चिंता स्ट्रॉबेरी जैसी मुलायम फसलों की कटाई से होती है जो आसानी से क्षतिग्रस्त हो सकती है या पूरी तरह मिट सकती है। इन चिंताओं के बावजूद, इस क्षेत्र में प्रगति की जा रही है। हार्वेस्ट क्रोओ रोबोटिक्स के सह–संस्थापक गैरी विष्णजात्स्की के अनुसार, वर्तमान में फ्लोरिडा में परीक्षण किए जाने वाले उनके स्ट्रॉबेरी पिकर्स में से एक "केवल तीन दिनों में 25 एकड़ का क्षेत्र चुन सकता है और लगभग 30 कृषि श्रमिकों के एक दल को प्रतिस्थापित कर सकता है"। सेब, अंगूर, और अन्य फसलों की कटाई में भी इसी तरह की प्रगति की जा रही है।

कृषि कम्पनियों द्वारा निर्धारित एक अन्य लक्ष्य में डेटा संग्रह शामिल है। बढ़ती जनसंख्या के भरण–पोषण हेतु उपलब्ध कम श्रम पर बढ़ती चिंताएं हैं। खेतों पर उत्पादकता बढ़ाने के तरीके के रूप में डेटा संग्रह विकसित किया जा रहा है। ।हतपकंजं वर्तमान में ऐसा करने के लिए नई तकनीक विकसित कर रहा है और किसानों को फलों के पेड़ों को स्कैन करके अपनी फसलों को तैयार करने के लिए सबसे अच्छा समय निर्धारित करने में सहायता करता है।

स्मार्ट खेती में रोबोट की भावी संभावनाएं

कृषि कार्यो के लिए रोबोट का उपयोग पहली बार में अव्यवहारिक लगता है। इसका उपयोग विश्व में बढ़ती जनसंख्या को खाद्य सुरक्षा प्रदान करने में और कृषि में श्रम की कमी जैसे पहुलों को हल करने लिए महत्वपूर्ण हो गया है। कृषि से अन्य क्षेत्रों में श्रमिकों का विस्थापन होने के कारण श्रम की कमी और दिन–प्रतिदिन भोजन की मांग में वृद्धि हो रही है। रोबोटिक मशीन में लगातार किये जाने वाले रोपाई, निराई और कटाई जैसे कार्य, जिसमें भारी श्रम की आवश्यकता है, को अपनाने की क्षमता है। यह फलों एवं सब्जियों की रोपाई, निराई, छिड़काव और कटाई के लिए श्रमिकों की कमी या अनुपलब्धता को दूर

करने के लिए अति लाभदायी है। ड्रोन का उपयोग खेत की फसल और अस्थायी प्रबंधन का आकलन करने के लिए किया जा सकता है। इनका उपयोग बड़े पैमाने पर बेहतर फसल योजना और निगरानी के लिए भी किया जा सकता है। भविष्य में श्रम की कमी को दूर करने के लिए इन तकनीकियों का परीक्षण, सुधार, लोकप्रियता और इन्हें बड़े पैमाने पर अपनाने की आवश्यकता है। इन स्वायत्त रोबोटो को लागू करने की प्रक्रिया सहयोगी मानव रोबोट प्रणालियों की आवश्यकता पर प्रकाश डालती है।

सारांशः कृषि कार्यों में रोबोटिक्स के अनुप्रयोग का प्रयास रोपाई, निराई, छिड़काव, कटाई आदि के लिए किया जा रहा है। अनेक कृषि रोबोट विकसित देशों में विकसित किए गए है जबकि भारत जैसे कुछ विकासशील देशों में अनुसंधान प्रारम्भ किया गया है। लेकिन कठिन श्रमसाध्य कृषि कार्यों के लिए अगली पीढ़ी के रोबोटों के विकास पर अधिक अनुसंधान पर ध्यान केन्द्रित किया जाना चाहिए।

13

स्मार्ट कृषि में ड्रोन का उपयोग

ड्रोन स्मार्ट कृषि का हिस्सा है जिसमें जीपीएस तकनीक का उपयोग सटीक रूप से नवाचार के लिए किया जाता है और गूगल मानचित्र का उपयोग फसल पोषक तत्वों के एक समान छिड़काव के लिए स्प्रे मिशन योजना के लिए किया जाता है। कृषि उत्पादन प्रणाली में ड्रोन आधारित प्रयोग आदान लागत और पर्यावरण को भी बचाता है। विभिन्न अनुसंधानों से ज्ञात हुआ है कि हाल के वर्षों में विश्व में मृदा और क्षेत्र, मानचित्र और जानवरों का पता लगाने, सिंचाई, फसल छिड़काव और रोपण के लिए खेती में ड्रोन का उपयोग तेजी से बढ़ा है।

जनसंख्या के अनुसार से भारत दुनिया का दूसरा सबसे बड़ा देश है और क्षेत्रफल के अनुसार से सातवां बड़ा देश। ऐसे में इतनी बड़ी जनसंख्या को अन्न सुरक्षा देना बेहद चुनौतीपूर्ण है। इसलिए आवश्यक है कि पारम्परिक खेती के स्थान पर आधुनिक और तकनीकी खेती का विस्तार हो। खेती की बढ़ती लागत और प्राकृतिक आपदाओं के कारण भी किसानों को खेती से नुकसान उठाना पड़ रहा है। ऐसे में ड्रोन जैसी तकनीकी के द्वारा की गई सटीक खेती देश के किसानों को बेहतर विकल्प दे सकती है। कृषि क्षेत्र में ड्रोन तकनीक एक अभूतपूर्व नवाचार है, जिसका कृषि में दूरगामी प्रभाव पड़ने वाला है, जो हमारी वंशानुगत खेती करने के तौर–तरीकों तथा व्यापार करने के तरीके को बदल देगा। फसल की निगरानी से लेकर रोपण, पशुधन प्रबंधन, कीटनाशक एवं उर्वरक छिड़काव, सिंचाई एवं भू–मानचित्र में ड्रोन तकनीक का उपयोग होता है। ड्रोन का उपयोग कर किसान लागत में कमी और समय की बचत कर अपनी आमदनी बढ़ा सकते हैं। पारम्परिक ढंग से कीटनाशकों का छिड़काव करने से स्वास्थ्य (हेल्थ) पर इसका हानिकारक प्रभाव पड़ता है। लेकिन ड्रोन के उपयोग से इससे बचा जा सकता है। केंद्र सरकार कृषि में ड्रोन के उपयोग पर फोकस कर रही है। इसके द्वारा सरकार खेती को हाईटेक बनाना चाहती है। सरकार का मानना है कि ड्रोन के उपयोग से किसानों के समय की बचत होगी और लागत में भी कमी आएगी। इसके अतिरिक्त भी कई अन्य लाभ बताए जा रहे हैं।

ड्रोन का अर्थ

ड्रोन एक तरह का वह विमान है जिसमें पॉयलट नहीं होता है। ड्रोन को हम मानव रहित विमान भी कहते हैं। यानि ड्रोन में न तो इसे चलाने के लिए कोई पॉयलट होता है और न ही कोई इसमें यात्रा कर सकता है। ड्रोन के आकार ज्यादातर छोटा ही होता है। ड्रोन किसी खिलौना चॉपर या हेलिकॉप्टर की तरह होता हैं। ड्रोन एक आधुनिक युग का चालक रहित आकाश में उड़ने वाला विमान है इसे कहीं दूर से रिमोट या कम्प्यूटर द्वारा चलाया जा सकता है, जिसको फसलों के ऊपर उड़ाया जा सकता है। एक सामान्य ड्रोन की संरचना चार विंग यानि पंखो वाला होता है। इसलिए इसे क्वाड कॉप्टर भी कहा जाता है। वास्तव में यह नाम इसके उडने़ के कारण इसे मिला यह बिल्कुल एक मधुमक्खी की तरह उड़ता है और एक स्थान पर स्थिर भी रह सकता है। ड्रोन को कई तरीकों से वर्गीकृत किया जा सकता है। जैसे उसके उड़ने की ऊँचाई के आधार पर, उसके आकार के आधार पर, उसके वजन उठाने की क्षमता के आधार पर, उसके पहुँच क्षमता के आधार पर इत्यादि परन्तु मुख्य रूप से इसके वायु गतिकीय के आधार पर वर्गीकृत किया गया है। मुख्य रूप से ड्रोन में रोटरी विंग (घुमने वाले पंख) और दूसरा फिक्सिड विंग (स्थिर पंख) होते हैं।

सटीक कृषि में ड्रोन की उपयोगिता महत्वपूर्ण है यह लगने वाले उर्वरक, पोषक तत्व, कीटनाशकों आदि की मात्रा में कमी आती है। ड्रोन का एक बेहतरीन उपयोग पिछले दिनों महाराष्ट्र में देखने को मिला जब सूखा राहत के लिए, सूखे का सर्वेक्षण कराने का काम राज्य सरकार ने ड्रोन्स के हवाले किया। ऐसा ही एक और अच्छा उदाहरण हरियाणा में देखने को मिला जब फसल क्षति के मूल्यांकन का काम ड्रोन्स की सहायता से किया गया। वर्तमान सरकार ने बिना रसायन खेती करने के लिए जिस तरह से लोगों को प्रोत्साहित किया और उसका जो परिणाम प्राप्त हुआ वह काफी सराहनीय था। इससे लोगों को बेहतर भोजन मिलने लगा, बजट में किसानों के लिए एग्री टेक स्टार्टअप्स की फंडिंग और किसानों को डिजिटल सर्विसेज की डिलीवरी समेत कृषि क्षेत्र के लिए कई घोषणाएं की गई। जिसमें वित्त मंत्री निर्मला सीतारमण ने कहा था कि किसान ड्रोन के प्रयोग को बढ़ावा दिया जाएगा। किसान ड्रोन द्वारा फसलों का आकलन कर सकते हैं, उनके लाइन का रिकॉर्ड कर सकते हैं साथ ही फसलों पर कीटनाशक और अन्य तत्वों का छिड़काव करने में भी सक्षम होंगे, सरकार ने इसके लिए तैयारी शुरु कर दी है।

ड्रोन के कार्य करने का सिद्धांत

यह उपकरण सुदूर संवेदन (रिमोट सेंसिंग) के सिद्धांत पर काम करता है जिसका अर्थ है किसी वस्तु को दूर से देखकर उसका आंकलन करना उसका विश्लेषण करना, जो कार्य को करती है। प्रकाश जो कि विद्युत चुम्बकीय वर्णक्रम (इलेक्ट्रोमैग्नेटिक स्पेक्ट्रम) अंतर्गत विभिन्न किरणों का एक समूह है और यह विदित है कि विभिन्न किरणे विभिन्न तरह से अलग–अलग परावर्तित होती है जोकि वस्तु के आकार व आकृति पर निर्भर करता है। जब हम आंखों से इतनी वस्तुओं का आकलन कर पाते हैं, जोकि विद्युत चुम्बकीय वर्णक्रम का थोड़ा सा भाग है इसी प्रकार भिन्न–भिन्न प्रकार के कैमरे जोकि विद्युत चुम्बकीय वर्णक्रम पूरे समूह का प्रयोग कर हमें अनेक प्रकार की जानकारी प्रदान कर सकते हैं। खेती से जुड़े आंकड़ों के लिए सरकार द्वारा पहले ही अनेक प्रकार के उपग्रह अंतरिक्ष में भेजे जा चुके हैं परन्तु उनका रेसोलुशन कम है साथ ही समय अनुसार चित्र का मिल पाना भी एक समस्या है।

कृषि क्षेत्र में ड्रोन के अनुप्रयोग

कृषि क्षेत्र में दक्षता बढ़ाने के लिए ड्रोन का प्रयोग एक बड़े बदलाव की नीव रख सकता है। ड्रोन तकनीकी कुशल मानव संसाधनों की कमी और अन्य भारी मशीनों और उपकरणों के लिए भी विकल्प सिद्ध हो सकता है। कुछ हद तक, यह कृषि प्रबंधन करने का एक सस्ता और टिकाऊ तरीका है। ड्रोन में नियर इन्फ्रारेड सेंसरों और मल्टी स्पेक्ट्रल कैमरो का उपयोग किया जाता है। उच्च गुणवत्ता वाले आंकड़े एकत्र किये जाते हैं। एकत्रित उच्च गुणवत्ता के आंकड़ों को पौध–स्वास्थ्य निगरानी कीटनाशक छिड़काव, पौध गणना, अनुसूची, बुवाई एवं कटाई के उपयोग किया जा सकता है।

आधुनिक कृषि में ड्रोन की उपयोगिता और लाभ

- ड्रोन में लगे उच्च क्षमता वाले कैमरों की सहायता से फसलों की देखरेख की जा सकती है।
- फसलों पर किटनाशकों का छिड़काव जोखिम पूर्ण होता है इन कीटनाशकों से गंभीर बीमारियां होने का खतरा बना रहता है। सबसे अधिक कठिनाई गन्ना, ज्वार, बाजरा जैसी ऊँचाई वाली फसलों में आती है। लेकिन ड्रोन की मदद से सभी फसलों में आसानी से बहुत ही कम समय में सुरक्षित तरीके से छिड़काव किया जा सकता है।

- ड्रोन में लगे विभिन्न प्रकार के सेंसर से फसलों में लगने वाले कीट व रोगों और खरपतवार का पता लगाया जा सकता है। जिससे उसकी रोकथाम करने में सहायता मिलती है।
- ड्रोन की सहायता से मृदा एवं क्षेत्र का आसानी से विश्लेषण किया जा सकता है मृदा की उर्वरक क्षमता पता लगाया जा सकता है जिससे मृदा में पोषक तत्वों की कमी को दूर करने के लिए उर्वरक दिया जा सकता है।
- इसके अतिरिक्त पशुओं पर नजर रखने के लिए भी इसका उपयोग किया जा सकता है।
- भूमि में पोषक तत्व की स्थिति एवं मृदा का स्वास्थ्य पर प्रभाव, मृदा में नमी इत्यादि का भी आसानी से पता लगाया जा सकता है।
- सिंचाई का समय निर्धारण, फसल स्वास्थ्य मूल्यांकन, उर्वरकों व खेत में जल के लिए सुनिश्चित स्थान व समय के लिए सूचनात्मक उपकरण की तरह कार्य इत्यादि।

कृषि में ड्रोन की बढ़ती भूमिका

समय के साथ कृषि में भी परिवर्तन तेजी से हो रहा है। पहले के समय में कृषि कार्य के लिए ज्यादा मजदूरों की आवश्यकता होती है और मजदूर आसानी से मिल भी जाते थे परन्तु बढ़ते समय के साथ कृषि में मजदूरों की संख्या कम होने लगी है इस कमी को पूरी करने के लिए तकनीकी का सहारा लिया जाता है और आज के समय में हम कृषि के लगभग सभी क्षेत्रों में मशीनी उपकरण और अनेक प्रकार की तकनीकियों का उपयोग कर रहे हैं। इन्हीं तकनीकों में ड्रोन एक महत्वपूर्ण भूमिका निभा रहा है।

ड्रोन की आवश्यकता

कृषि कार्य करने वाले कुशल व्यक्ति एवं मजदूरों की कमी व समय पर कार्य खत्म करने का बोझ, सटिकता एवं सुरक्षित तरीके से काम करने की चाहत, इन सब परेशानियों के लिए ड्रोन तकनीक वरदान बनकर किसानों के सामने प्रस्तुत हुई है। इस तकनीक ने कृषि के लगभग सभी क्षेत्रों में अपनी उपस्थिति शानदार तरीके से दर्ज कराई है।

वर्तमान समय में यह कहना भी गलत होगा की यह तकनीक पूर्ण रूप से स्थाई हो चुकी है क्योंकि अभी भी इसमें कमियां मौजूद है जैसे इसकी वजन उठाने की क्षमता और लघु किसानों के लिए कीमत की समस्या आदि अस्थायी रूप से है और हम यह आशा करते है की समय के साथ इन सभी कमियों का भी निपटारा हो जाएगा।

चित्र 13.1 खेत में ड्रोन का उपयोग दर्शाया गया है

कृषि ड्रोन के अनुप्रयोग

1. **मृदा एवं खेत विश्लेषणः** फसल चक्र की शुरुआत में ड्रोन मृदा विश्लेषण के लिए 3 डी मानचित्र तैयार करते हैं। इससे बुवाई में सहायता मिलती है। इसके बाद मृदा विश्लेषण से सिंचाई और नत्रजन स्तर प्रबंधन के लिए आंकडें प्राप्त हैं।

2. **कीटनाशकों का छिड़कावः** ड्रोन भूमि को स्कैन कर सकते हैं और सही मात्रा में कीटनाशकों का छिड़काव कर सकते हैं। इससे रसायन की मात्रा कम हो जाती है और पारम्परिक ढंग से छिड़काव की तुलना में 5 गुना कमी होती है। भूमि से सटीक दूरी और प्रयोग के लिए वास्तविक समय में छिड़काव किया जाता है, जो जीपीएस से निर्धारित होता है।

3. **फसल निगरानी (क्रॉप मॉनिटरिंग)ः** यदि खेत बड़े हो तो निगरानी करना कठिन हो जाता है। मौसम खराब होने पर तो ये और भी अधिक चुनौती

भरा काम है। ऐसे में ड्रोन काफी सहायक है, जो सटीकता से फसल निगरानी कर सकता है।

4. **सिंचाई:** हाइपर–स्पेक्ट्रल, मल्टीस्पेक्ट्रल, या थर्मल सेंसर वाले ड्रोन खेत के कौन से हिस्से सूखे हैं इसकी पहचान कर सकते हैं। ऐसे क्षेत्रों को बेहतर तकरीकों से सिंचित करने के उपाय किए जा सकते हैं।

5. **फसल का स्वास्थ्य:** फसल के स्वास्थ्य का ध्यान काफी आवश्यक है। जीवाणु और कवक संक्रमण से फसल खराब हो सकती है। ऐसे में ड्रोन का उपयोग कर फसल को दृश्य और अवरक्त प्रकाश के द्वारा स्कैन किया जा सकता है।

चित्र 13.2 गन्ने के खेत में ड्रोन का उपयोग

6. **वास्तविक समय में पशुधन की निगरानी:** कुछ ड्रोन, थर्मल प्रतिबिम्ब कैमरो से लैस होते हैं जो एकल पायलट को पशुधन प्रबंधन और निगरानी करने में सक्षम बनाते है। यह तकनीकी किसानों को पशुधन का अधिक से अधिक आवृत्ति में और कम समय में प्रबंधन एवं देखरेख करने की सुविधा प्रदान करता है। ड्रोन पायलेट आसानी से झुंड में जांच कर सकता है कि कोई पशु घायल या गुमशुदा तो नहीं है, साथ ही ऐसे पशुओं की वास्तविक समय में निगरानी कर सकता है जो बच्चों को जन्म देने वाले हैं।

कृषि व्यवसाय से जुड़े ड्रोन के प्रकार

1. **वाइन रेंजर ड्रोनः** यह शराब उत्पादकतों के लिए महत्वूपर्ण है।
2. **एरो हार्वेस्ट ड्रोनः** वर्षा के जल के रिसाव का पता लगाने और सिंचाई के काम के अनुकूल कार्य करता है।
3. **एग्री वर्क्स ड्रोनः** यह सटीक खेती में विशेषता वाला ड्रोन है जो बुवाई से कटाई तक को संभालता है।
4. **डिजिटल हार्वेस्टर ड्रोनः** यह कृषि में प्रतिबिम्बों का संग्रह, आंकड़ा प्रोसेसिंग और कृषि सूचना देने में सहायक होता है।
5. **लीडिंग प्रौद्योगिकीः** यह ड्रोन तकनीकी खेत के आंकड़े, अनाज प्रबंधन और अन्य सटीक कृषि में समाधान के लिए उपयोगी होता है।
6. **ट्रिम्बल नेविगेशनः** यह बड़े पैमाने पर जीपीएस की सहायता से जल के प्रबंधन के लिए व फसल उपज की निगरानी करता है।
7. **विल्बर एल्लिसः** अपने सॉफ्टवेयर मंच निर्माण के लिए गबन और उपग्रह लाने के लिए काम कर रहा है।
8. **मेजर 32ः** यह कृषि के बारे में अनेक विस्तृत स्तर पर जानकारी देता है। यह छवि सर्वेक्षण और प्रसंस्करण उद्योगों के व्यवसायिक उद्देश्यों के लिए काय करते है।

सरकार द्वारा ड्रोन के उपयोग को बढ़ावा

किसानों की कृषि लागत कम हो सके, इसके लिए सरकार ड्रोन के उपयोग को बढ़ावा दे रही है। सरकार का कहना है कि कृषि ड्रोन के उपयोग से किसानों को काफी राहत मिल रही है। क्योंकि इससे एक बड़े क्षेत्रफल में महज कुछ घंटों में कीटनाशक या दवाओं या नैनो यूरिया जैसे खाद का छिड़काव किया जा सकता है। इससे किसानों की लागत में कमी आएगी, समय की बचत होगी और सबसे बड़ा लाभ यह होगा की सही समय पर खेतों में कीट प्रबंधन किया जा सकेगा। खेती में ड्रोन के उपयोग को बढ़ावा देने के लिए धानुका एग्रीटेक सामने आई है। धानुका ग्रूप के चेयरमैन आर जी अग्रवाल बताते हैं कि उन्होंने कुछ ऐसे उन्नत ड्रोन जुटाए हैं, जिनका उपयोग जापान और अन्य विकसित देशों में हो रहा है। इन मशीनों से एक एकड़ खेत में महज एक घंटे में कीटनाशक या लिक्विड फर्टिलाइजर का छिड़काव हो जाएगा। यदि पारम्परिक स्प्रेयर से

छिड़काव किया जाए तो इसी काम में छह सात घंटे लगते हैं। इससे किसानों की लागत घटेगी। आर जी अग्रवाल का कहना है कि ड्रोन के द्वारा छिड़काव करने से किसानों की कई तरीके से बचत होगी। एक तो कम समय में छिड़काव हो जाएगा। दूसरा, ड्रोन के द्वारा खेत में हर जगह एक समान छिड़काव होता है। इसके उलट, यदि पारम्परिक तरीके से छिड़काव किया जाए तो सब जगह एक समान छिड़काव नहीं हो पाता। यदि पारम्परिक तरीके से छिड़काव किया जाए तो दो–तीन मजदूर आराम से लग जाते हैं। यदि एक मजदूर की मजदूरी 500 रुपये भी रखें तो 1500 रुपये तो मजदूरी ही हो गई। ड्रोन से छिड़काव में एक एकड़ का किराया केवल 400 रुपये का होगा। धानुका एग्रीटेक का कहना है कि यदि पारम्परिक तरीके से एक एकड़ खेत में दवा का छिड़काव किया जाए तो 150 से 200 लीटर जल की आवश्यकता होती है। यदि ड्रोन से यही छिड़काव किया जाए तो महज 10 लीटर जल में ही यह हो जाता है। उल्लेखनीय है कि खेती में ही आधे से ज्यादा भू–जल का दोहन होता है। यदि इसी तरीके से पानी की बचत होगी तो यह पर्यावरण के लिए भी बेहतर होगा।

ड्रोन को बढ़ावा देने के लिए सरकारी योजनाएं

खेती किसानी को बढ़ावा देने के लिए केंद्र सरकार ने "कृषि मशीनीकरण पर उप–मिशन योजना शुरु की है। इसके तहत केंद्रीय कृषि मंत्रालय ने कृषि ड्रोन की खरीद, किराए पर लेने और प्रदर्शन में सहायता करके इस तकनीक को लाभप्रद बनाने के लिए आईसीएआर संस्थानों, कृषि विज्ञान केंद्रों और राज्य कृषि विश्वविद्यालयों को वित्त पोषण दिशानिर्देश जारी किए हैं। ड्रोन के उपयोग के प्रति किसानों को प्रोत्साहित करने के लिए ड्रोन खरीदने के लिए 100 प्रतिशत या दस लाख रुपए तक अनुदान देने की परिकल्पना की गई। इसके अलावा किसान उत्पादक संगठनों को ड्रोन खरीदने के लिए 75 प्रतिशत तक की वित्तीय सहायता प्रदान की जा रही है। यह वित्तीय सहायता और 31 मार्च 2023 तक लागू रहेगी। प्रदर्शन के लिए ड्रोन किराए पर लेने वाले एजेंसियों को 6,000 रुपए हर बार आकस्मिक खर्च के तौर पर दिए जाएंगे। ड्रोन खरीद कर प्रदर्शन करने वाले एजेंसियों को आक्समिक खर्च के तौर 3,000 रुपए प्रति हेक्टेयर दिए जाएंगे।

खेती में ड्रोन का उपयोग

कीटनाशक और खाद के छिड़काव के साथ–साथ फसलों की बुआई के लिए एग्री ड्रोन का उपयोग किया जाता है। ड्रोन टेक्नोलॉजी में आर्टिफिशियल इंटेलिजेंस

के शामिल होने से फसल की मॉनिटरिंग और न्यूट्रियंट मैनेजमेंट भी किया जाता है। फसल कितनी होगी इसका भी सटीक अंदाजा लगाया जा सकता है।

ड्रोन पायलट का प्रशिक्षण (ट्रेनिंग)

भारत में ड्रोन पायलट की ट्रेनिंग देने वाले अभी करीब 40 स्कूल है जो डायरेक्टोरेट जनरल ऑफ सिविल एविएशन की ओर से अनुमोदित है। ड्रोन की माँग को देखते हुए कई और स्कूल खोले भी जा रहे हैं। हाल ही में मध्यप्रदेश के ग्वालियर में एग्री ड्रोन को लेकर एक मेला आयोजित किया गया था। इसमें कई सारी ड्रोन निर्माता कंपनियां शामिल हुई थी। मेले का शुभारंभ करने पहुंचे मुख्यमंत्री शिवराज सिंह ने ड्रोन टेक्नोलॉजी को नई क्रांति बताते हुए 5 ड्रोन स्कूल खोले जाने का एलान किया था। एक अनुमान के अनुसार देश में इस समय 1,000 से ज्यादा ड्रोन पायलटों की कमी है। ड्रोन का उपयोग तेजी से बढ़ने के साथ ये संख्या और भी ज्यादा बढ़ेगी।

भारत की ड्रोन इंडस्ट्री

भारत में ड्रोन का उपयोग तेजी से बढ़ा है। पिछले 1–1.5 साल में ड्रोन की डिमांड में 15 गुना तक तेजी आई है। ड्रोन इंडस्ट्री अभी लगभग 5,000 करोड़ की है। सरकार का अनुमान है कि यह 5 वर्षों में 15 से 20 हजार करोड़ की इंडस्ट्री होगी। सरकार इसकी पहुँच बढ़ाने के लिए लगातार नियमों को आसान बना रही है। सरकार का दावा है कि इससे रोजगार भी बढ़ेंगे। एक अनुमान के अनुसार इस सेक्टर में 3 साल के भीतर लगभग 10,000 नई नौकरियां पैदा होंगी। जैसे–जैसे इंडस्ट्री ग्रो करेगी, रोजगार की संख्या बढ़ती जाएगी। अमेरिका, ऑस्ट्रेलिया, इजराइल समेत अनेक देशों में खेती के लिए ड्रोन का उपयोग होता है। इसके उन्हें अनेक लाभ भी मिल रहे हैं। वहीं ड्रोन बनाने वाली कई इंटरनेशल कंपनियां है जो एग्री ड्रोन में तेजी से इन्वेस्ट कर रही है। उन्हें लगता है कि आने वाले समय में एग्री ड्रोन की मांग में काफी वृद्धि देखने को मिलेगी।

किसानों को ड्रोन मिलने का तरीका

वर्तमान परिदृश्य की स्थिति में सभी किसानों के लिए ड्रोन खरीद पाना संभव नहीं है। ऐसा इसलिए क्योंकि ये काफी महंगे हैं। 10 लीटर क्षमता वाले ड्रोन की कीमत 6–10 लाख रुपए के लगभग है। हालांकि, बाजार में ऐसी कई कंपनियां आ गई है जो एग्री ड्रोन सर्विस उपलब्ध कराती है। यानी अगर आप अपने खेत में कीटनाशकों का छिड़काव कराना चाहते हैं या फसल की मॉनिटरिंग कराना चाहते हैं तो बस एक फोन कॉल पर ये कम्पनिया प्रति एकड़ के अनुसार से आपके लिए ये काम कर देंगी।

ऐसी ही एक कंपनी है मारुत ड्रोन जो एग्री ड्रोन सर्विस उपलब्ध कराती है। मारुत ड्रोन के फाउंडर प्रेम कुमार विस्लावथ ने बताया कि उनकी कंपनी 500 रुपए प्रति एकड़ के हिसाब से ये काम करती है। उन्होंने कहा कि अगर कोई किसान ड्रोन खरीदना चाहता है तो 10 लीटर क्षमता वाले ड्रोन की कीमत 6–10 लाख रुपए के बीच आती है। इसके बाद ड्रोन उड़ाने के लिए किसान को ड्रोन पायलट की ट्रेनिंग भी लेनी होगी। केवल डायरेक्टर जनरल ऑफ सिविल एविएशन सर्टिफाइड पायलट ही एग्री ड्रोन उड़ा सकते हैं। दवा के छिड़काव और अन्य कामों के लिए DGCA सर्टिफाइड ड्रोन का ही उपयोग किया जाता है।

कृषि मंत्री ने जारी की ड्रोन की स्टैंडर्ड ऑपरेटिंग प्रोसीजर (SOP)

कृषि में ड्रोन के इस्तेमाल के लिए केंद्रीय मंत्री श्री नरेंद्र सिंह तोमर ने वर्ष 2022 में स्टैंडर्ड ऑपरेटिंग प्रोसीजर **(SOP)** जारी किए है। **SOP** में फ्लाइंग परमिशन, एरिया डिस्टेंस रिस्ट्रिक्शन, वेट क्लासिफिकेशन, ओवरक्राउडेड एरिया रिस्ट्रिक्शन, ड्रोन रजिस्ट्रेशन, सेफ्टी इंश्योरेंस, पायलटिंग सर्टिफिकेशन, ऑपरेटिंग प्लान, एयर फ्लाइट जोन, वेदर कंडीशन और इमरजेंसी हैंडलिंग प्लान समेत अन्य एस्पेक्ट शामिल हैं। मारुत ड्रोन के फाउंडर ने **SOP** को लेकर बात करते हुए कहा कि अलग–अलग फसलों के हिसाब से ड्रोन की स्पीड, हाइट और कीटनाशक की मात्रा सेट करनी होती है। **SOP** इन्हीं सब चीजों में किसानों की मदद करेगी।

चित्र 13.3 नई ड्रोन नीति 2021 के कुछ मुख्य पहलू

ड्रोन या एरियल रोबोट का भारत में भविष्य

कृषि में वैज्ञानिक ढंग से हो रहे क्रांतिकारी बदलाव की यह झलक अमेरिका और जापान के साथ ही देश के कुछ हिस्सों में भी देखने को मिल रही है। पंजाब और मध्य प्रदेश के कुछ हिस्सों में एरियल रोबोट के द्वारा खेतों की निगरानी का काम प्रारम्भ भी हो चुका है। यूपी सरकार भी जापान के साथ मिलकर इसे उपयोग के लिए विचार कर रही है। खेतों में काम करने वाले कुशल लोगों की कमी और कृषि में बढ़ती तकनीकी के हस्तक्षेप ने खेती का अब रोबोट और ड्रोन तक पहुँचा दिया है। वर्तमान समय में यह बाजार तीन बिलियन डालर का है जो वर्ष 2022 के अंत तक 10 बिलियन डालर होने की संभावना है।

सारांश

चित्र 13.4: मानव रहित विमान

एरियल रोबोट/ड्रोन/मानव रहित विमान, जिसे आम भाषा में ड्रोन कहा जाता है। इसका 1980 के दशक के बाद से व्यवसायिक रूप से प्रयोग किया जा रहा है। हालांकि, आज ड्रोन का उपयोग न केवल सैन्य और सुरक्षा से सम्बन्धित कार्यों में हो रहा है बल्कि कृषि प्रयोजनों में भी यह कारगर सिद्ध हो रहा है। भारत में ड्रोन का उपयोग फसलों में लगने वाले रोगों के बारे में जानकारी प्राप्त करने तथा रोग व कीट नियंत्रण के लिए पेस्टीसाइडों का छिड़काव करने के लिए किया जाता है।

इसके अतिरिक्त देश में कृषि क्षेत्र में आंकड़ों को एकत्रित करने में भी यह सहायक है। ड्रोन की खोज होने से खेती की निगरानी करना आसान और किफायती हो गया है। ड्रोन फसल की उत्पादकता को बढ़ाने और उसकी उपज को कम करने हेतु उचित समय पर जल, उर्वरकों, कीटनाशकों जैसे निवेशों की मात्रा का प्रयोग करने हेतु लोकप्रिय प्रौद्योगिकी बन गई है। ड्रोन की सहायता से फसल की स्थिति पर नजर रखी जा सकती है, फार्म पर नियंत्रण किया जा सकता है, फसल पर पोषणिक एवं जल दबाव की निगरानी की जा सकती है और यहाँ तक कि ऊपर से ही फसल पर उर्वरक एवं पेस्टीसाइड का छिड़काव किया जा सकता है। ड्रोन को रिमोट कन्ट्रोल की सहायता से कम्प्युटर प्रोग्राम द्वारा किसी भी ऑपरेटर द्वारा भूमि की सतह से ऊपर उड़ाकर उसकी गति 50 कि.मी. प्रति घंटा तक प्राप्त की जा सकती है। भारत एक कृषि प्रधान देश है इसलिए यहाँ ड्रोन की कृषि क्षेत्र में आवश्यकता है। फसलों पर पेस्टीसाइडों का छिड़काव जोखिम भरा काम होता है। कीटनाशकों के प्रभाव से किसानों को गंभीर बीमारी होने की आशंका बनी रहती है। कई बार किसानों को अपनी जान भी गंवानी पड़ती है। सबसे ज्यादा परेशानी गन्ना, ज्वार, बाजरा, मक्का, अरहर, जैसी ऊँचाई वाली फसलों तथा बागवानी में आती है। ऐसे में ड्रोन सभी फसलों

में छिड़काव करने में सक्षम है। एक एकड़ के खेत में यदि मजदूर दिन भर काम करते हैं तो यह काम ड्रोन आधे घंटे में कर देता है। है। ड्रोन एक बार में लगभग 5 से 7 लीटर कीटनाशकों का स्प्रे कर सकता है।

चित्र 13.5: खेतों में ड्रोन द्वारा रसायनों का छिड़काव

ड्रोन द्वारा किसानों को निम्नलिखित सूचना प्राप्त होती है:

1. ड्रोन द्वारा ऊपर से निगरानी करके मृदा में सिंचाई की समस्या से लेकर कीट और कवकीय संक्रमण का पता लगाया जा सकता है।
2. ड्रोन द्वारा फसल का प्रति दिन, प्रत्येक सप्ताह और यहाँ तक कि प्रति घंटे सर्वेक्षण किया जा सकता है।
3. ड्रोन द्वारा स्वस्थ तथा रोगग्रस्त पौधों के बीच का अन्तर पता चल जाता है।

14

स्मार्ट कृषि में प्रयुक्त संवेदक (सेंसर)

संवेदक किसानों को खेती से सम्बन्धित अनेक महत्वपूर्ण जानकारी देता है। सही समय की जानकारी, ट्रेस करने की क्षमता उनकी फसल, पशुधन तथा उपकरणों का आंकड़ा प्रदान करने में सहायक हैं। सेंसर में एक विशेष बात यह है कि यह आंकड़ों को व्यक्तिगत रिकार्ड किए बिना भी उसका विश्लेषण एवं निष्कर्षण करता है। आज यही कारण है कि अत्याधुनिक सेंसर की सटीक प्रदर्शन के कारण वैज्ञानिक मृदा तथा मौसम की स्थिति को फसल की स्थिति से जोड़कर कृषि सम्बन्धित आवश्यक जानकारी देने में सक्षम हो गए हैं। इनका उपयोग फसलों के विभिन्न प्रकार के तनाव, मृदा गुण, कीट–रोग एवं खरपतवारों के अतिक्रमण को ज्ञात करने के लिए किया जाता है। इनका उपयोग मृदा एवं फसल गुणों के मापन में उपयोग किया जा सकता है। सेंसर्स युक्त ट्रैक्टर खेत से गुजरता है, ये मृदा एवं फसल सम्बन्धित आंकड़ों का मापन कर लेता है। सेन्सर्स को पैदल खेतों में ले जाकर भी आंकड़ें प्राप्त किये जा सकते हैं। आजकल उत्पादन की निगरानी करने वाली प्राथमिक सेंसर्स पद्धति मापन करने में प्रयुक्त किये जा रहे हैं, जो यह दावा करते हैं कि मृदा के गुणों का मापन कर सकते हैं और उनके अनुसार परिवर्तनीय दरों का निर्धारण कर सकते हैं।

चित्र 14.1 विभिन्न प्रकार के संवेदक

संवेदक की परिभाषा

संवेदक इंजीनियर द्वारा बनाया गया एक इलेक्ट्रिक बुद्धि है और टेक्नीकल भाषा में इसे इलेक्ट्रिक डिवाइस कहते हैं जिसके द्वारा किसी इलेक्ट्रिक सामान में एक कार्य के स्मरण बुद्धि डाल दी जाती है जो स्वयं अपना कार्य करने में सक्षम हो जाता है। सेंसर (sensor) इस तरीके से काम करता है जैसे छोटे से बच्चे को सिखाया जाता हैं कि बेटा ये तुम्हारे पिता हैं और बच्चा जीवन भर के लिये पिता को पिता बुलाने लगता हैं। वैसे ही इलेक्ट्रिक सेंसर (sensor) होता हैं। सेंसर जिस काम में आवश्यक होता हैं, उसी कार्य के लिये डिजाइन किया जाता हैं। जैसे–हमें चाहिए की जब हम दरवाजा के पास पहुँचे तो दरवाजा, स्वयं खुल जाय, तो यहाँ पे सेंसर का काम होता हैं और सेंसर इतना उपयोगी होता हैं, की मानव को दिया काम इंसान भूल सकता हैं मगर सेंसर को सौपा हुआ कार्य वो उचित टाइम पे कर दिखता हैं।

कृषि में संवेदकों की आवश्यकता

स्मार्ट खेती जुताई और कटाई के लिए मशीनों, नियंत्रित सिंचाई, उर्वरक, कीटनाशक, फसल प्रजनन और आनुवंशिकी अनुसंधान, बायोटेक्नोलॉजी जैसी तकनीकी विकास को अपनाकर विकसित हुई है। इनसे किसानों को अच्छी गुणवत्ता की बड़ी फसलों का उत्पादन करने में सहायता मिली है लेकिन विभिन्न प्रकार की मिट्टी से सर्वोत्तम पैदावार प्राप्त करने के लिए अभी भी लगातार कृषि से सम्बन्धी शोध कार्यों को करते हुए प्रगति की जा रही है। पर अभी भी खाद्य की बर्बादी से सम्बन्धी बड़े नुकसान हो रहे हैं–विशेष रूप से फसल के दौरान और बाद में उत्पादन की निगरानी और रख–रखाव (हैंडलिंग) अच्छी तरह से नहीं की जाती है। उद्योग को स्मार्ट और सटीक समाधानों की आवश्यकता है और ये नई तकनीक के माध्यम से उपलब्ध हो रहे हैं। स्मार्ट खेती का उद्देश्य उपज और उत्पाद की गुणवत्ता में सुधार के लिए आधुनिक तकनीक का उपयोग करना है। उदाहरण के तौर पर सटीक कृषि जानकारी, एक साइट विशिष्ट फसल प्रबंधन की अवधारणा, जो फसलों में अंतर और क्षेत्र की परिवर्तनशीलता की निगरानी, मापने और उससे सम्बन्धी जवाब देने के आधार पर निर्णय समर्थन प्रणाली (आर्टिफीसियल इंटेलीजेंट) का उपयोग करती है। इससे किसान फसलों को दिये जाने वाली उर्वरक कीटनाशक का उपयोग फसल की आवश्यकता के अनुसार कर सकते हैं और किसान अपने संसाधनों को संरक्षित कर सकते हैं।

इस तरह की निगरानी एक उपयुक्त इलेक्ट्रॉनिक संवेदन उपकरणों के द्वारा एकीकृत करके प्राप्त किया जा सकता है जो मृदा, पर्यावरण या फसलों में डेटा रिकॉर्ड करते हैं। डेटा एनालिटिक्स नामक प्रक्रिया के माध्यम से डेटा फिर निर्णय की फसलों को क्या कितनी मात्रा में चाहिए से सम्बन्धित उपयोगी जानकारी प्रदान कर सकता है। लक्ष्य एक विशेष क्षेत्र में मिट्टी का सर्वोत्तम संभव उपयोग करना, फसल की देखभाल को नियंत्रित करना और फसल के बाद उपज से निपटने के बारे में सूचित निर्णय करना है। फलों सहित बागवानी उत्पादों की एक विस्तृत श्रृंखला की गुणवत्ता स्थापित करने में मदद करने के लिए सेंसर के विकास और उपयोग में शामिल किया गया है। एक शोध में फलों की गुणवत्ता का अनुमान लगाने और दोष का पता लगाने के लिए कंप्यूटर डाटा का उपयोग किया गया। इस नवीनतम शोध में पाया गया कि डेटा–संचालित समाधानों के अनेक लाभ हैं। उदाहरण के लिए, वे खेत से आपूर्ति श्रृंखला के साथ फलों और सब्जियों के नुकसान को कम करने में सहायता कर सकते हैं।

सेंसर के प्रकार

आज प्रत्येक हाथ में जो स्मार्ट मोबाइल फोन होता है उसके अंदर कई प्रकार के सेंसर पाए जाते हैं जैसे–फिंगरप्रिंट सेंसर, वॉइस टाइपिंग सेंसर, इमेज सेंसर, ऐसे कई सेंसर इसमें शामिल है।

फिंगरप्रिंट सेंसर

मोबाइल फोन यूज करते वक्त आपने देखा होगा कि मोबाइल फोन के पीछे एक फिंगरप्रिंट (Fingerprint) होता है, जिस्पे ऊँगली रखते ही हमारे फोन का पासवर्ड अनलॉक हो जाता है और हम फोन को तब फिर यूज करने लगते हैं। वहीं किसी और का फिंगर लगाते समय आपका फोन नहीं खुलता तो यही होता है। फिंगरप्रिंट सेंसर का कार्य।

वॉइस टाइपिंग सेंसर

मोबाइल फोन में आपने देखा होगा अक्सर हम कहीं पर मैसेज लिखने के लिए या फिर कोई आर्टिकल लिखने के लिए वॉइस टाइपिंग का प्रयोग भी करते हैं। मोबाइल फोन में वॉइस टाइपिंग ऑन करते हैं हम जो बोलने लगते हैं वह शब्द हमारा मोबाइल में लिखने लगता है यह होता है वॉइस टाइपिंग सेंसर (sensor)

जो हमारे आवाजों को सुनने के बाद वह एक लिखित भाषा में प्रदर्शित कर देता है।

सेंसर की कार्यप्रणाली

सेंसर से इलेक्ट्रॉनिक सामान और इलेक्ट्रॉनिक से मानव जुड़ता जा रहा हैं। हर इलेक्ट्रॉनिक सामान में अक्सर करके सेंसर (sensor) का उपयोग किया जा रहा हैं। जैसे घर में इंडक्शन चूल्हा, जिस पर बर्तन रखते ही वह अपना कार्य शुरू कर देता है और बर्तन हटाने के बाद अपने काम को बंद कर देता है। यह सेंसर सेंसर (sensor) का काम होता है। आपने रोड पे लगे लाल, पिले सोलर लाइट को देखा ही होगा, सोलर लाइट पर जैसे ही प्रकाश पड़ता है उसका बैटरी चार्ज होना शुरू हो जाता है और सूरज का प्रकाश बंद होते ही उसका चार्जिंग बंद हो जाता है और लाइट जलना शुरू हो जाता है यह सेंसर का ही काम है।

कृषि सेंसर

सटीक कृषि में कई संवेदन तकनीकों का उपयोग किया जाता है, जो डेटा प्रदान करता है जो किसानों को फसलों की निगरानी और अनुकूलन में मदद करता है, साथ ही बदलते पर्यावरणीय कारकों के अनुकूल होता है।

स्थान सेंसरः जीपीएस उपग्रहों के संकेतों का उपयोग अक्षांश, देशांतर, और ऊँचाई को पैरों के भीतर निर्धारित करने के लिए करते हैं। एक स्थिति को त्रिभुज करने के लिए न्यूनतम तीन उपग्रहों की आवश्यकता होती है। सटीक स्थिति, सटीक कृषि की आधारशिला है। GPS इंटीग्रेटेड सर्किट लोकेशन (NJR NJG1157PCD&TE1 tSls) सेंसर का एक अच्छा उदाहरण हैं।

ऑप्टिकल सेंसरः मृदा के गुणों को मापने के लिए प्रकाश का उपयोग करते हैं। सेंसर निकट–अवरक्त, मध्य–अवरक्त और स्वीकृत प्रकाश स्पेक्ट्रम में प्रकाश परावर्तन की विभिन्न आवृत्तियों को मापते हैं। सेंसर को वाहनों या हवाई प्लेटफॉर्म जैसे ड्रोन या यहाँ तक कि उपग्रहों पर भी लगाया जा सकता है। मृदा परावर्तन और पौधे का रंग डेटा ऑप्टिकल सेंसर से केवल दो–चार सेकेंड में ही एकत्रित और संसाधित किया जा सकता है। मृदा, कार्बनिक पदार्थ और मृदा की नमी को निर्धारित करने के लिए ऑप्टिकल सेंसर विकसित किए गए हैं। उदाहरण के लिए, टेपींल सैकड़ों फोटोडेटेक्टर और फोटोडायोड प्रदान करता है, जो ऑप्टिकल सेंसर के लिए एक आधारभूत बिल्डिंग ब्लॉक है।

इलेक्ट्रोकेमिकल सेंसरः सटीक कृषि में आवश्यक महत्वपूर्ण जानकारी प्रदान करते हैं, पीएच मान और मृदा पोषक स्तर। सेंसर इलेक्ट्रोड मृदा में विशिष्ट आयनों का पता लगाकर काम करते हैं। वर्तमान में, विशेष रूप से डिजाइन किए गए स्लेड्स पर लगे सेंसर मृदा के रासायनिक डेटा को एकत्र करने, संसाधित करने और मैप करने में मदद करते हैं।

इलेक्ट्रोकेमिकल सेंसर सटीक कृषि में आवश्यक महत्वपूर्ण जानकारी प्रदान करते हैं, पीएच और मृदा के पोषक स्तर इत्यादि। सेंसर इलेक्ट्रोड मृदा में विशिष्ट आयनों का पता लगाकर काम करते हैं। वर्तमान में, विशेष रूप से डिजाइन किए गए स्लेड्स पर लगे सेंसर मृदा के रासायनिक डेटा को संग्रह करने, संसाधित करने और मैप करने में मदद करते हैं।

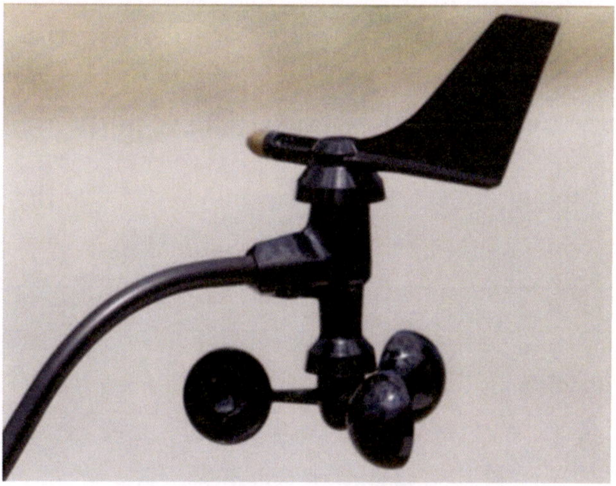

चित्र 14.2: दूरस्थ मौसम स्टेशनों को एक क्षेत्र में रणनीतिक स्थानों पर रखा जा सकता है। (क्रेडिट बुदिमिर जेविटिक/शटरस्टॉक)

यांत्रिक सेंसरः मिट्टी संघनन या यांत्रिक प्रतिरोध को मापते हैं। सेंसर एक जांच का उपयोग करते हैं जो मृदा में प्रवेश करती है और लोड कोशिकाओं या तनाव गेज के उपयोग के माध्यम से प्रतिरोधी बलों को रिकॉर्ड करती है। इस तकनीक का एक समान रूप बड़े ट्रैक्टरों पर उपयोग किया जाता है ताकि भूमि से जुड़े उपकरणों के लिए खींचने की आवश्यकताओं का अनुमान लगाया जा सके। हनीवेल (FSG15N1द्ध जैसे टेन्सियोमीटर, जल अवशोषण में जड़ों द्वारा उपयोग किए जाने वाले बल का पता लगाते हैं और सिंचाई के हस्तक्षेप के लिए बहुत उपयोगी होते हैं।

ढांकता हुआ मृदा नमी सेंसर मृदा को आच्छादित करता हुआ स्थिरांक (एक विद्युत गुण जो मौजूद नमी की मात्रा के आधार पर बदलता है) को मापकर नमी के स्तर का आकलन करता है। एयरफ्लो सेंसर मृदा की हवा की पारगम्यता

को मापते हैं। गति के दौरान एकवचन स्थानों पर या गतिशील रूप से माप किए जा सकते हैं। वांछित आउटपुट एक निर्धारित गहराई पर हवा की एक पूर्व निर्धारित मात्रा को जमीन में धकेलने के लिए आवश्यक दबाव है। संघनन, संरचना, मिट्टी के प्रकार और नमी के स्तर सहित विभिन्न प्रकार की मिट्टी के गुण अद्वितीय पहचान वाले हस्ताक्षर उत्पन्न करते हैं।

कृषि मौसम केंद्र स्व–निहित इकाइयाँ हैं जिन्हें पूरे बढ़ते क्षेत्रों में विभिन्न स्थानों पर रखा जाता है। इन स्टेशनों में स्थानीय फसलों और जलवायु के लिए उपयुक्त सेंसर का संयोजन है। हवा का तापमान, विभिन्न गहराई पर मिट्टी का तापमान, वर्षा, पत्ती का गीलापन, क्लोरोफिल, हवा की गति, ओस बिंदु तापमान, हवा की दिशा, सापेक्ष आर्द्रता, सौर विकिरण और वायुमंडलीय दबाव जैसी जानकारी को पूर्व निर्धारित अंतराल पर मापा और दर्ज किया जाता है। यह डेटा संकलित किया जाता है और प्रोग्राम किए गए अंतराल पर एक केंद्रीय डेटा लॉगर को वायरलेस तरीके से भेजा जाता है। उनकी सुवाह्यता और घटती कीमतें मौसम स्टेशनों को सभी आकार के खेतों के लिए आकर्षक बनाती हैं।

सेंसर आउटपुट लागू

सेंसिंग प्रौद्योगिकियां पर्यावरणीय प्रभावों को कम करते हुए फसल की उपज को अनुकूलित करने के लिए संसाधित और कार्यान्वित करने के लिए कार्रवाई योग्य डेटा प्रदान करती हैं। यहाँ कुछ तरीके दिए गए हैं जिनसे सटीक खेती इस डेटा का लाभ उठाती है।

उपज निगरानीः प्रणाली फसल कटाई वाले वाहनों जैसे कंबाइन और कॉर्न हार्वेस्टर पर लगाई जाती है। वे समय, दूरी, या जीपीएस स्थान के आधार पर फसल वजन उपज प्रदान करते हैं और 30 सें.मी. के भीतर मापा और दर्ज किया जाता है।

उपज मापनः हार्वेस्टिंग उपकरण पर लगे जीपीएस सेंसर से स्थानिक समन्वय डेटा का उपयोग करता है। यील्ड मॉनिटरिंग डेटा को यील्ड मैप बनाने के लिए निर्देशांक के साथ जोड़ा जाता है। चर दर उर्वरक अनुप्रयोग उपकरण दानेदार, तरल और गैसीय उर्वरक सामग्री को नियंत्रित करने के लिए रंग द्वारा निर्धारित उपज मानचित्र और शायद पौधों के स्वास्थ्य के ऑप्टिकल सर्वेक्षण का उपयोग करते हैं। वास्तविक जीपीएस स्थान द्वारा निर्देशित ऑन–बोर्ड कम्प्यूटर का उपयोग करके परिवर्तनीय दर नियंत्रकों को या तो व्यक्तिगत रूप से नियंत्रित या स्वचालित रूप से नियंत्रित किया जा सकता है।

खरपतवार गणना: वर्तमान में जीपीएस रिसीवर और डेटालॉगर के साथ स्थान को जल्दी से चिह्नित करके मानचित्र बनाने के लिए ऑपरेटर व्याख्या और इनपुट का उपयोग करता है। फिर खरपतवार की घटनाओं को उपज मानचित्रों, उर्वरक मानचित्रों और स्प्रे मानचित्रों के साथ ओवरलैप किया जा सकता है। जैसे–जैसे विजुअल रिकग्निशन सिस्टम में सुधार होता है, व्यक्तिगत प्रविष्टि को जल्द ही स्वचालित, विजुअल सिस्टम द्वारा काम करने वाले उपकरणों से बदल दिया जाएगा।

परिवर्तनीय छिड़काव: नियंत्रक हर्बिसाइड स्प्रे बूम को चालू और बंद करते हैं, और लागू स्प्रे की मात्रा (और मिश्रण) को अनुकूलित करते हैं। एक बार जब खरपतवार के स्थानों की पहचान कर ली जाती है और उनका मानचित्रण कर दिया जाता है, तो छिड़काव की मात्रा और मिश्रण का निर्धारण किया जा सकता है।

स्थलाकृति और सीमाओं: को उच्च–सटीक जीपीएस का उपयोग करके रिकॉर्ड किया जा सकता है, जो किसी भी क्षेत्र के बहुत सटीक स्थलाकृतिक प्रतिनिधित्व की अनुमति देता है। उपज मानचित्रों और खरपतवार मानचित्रों की व्याख्या करते समय ये सटीक मानचित्र उपयोगी होते हैं। खेत की योजना बनाने में सहायता के लिए क्षेत्र की सीमाओं, मौजूदा सड़कों और आर्द्रभूमि को सटीक रूप से स्थित किया जा सकता है। लवणता से प्रभावित क्षेत्रों में एक स्लेज टॉव पर लवणता मीटर के साथ लवणता मानचित्रण किया जाता है। लवणता मानचित्रण आकस्मिक कारकों के साथ–साथ समय के साथ लवणता में परिवर्तन की व्याख्या करता है।

गाइडेंस सिस्टम: जीपीएस का उपयोग करके 30 सें.मी. या उससे कम के भीतर चलने वाले वाहन को सटीक रूप से स्थापित कर सकता है। मार्गदर्शन प्रणाली छिड़काव या बोने के लिए पारंपरिक उपकरणों की जगह लेती है। स्वायत्त वाहन वर्तमान में विकास के अधीन हैं और संभवतः निकट भविष्य में उपयोग में लाए जाएंगे।

सटीक खेती प्रक्रिया में बड़े पैमाने पर शुरु हो चुकी है। महंगे सेंसर, बुनियादी ढाँचे और प्रसंस्करण उपकरण केवल वास्तविक रूप से कृषि व्यवसायियों द्वारा काम में लाए जा सकते हैं जिनके पास निवेश के लिए पर्याप्त पूँजी उपलब्ध है। सटीक खेती में निवेश करने वालों को फसल की पैदावार के मामले में अच्छा प्रतिफल मिला है।

लघु कृषि के लिए स्केलिंग

संयुक्त राज्य अमेरिका में, छोटे खेत–जिनमें जैविक और पारंपरिक खेती शामिल हैं जो लगभग 2 मिलियन (91 प्रतिशत) हैं। अकेले संयुक्त राज्य अमेरिका में 1.8 मिलियन छोटे खेतों के संभावित बाजार के साथ, डेवलपर्स और डिजाइनरों ने छोटे पैमाने पर सटीक कृषि तकनीकों को एकीकृत करके प्रस्तुत अवसरों पर ध्यान दिया है। स्मार्टफोन सेंसर और ऐप, साथ ही छोटे पैमाने की मशीनरी, छोटे खेतों को सटीक कृषि तकनीकों का लाभ उठाने की अनुमति देती हैं।

अकेले स्मार्टफोन में कई उपकरण होते हैं जिन्हें खेती के अनुप्रयोगों के अनुकूल बनाया जा सकता है। उदाहरण के लिए, फसल और मृदा के अवलोकन को स्नैप किए गए चित्रों, पिनपॉइंट स्थानों, मिट्टी के रंग, पानी, पौधों की पत्तियों और हल्के गुणों के रूप में लॉग किया जा सकता है।

कुछ महत्वपूर्ण सेंसर निम्नलिखित है जिससे कुछ विशेष कार्यों को निष्पादन होता है–

1. **वायु एवं मृदा सेंसरः** ये सेंसर वायु, जल तथा मृदा की परिस्थितियों को समझने में सहायक होते हैं।
2. **पशुधन जैवमित्तिय (बायोमेट्रिक):** इसमें कॉलर जिसमें जीपीएस, आरएफआईडी तथा बायोमैट्रिक्स लगे होते हैं। वह पशुधन के स्वास्थ्य तथा आवश्यकताओं के बारे में महत्वपूर्ण जानकारी देते हैं।
3. **फसल सेंसरः** ये सेंसर खेत में उर्वरक की सही मात्रा में उपयोग करने के सही समय के बारे में भी हमें अवगत कराते हैं।
4. **उपरकण टेलीमेटिक्सः** इस प्रौद्योगिकी का उपयोग उपकरणों को एक निश्चित दूरी से नियंत्रित करने के लिए किया जाता है।
5. **मृदा नमी सेंसर**

   इस तकनीक का उपयोग करके ऊबड़–खाबड़, समुद्रीय तटीय एवं बंजर भूमि को भी उपयोगी बनाया जा सकता है। इस पद्धति को अपनाने से जल को 30 से 60 प्रतिशत तक बचा सकते हैं। इसके प्रयोग से फसल में दिये जाने वाले रसायनिक उर्वरक की मात्रा 30 से 45 प्रतिशत तक कम हो जाती है। इस सिंचाई पद्धति में पानी जड़ के समीप ही दिया जाता है। जिससे आस पास की सूखी भूमि में अनावश्यक खरपतवार पैदा नही होते है।

जिससे भूमि में उपलब्ध पोषक तत्व सिर्फ पौधे ही उपयोग करते हैं। इस तकनीक के प्रयोग से अधिक उत्पादन के साथ उच्च गुणवत्ता वाली उपज मिलती है, जिसका बिक्री मूल्य ज्यादा होता है।

चित्र 14.3: मृदा संवेदक

मृदा नमी सेंसर प्रणाली की कार्य पद्धति

मृदा नमी सेंसर आधारित ड्रिप सिस्टम में, सेंसर 1 घंटे के समय अंतराल के बाद संकेत के माध्यम से सर्वर को मृदा में उपलब्ध नमी की मात्रा का डेटा संचारित करते हैं। फसल के लिए कंट्रोलर के डेटाबेस में नमी की मात्रा निर्धारित कर देते हैं। इस नमी की मात्रा से कम नमी होने पर सिस्टम औटोमेटिक शुरू हो जाता है। सेंसर से प्राप्त नमी संकेतों की तुलना तब तक की जाएगी जब तक कि सेंसर से प्राप्त नमी की मात्रा डेटाबेस में पहले से निर्धारित नमी की मात्रा के बराबर नहीं हो जाती, यदि सेंसर से प्राप्त नमी की मात्रा डेटाबेस मेल खाती हैं या थ्रेसहोल्ड मान से ऊपर हैं, तो माइक्रोकंट्रोलर पौधों को पानी देना बंद करने के लिए पम्प को बंद कर देगा। इस पर्याप्त मृदा नमी से पौधों की जड़ों में हमेंशा एक समान नमी बनी रहती है जिससे पौधों की पत्तिया चौड़ी होती हैं और ज्यादा भोजन बना पाती है।

मृदा नमी सेंसर आधारित स्वचालित ड्रिप सिंचाई प्रणाली में प्रयोग होने वाले उपकरण

सेंसर आधारित ऑटोमेंटिक ड्रिप इरिगेशन सिस्टम में मुख्यतः पारम्परिक ड्रिप सिंचाई में उपयोग होने वाले उपकरणों के साथ–साथ एक सिंचाई कंट्रोलर, मोटर रिले, सोलेनोइड वाल्व व मृदा नमी सेंसर को भी उपयोग में लिया जाता है। फसल उत्पादन में मृदा नमी सेंसर को खेत में पोधे की जड़ो के पास मृदा में दबा दिया जाता है। खेत में जाने वाले पाइप के बीच में सोलेनोइड वाल्व को लगाते हैं, जो कंट्रोलर के द्वारा दिये संकेत के आधार पर खुलता व बंद होता है. ये फसल मिर्च, कपास, कदुवर्गीय, भिंडी या बागवानी फसल हो सकती है, जिनमें ड्रिप इरीगेशन सिस्टम उपयोग किया जाता है।

सेंसर आधारित स्वचालित टपक सिंचाई पद्धति (ऑटोमेंटिक ड्रिप इरिगेशन सिस्टम) यह एक बेहद नई सिंचाई प्रणाली है जिसमें सेन्सर की मदद से मिट्टी में उपलब्ध नमी की मात्रा के आधार का पता कर स्वतः ही पौधों की जड़ों के पास पानी को ड्रिप सिंचाई की मदद से दे दिया जाता है।

6. फसल निगरानी सेंसर

चित्र 14.4: सेंसर आधारित स्वचालित टपक सिंचाई पद्धति

सेंसर का उपयोग फल और सब्जियों के गुणों को मापने के लिए किया जा सकता है, जैसे उनका बढ़ना, रंग और आकार। इस तरह की जानकारी विकास की स्थिति को नियंत्रित करने में मदद करती है, जैसे कि सही समय पर पानी की आपूर्ति, और सही तरीके से सबसे अच्छी फसल की तारीख निर्धारित करती है। इससे फसल में नुकसान कम होता है। उदाहरण के लिए, जर्मनी में कुछ छोटे–छोटे किसान अपनी फसल की गुणवत्ता की जाँच करने के लिए स्मार्टफोन का उपयोग कर रहे हैं, जो कि फसल चित्र भेजकर विशेषज्ञों द्वारा सीखने वाले मॉडल के माध्यम से संसाधित किए जा रहे हैं, फिर किसानों को फीडबैक भेजा जाता है। कम्पनियां मौसम परिवर्तन जैसे पर्यावरणीय कारकों को ट्रैक करने के लिए मॉडल विकसित कर रही हैं और भविष्यवाणी करती हैं कि ये कारक फसल की उपज को कैसे प्रभावित करते हैं। इस तरह का विकास विशेष रूप से विकासशील देशों में किसानों के लिए वरदान उपयोगी हो सकता है।

7. कटाई के बाद की गुणवत्ता की निगरानी हेतु सेंसर

पैकहाउस में, विभिन्न उपभोक्ता के गंतव्यों तक पहुँचने से पहले गुणवत्ता मानकों के अनुसार उत्पादों को वर्गीकृत और क्रमबद्ध निर्धारित किया जाना चाहिए। निर्यात उत्पादों को लंबी दूरी के परिवहन और शेल्फ

चित्र 14.5: फसल निगरानी संवेदक

पर अच्छी तरह से रखने की आवश्यकता होती है। स्थानीय बाजारों के लिए, जहाँ यात्रा का समय कम है, गुणवत्ता की आवश्यकताएं एक अलग मानक की हो सकती हैं। वही दूसरे तरफ उत्पादों की गुणवत्ता निर्धारित करने के लिए कि क्या कोई उत्पाद पशु चारा या मानव उपभोग के लिए उपयुक्त है, विशेष सेंसर के द्वारा माप लेते हैं और उत्पादों को वर्गीकृत करने, ग्रेड करने और श्रेणियों में वर्गीकृत करने के लिए डेटा उत्पन्न करते हैं।

8. **बाजार की गुणवत्ता की निगरानी हेतु सेंसर**

सेंसर को पैकेजिंग सामग्रियों में भी एकीकृत किया जा सकता है जो वास्तविक समय में उत्पाद की स्थिति पर निरंतर निगरानी और रिपोर्ट करते हैं। इन सेंसर को संचार करने और कमांड के केंद्र में डेटा भेजने के लिए सक्षम किया जा सकता है। बाजार की मांग को पूरा करने के लिए असुरक्षित उत्पादों को वर्गीकृत करने और हटाने के लिए ताजे फल जैसे खाद्य उत्पादों की निगरानी, पता लगाना और अलग करना लाभप्रदता सुनिश्चित करने और बाजार हिस्सेदारी बनाए रखने के लिए महत्वपूर्ण है।

9. **स्मार्ट खेती में प्रयुक्त वस्तुओं पर लगे सेंसर**

सबसे लोकप्रिय स्मार्ट खेती उपकरण मौसम केन्द्र है, जो विभिन्न स्मार्ट खेती सेंसर का संयोजन जलवायु परिस्थितियों की निगरानी के लिए करते हैं, यह पूरे क्षेत्र के पर्यावरण से विभिन्न आंकडें एकत्र करते हैं और इसे क्लाउड पर भेजते हैं, प्रदान की गई मापों का उपयोग जलवायु परिस्थितियों के मानचित्रण, उचित फसलों को चुनने और उनकी क्षमता में सुधार के लिए आवश्यक उपाय करने के लिए किया जाता है, पर्यावरण ीय आंकड़ों के अतिरिक्त, मौसम केन्द्र निर्धारित मापदंड़ों के आधार पर स्वचालित रूप से ग्रीनहाउस का प्रबंधन कर सकते हैं।

ग्रीनआईक्यू भी एक बेहतर उत्पाद है, जो स्मार्ट किसी सेंसर का उपयोग करता है यह एक स्मार्ट स्कूल कंट्रोलर है, जो किसान को रिमोट के द्वारा सिंचाई और प्रकाश व्यवस्था का प्रबंधन करता है।

चित्र 14.6: स्मार्ट खेती में प्रयुक्त संवेदक

स्मार्ट खेती का एक अन्य तत्व फसल प्रबंधन है। मौसम स्टेशनों की तरह, इन उपकरणों को फसल के लिए विशिष्ट आंकड़े एकत्र करने के लिए खेत में रखा जाता है, जो तापमान और वर्षा से लेकर पत्ती की क्षमता और समग्र फसल स्वास्थ्य का आंकड़े उपलब्ध कराते हैं। इस प्रकार किसान अपनी फसल की वृद्धि और किसी भी तरह की बीमारी या संक्रमण को रोकने के लिए निगरानी कर सकते है, जो उनकी उपज को नुकसान पहुँचा सकते हैं।

सेंसर व आधुनिक तकनीक का कृषि में बढ़ता उपयोग

सेंसर व आधुनिक तकनीक का कृषि में बढ़ता उपयोग इस तकनीकी के सटीक जानकारी के द्वारा किसान निर्धारण कर पाएंगे कि विभिन्न फसल चक्र में लगाए जाने वाली फसलों को कितनी मात्रा में कीटनाशक व उर्वरक तत्वों की आवश्यकता है तथा साथ ही साथ किसान पौधे की स्वास्थ्य व मात्रा का निर्धारण एक सरल व सटीक जानकारी जोकि फसल सेंसर के द्वारा दी जाती है, से कर पाएंगे, यह तकनीक किसान को यह भी महसूस करने का भी अवसर देती है कि पौधे कैसा महसूस कर रहे हैं, उनकी वृद्धि सामान्य है या नहीं और उर्वरक व कीटनाशक की लीचिंग या सतह अपवाह की संभावना को भी सूचित करता है और इस क्षति को कैसे कम कर सके। फसल सेंसर पौधों के स्वास्थ्य, उन में लगने वाले रोग, उनकी आवश्यकता जैसे विभिन्न प्रकार के सूक्ष्म तत्व अति सूक्ष्म तत्व तथा पानी का निर्धारण कर सकते हैं जिससे समय से पहले इनकी आवश्यकताओं की पूर्ति करके किसान भविष्य में होने वाली फसल सम्बन्धित नुकसान की दर को काफी हद तक कम कर पाए। ये सेंसर इस तरह से डिजाइन किये गये होते है

कि कृषि यंत्रों को निर्देशित करते है की कब और कितना इनपुट कहाँ देना है। वैरिएबल रेट फर्टिलाइजर एप्लीकेशन सेंसर तकनीकी अपनाकर अत्यधिक मात्रा में उर्वरक के प्रयोग को कम किया जा सकता है।

मक्का की फसल में सटीक उर्वरक उपयोग

एक शोध के अनुसार इस तकनीक को अपनाकर 45 प्रतिशत तक नाइट्रोजन फर्टिलाइजर बचाया गया और इस बचत का उपज पर बहुत ही थोड़ा असर हुआ। खनिजीकरण की वजह से कई बार नाइट्रोजन अगली फसल के लिए मृदा में संचय हो जाता है और अगर किसान फिर से नाइट्रोजन उर्वरक का प्रयोग करता है तो ये उत्पादकता पर असर डाल सकता है। नवीनतम आंकड़ों के अनुसार ऑस्ट्रेलिया, ब्राजील और अमेरिका सहित कई देशों में 15–25 प्रतिशत अनाज उत्पादक किसान, इस तकनीक को अपना चुके है। पूरे फार्म की फसल को हमेशा एक समान उर्वरक अनुप्रयोग की आवश्यकता नहीं होती है, कुछ क्षेत्रों में यह वहाँ की मृदा के गुण, सूर्य के प्रकाश, उपलब्ध विभिन्न पोषक तत्वों आधार पर निर्धारित होती है।

मक्का की फसल में उर्वरक उपयोग का नजदीक दृश्य

परिर्वतनीय दर उर्वरक छिड़काव यंत्र (वैरिएबल रेट फर्टिलाइजर स्प्रेडस) का उपयोग उर्वरक अनुप्रयोग दर को वैश्विक स्थानीक पद्धति का उपयोग करके घटाया या बढ़ाया जा सकता है। ऐसे में मृदा की उर्वरता का मानचित्र होना आवश्यक हो जाता है जो जगह–जगह की मृदा की उर्वरक माँग को दर्शाता है।

चित्र 14.7: मक्का में स्मार्ट उर्वरक का प्रयोग

देश में आज कई कृषि संस्थानों के पास मृदा उर्वरता व लवणता से सम्बंधित मानचित्र उपलब्ध है या और सटीक बनाने के लिए शोध चल रहे है। फसल सेंसर तकनीकी अपनाकर न सिर्फ फसलों की उत्पादकता बढ़ाई व उर्वरक की

खपत कम की जा सकती बल्कि ईंधन और ऊर्जा की खपत को कम करके कार्बन डाइऑक्साइड उत्सर्जन को भी कम किया जा सकता है जो जलवायु परिवर्तन को रोकने में मदद करेगा, कृषि रासायनिकों का उपयोग कम करने में भी सहायता मिलती है। मृदा स्वास्थ्य की निगरानी और प्रबंधन के माध्यम से पोषक तत्वों की कमी को आसानी से दूर किया जा सकता है एवं जल उपयोग दक्षता बढ़ाकर जल के उपयोग को कम किया जा सकता है जो पर्यावरण के अनुकूल है।

फसल सेंसर सिस्टम की मांग उच्च प्रदर्शन वाली फसलों को उगाने में मदद में लायी जा रही है। शोधकर्ता फसलों का विभिन्न मृदा और मौसम की स्थिति से मिलान करने के लिए सेंसर का उपयोग कर रहे हैं। जिससे अगले दशकों में बढ़ती विश्व की जनसंख्या के भरण–पोषण के लिए उत्पादन क्षमता का विस्तार करना होगा जिसमें दो महत्वपूर्ण बिंदु शामिल है पहला पर्यावरण को नुकसान न पहुँचाया जाये दूसरा खेती योग्य क्षेत्रों का विस्तार किए बिना लक्ष्य को प्राप्त किया जाये, इन दोनों बिंदु से कृषि अर्थशास्त्री काफी हद तक सहमत हैं, साथ ही किसानों को गहन खेती और अधिक उत्पादक करने वाले पौधों का हाइटेक कृषि प्रणाली के साथ उपयोग करना होगा जिसमें फसल–सेंसर पद्धति किसी वरदान से कम नहीं हैं।

15

स्मार्ट कृषि में प्रयुक्त कृषि उपकरण

आज के यांत्रिक और औद्योगिक युग के प्रत्येक क्षेत्र में उपकरणों एवं मशीनों का उपयोग हो रहा है, कृषि क्षेत्र भी इससे अछुता नहीं है। भारत में हरित क्रांति के माध्यम से खाद्यान्न उत्पादन में आत्मनिर्भरता का लक्ष्य प्राप्त कर विगत काल में महत्वपूर्ण जीत प्राप्त की थी। यह सफलता किसानों द्वारा विभिन्न आधुनिक कृषि वैज्ञानिक प्रौद्योगिकियों जैसे कि उन्नत किस्म के बीज, मशीनों आदि के अपनाने से ही संभव हो गई थी। विगत कुछ वर्षों के दौरान देश भर में कृषि श्रमिकों की कमी के कारण पिछले कुछ वर्षों से कृषि यंत्रों की मांग में तीव्र वृद्धि देखी जा रही है। ऐसी अवस्था में कृषि आदानों जैसे; बीज, उर्वरक, जल एवं फसल सुरक्षा कृषि रसायनों के सही प्रयोग के लिए यांत्रिक कृषि का बड़ा योगदान हो सकता है। स्मार्ट यंत्रीकरण के लिए ट्रैक्टर के उपयोग के साथ–साथ विभिन्न प्रकार की मैचिंग मशीनें यथा बुवाई यंत्र, निराई–गुड़ाई, छिड़काव यंत्र, सिंचाई उपकरण, कटाई, मड़ाई एवं ओसाई आदि यंत्रों की आवश्यकता है। इनसे अधिक शक्ति वाले कार्यों को कम समय एवं लागत में किया जा सकता है। स्मार्ट कृषि यंत्रों एवं मशीनों द्वारा कम समय, श्रम, ईंधन एवं खर्च के साथ–साथ प्राकृतिक संसाधनों का संरक्षण भी होता है तथा बेहतर उपज भी प्राप्त की जा सकती है। इससे जहाँ एक ओर खाद्यान्न की बढ़ती मांग की पूर्ति की जा सकती है, वहीं दूसरी ओर किसानों को भी अपनी उपज का पर्याप्त लाभ मिलेगा। आज जो किसान स्मार्ट खेती कर रहे हैं। वे आधुनिक तकनीक से बने खेती के नए औजारों का उपयोग कर अच्छा लाभ कमा रहे हैं। जिससे उनकी आमदनी बढ़ रही है। इस समय कम्पनियों ने किसानों को लाभ पहुँचाने के लिए अपने उत्पादों की कीमतों में भी कमी की है। कृषि मशीनरी ने कृषि उत्पादों का चेहरा हमेशा के लिए बदल दिया है। भारत में औद्योगिक क्रांति से पहले लोग खेती को सीमित कृषि उत्पादों के साथ आत्मनिर्भर होने के लिए उपयोग करते थे। आज यह सब बदल गया है। सभी क्षेत्रों में मशीनरी की शुरुआत के साथ, कृषि औद्योगिक क्रांति के दौरान तेजी से प्रगति हुई है। इसके साथ ही मशीनरी की सहायता

से अधिक भोजन का उत्पादन किया जा रहा है, जो आज के समय की मांग है। उन्नतिशील कृषि यंत्र तथा मशीनरी कृषि उत्पादन का एक महत्वपूर्ण कृषि निवेश है। विभिन्न कृषि कार्यों को समय से कम लागत पर सम्पादित करने तथा मूल्यवान कृषि निवेशों, बीज, उर्वरक, जल, कृषि रक्षा रसायन आदि का अधिकतम क्षमता में उपयोग सुनिश्चित करते हुए कृषि उत्पादन में वृद्धि के लिए सहायक होते है। स्मार्ट कृषि को अपनाने से बने किसान अब स्मार्ट बन रहे हैं, साथ ही किसान स्मार्ट कृषि उपकरण का प्रयोग कर अपनी आमदनी में भी वृद्धि कर रहे हैं। स्मार्ट खेती मे आज विश्व भर में जिन स्वचालित कृषि उपकरणें का प्रयोग किया जा रहा है, उनमें स्व–स्टीयरिंग ट्रैक्टर पिछले कुछ समय से अस्तित्व में है, जो ऑटोपायलेट मोड में, चालक रहित मशीन के तौर पर जीपीएस प्रोग्रामिंग पर कार्य करता है। इसका प्रयोग खेत में उर्वरक डालने से लेकर, खेत की जुताई उसे समतल करना आदि अनेक कार्यों के लिए किया जाता है। अन्य नवाचारों में एक सौर ऊर्जा चालित मशीन बनाई गई है, जो खरपतवारों की पहचान करती है और उन्हें शाकनाशी या लेजर के वार से समाप्त कर देती है। बीज बुवाई एक श्रमसाध्य प्रक्रिया है। प्रमुख स्मार्ट कृषि उपकरणों का विवरण निम्नलिखित हैः–

1. चालक रहित ट्रैक्टर

चालक रहित ट्रैक्टर का उपयोग स्मार्ट खेती का एक रूप है जिसे दक्षता में सुधार करने के लिए रचनाकृत किया जाता है खेती के काम करने के लिए और किसानो के काम की दक्षता बढ़ाने के लिए स्वचालित रूप से काम करता है। कृषि कार्य करने के लिए श्रमशक्ति ही बहुत बड़ी समस्या है यहाँ चालक रहित ट्रैक्टर स्वचालित रूप से कार्य करके श्रमशक्ति पर निर्भरता को कम करता है चालक रहित ट्रैक्टर महिलाओं और विकलांगों को खेती करने के लिए आत्मनिर्भर बनता है। यहाँ जीपीएस का उपयोग खेती के क्षेत्र के निर्देशांक का पता लगाने के लिए किया जाता है। ट्रैक्टर, ट्रॉली और उपकरण के बीच विशिष्ट कार्य करने के लिए मिश्रित प्रौद्योगिकी (विभिन्न उपकरणों के बीच समन्वय) का उपयोग किया जाता है। भारतीय अर्थव्यवस्था में कृषि क्षेत्र भारत के सबसे महत्वपूर्ण हिस्सों में से एक है। भारत में लगभग दो तिहाई जनसंख्या कृषि पर निर्भर हैं। कृषि उत्पादकता और उत्पाद की गुणवत्ता में सुधार, इसके लिए कोई स्वायत्त उपकरण उपलब्ध नहीं है। ऐसा उपकरण जो अपना निर्णय स्वयं ले और मनुष्य शक्ति कम करने में मदद करता हो, साथ ही कार्य को कुशलता पूर्वक बार–बार दोहरा सके तो

समय और मानव शक्ति दोनों को बर्बाद करने से बचाया जा सकता है। इन बातों को ध्यान में रखते हुए, हमने समय और मनुष्य श्रम को बचाने की पूरी कोशिश की है। कृषि क्षेत्र के लिए स्वायत्त और बुद्धिमान उपकरण डिजाइन करके समय तथा धन की बचत होती है। ट्रैक्टर और ट्रॉली, जो किसान के स्मार्ट फोन से इनपुट निर्देश लेता है, किसान इसे मोबाइल से संचालित करता है तथा आवश्यकता के अनुसार कार्य करता है, एक चालक रहित ट्रैक्टर स्वायत्त प्रौद्योगिकी का एक रूप है, ट्रैक्टर के अंदर मानव की उपस्थिति को अन्य मानव रहित जमीनी वाहनों की तरह क्रमादेशित किया गया है।

इसमें अपनी स्थिति का स्वतंत्र रूप से निरीक्षण कर गति तय करना और बाधाओं से बचना मुख्य कार्य है, अपने काम को करते समय विभिन्न मानव रहित ट्रैक्टर को पूर्ण स्वायत्त प्रौद्योगिकी में विभाजित करके ट्रैक्टर जीपीएस और अन्य वायरलेस तकनीकों का उपयोग करते हैं, जिसे इलेक्ट्रॉनिक्स उपकरण द्वारा संचालित करते हैं, नियंत्रण केंद्र में कार्य प्रगति की निगरानी की जाती है।

प्रस्तावित प्रणाली

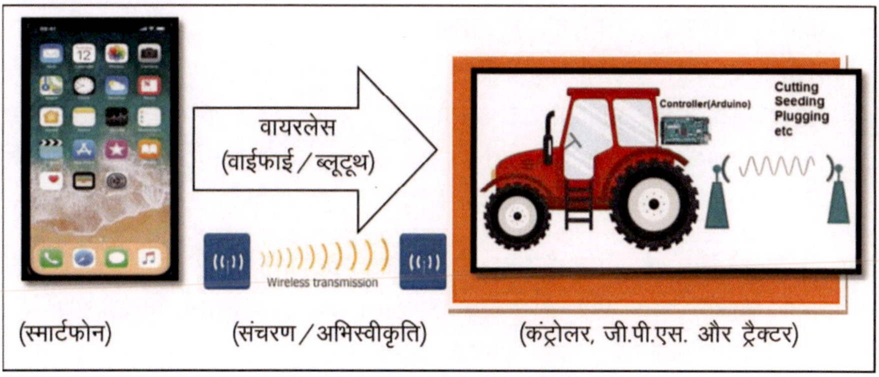

चित्र 15.1: चालक रहित ट्रैक्टर

किसान ब्लूटूथ के माध्यम से ट्रैक्टर के लिए ऐप का उपयोग करके स्मार्टफोन के माध्यम से निर्देश भेजते हैं। मास्टर वाहन (ट्रैक्टर) में एच.सी.–05 ब्लूटूथ मॉड्यूल हैं जो कमांड प्राप्त करते हैं और इसे कंट्रोलर (Arduino) बोर्ड को भेजते हैं, कंट्रोलर निर्देश को प्रोसेस करता है और उसी के अनुसार ऑपरेशन करता है। उपयोगकर्ता विभिन्न मोड में वाहन संचालित कर सकता है।

1. **मास्टर नेविगेशन नियंत्रणः** इसमें उपयोगकर्ता किसान वाहन/ट्रैक्टर के नेविगेशन को नियंत्रित कर सकते हैं। उपयोगकर्ता बाएं दाएं आगे एवं रिवर्स भेज सकता है। किसान ट्रैक्टर को मोबाइल से नियंत्रित कर सकता है।

2. **जी.पी.एस. लोकेशनः** किसान ट्रैक्टर को वर्तमान जी.पी.एस. स्थान को भेज सकता है।

3. अगर कोई काम चुनना हो तो किसान किसी भी कार्य को चुन सकता है कार्य पूरा करने के लिए और यदि बीज बोने या प्लग करने के बीच कंट्रोलर, ऑपरेटर को कमांड भेजेगा।

4. किसान कंट्रोलर को कटिंग कार्य का निर्देश भेजेगा। वाहन एच.सी.– 05 ब्लूटूथ मॉड्यूल के माध्यम से उपयोगकर्ता से कमांड प्राप्त करेगा, जिसे आगे की प्रक्रिया के लिए कंट्रोलर (Arduino) को भेजेंगे, कंट्रोलर कमांड पर आधारित मोटर चालक को नियंत्रण संकेत भेजेगा जो वाहन चलाने का कार्य करेंगा, Arduino जी.पी.एस. डेटा प्राप्त करना शुरू कर देगा, कंट्रोलर (Arduino) उपयोगकर्ता के किसी भी आदेश के लिए निरंतर निगरानी रखेगा।

5. कटिंग, सिलाई, प्लगिंग का काम सफलतापूर्वक किया जाता है और मशीन–टू–मशीन संचार ऑपरेशन को पूरी तरह से लागू किया जाता है। मानवरहित ट्रैक्टर प्रणाली का उपयोग एक स्मार्ट खेती के लिए उपयोगी है। विभिन्न कार्यों को करने के लिए तरीके काटने, बोने, प्लगिंग, कुल मिलाकर सिस्टम का अच्छा प्रदर्शन किसान हित में उपयोगी है

इस प्रकार के चालक रहित ट्रैक्टर के विकास को अमेरिका, जापान जैसे देशो में मक्का, चावल, गेहूँ और सोयाबीन के खेतों के लिए प्रयोग किया गया है। संभावित विकास के लिए कई चालक रहित ट्रैक्टर का उपयोग किया जाना चाहिए। भारत में विकसित और चालक रहित ट्रैक्टर प्रणाली पर शोध किया जा रहा है, आर्थिक रूप से सक्षम होने के लिए सस्ती नेविगेशन सेंसर के साथ अच्छी तकनीक का विकास जरूरी है। चालक रहित ट्रैक्टर से हमारे देश के विकास में बहुत मदद मिलेगी, खेती पूरी तरह से स्वचालित होगी। इसके अलावा, खाद्य उत्पादन में वृद्धि भी होगी, जो किसानो की आय बढ़ाने में मद्दगार सिद्ध होंगी।

2. लेजर लैंड लेवलर

चित्र 15.2: ट्रैक्टर चालित लेजर लेवलर

लेजर लेवलर एक प्रमुख आधुनिक परिशुद्ध समतलीकरण यंत्र है। यह परम्परागत विधियों से एक दम हटकर एक अत्याधुनिक तकनीक है, जिसमें लेजर में लगे किरणों के द्वारा लेवलर को अपने आप नियन्त्रित करके भूमि को बराबर मात्रा में समतल कर देते हैं। इस यंत्र को चलाने के लिए एक प्रशिक्षित मैकनिक की आवश्यकता पड़ती है।

यह यंत्र 50–60 अश्व शक्ति के ट्रैक्टर की सहायता से चलता है। एक एकड़ भूमि को समतल बनाने के लिए कम से कम एक या डेढ़ घण्टा लगता है। ऊँचे–नीचे खेत में सिंचाई करते समय पानी खेत में पूरी तरह से समान रुप से नहीं फैल पाता है। इसके चलते खेत में कुछ जगहों पर खरपतवार पनपने लगते हैं और सभी पौधों व बीजों को सही अनुपात में पानी नहीं मिल पाता है जिससे पैदावार पर बुरा असर पड़ता है। लेजर लैण्ड लेवलर का प्रयोग कर किसान इस समस्या को दूर कर सकते हैं। यह सिंचाई जल की बचत करता है तथा सिंचाई दक्षता में सहायक है। लेजर लेवलर द्वारा सीमित जल स्रोतों द्वारा भी किसान सब्जी उगा सकते हैं। लेजर लेवलर के मुख्य भाग निम्नलिखित है, लेजर ट्रांसमीटर, लेजर, रिसीवर नियंत्रण पेटी, लेवलर।

3. स्मार्ट बुवाई मशीनों का प्रयोग

स्मार्ट खेती में बीजारोपण मशीनों के साथ उसमें सुधार किया, जो मानव की तुलना में अधिक तेजी से भूमि को आच्छादित कर सकती है। मृदा की गुणवत्ता, घनत्व, नमी और पोषक तत्वों के स्तर का विवरण देते हुए जियोमैपिंग और सेंसर आंकड़ों का संयोजन बीजोरोपण प्रक्रिया के लिए बेहतर अनुमान लगाते हैं।

(क) रेज्ड बेड प्लान्टर

यह यंत्र उठी हुई मेड़ पर बुवाई की तकनीक पर आधारित हैं इस यंत्र के मुख्य भागों में एक फ्रेम होता है जिस पर सीड कम फर्टिलाइजर बॉक्स लगा होता है। अन्य सीडड्रिल की तरह इसमें भी फरो ऑपनर तथा ड्राईव

व्हील लगे होते हैं। मृदा उठाने के लिये रिजर तथा बेड़ बनाने के लिये बेड शेपर लगे होते हैं। रिजर के पंखे बनने वाली नाली की वांछित चौड़ाई के अनुसार समायोजन किये जा सकते है। इस यंत्र का प्रयोग विभिन्न चौड़ाई की बेड बनाने में होता है। कुछ फसल जैसे; मक्का, कपास एवं सब्जियों आदि को बेड पर उगाने से सिंचाई की क्षमता प्रभावी होती है। जिससे फसलों की उत्पादकता एवं गुणवत्ता में वृद्धि होती है। इस यंत्र से बुवाई करने पर फसल में कम पानी लागता है व कार्य शीघ्र होता है तथा समतल क्यारी विधि की अपेक्षा 30 प्रतिशत पानी की बचत एवं अधिक उपज प्राप्त होती है। इस विधि से बीज दर कम लगती हैं जिसमें पौधों की संख्या नियंत्रित की जा सकती है।

चित्र 15.3: रेज्ड बैड प्लान्टर

वर्षा की कमी की स्थिति में समतल विधि की अपेक्षा इस विधि में अधिक नमी रहती हैं। सिंचाई करने के लिये फरों में पानी छोड़ा जाता है जो फरो के ऊपर आने से पहले ही बंद कर दिया जाता है। इस यंत्र के प्रयोग से पहले खेत अच्छी प्रकार समतल होना आवश्यक है।

(ख) **नो टिल सीड–ड्रिल:** जीरो–टिलेज तकनीक खेती में लागत कम करने फसलों की बुवाई समय पर करने तथा प्राकृतिक संसाधनों के संरक्षण में अनोखी विधि है। इससे गेहूँ की बुवाई बहुपयोगी एवं लाभकारी सिद्ध हुई है। आजकल किसान जीरो टिलेज से धान, बाजरा, कपास, मक्का, अरहर, एवं सरसों के खेतों में सीधे गेहूँ, मूँग, चना तथा सरसों की बुवाई करने लगे हैं, परन्तु यह मशीन विशेष रुप से गेहूँ की बुवाई के लिए डिजाइन की गई थी। इस तकनीक द्वारा अगेती एवं पछेती दोनों तरह की बुवाई कर सकते है। अच्छी पैदावार के लिए बीज एवं उर्वरक की मात्रा परम्पारिक विधि के

चित्र 15.4: जीरो–टिलेज यंत्र

बराबर ही रखनी चाहिए। सामान्यतः धान, मक्का, कपास, व अरहर की पछेती किस्मों की कटाई के उपरान्त खेत में गेहूँ की फसल के लिए खेत तैयार करने का समय नहीं मिल पाता है और किसान के पास खेत को खाली छोड़ने के अलावा कोई उपाय नहीं रहता है। जीरो–टिलेज ड्रिल से बुवाई करके किसान इस समस्या का समाधान कर सकते हैं। इस मशीन द्वारा पूर्व फसलों की कटाई करने के उपरान्त उसी खेत की बिना जुताई किये गेहूँ की बुवाई कर सकते हैं।

यह मशीन साधारण बुवाई मशीन की तरह ही होती है उसी तरह ही कार्य करती है, इसमें केवल अन्तर फरो–ऑपनर का होता है जो नूकीले चाकू की तरह होते है जिनमें बीज बिना कोई कठिनाई के उचित गहराई पर पहुँच जाता है। इस मशीन में सन्तुलित एवं उचित मात्रा में बीज गिराने के लिए फ्लूटेड रोलर लगाए गए है तथा उर्वरक डालने के लिए खाचेंदार ऊर्ध्वाधर रोलर्स लगाए गए हैं। उर्वरक की मात्रा को उर्वरक के बक्से में किये छिद्रों के आकार को कम या अधिक करके निर्धारित किया जाता है। उर्वरक व बीज गिराने की इकाइयों को चलाने के लिए शक्ति, सामने की तरफ दिये गये पहिए से चैन और गरारी के द्वारा दी जाती है। बीज की गहराई को कम या अधिक करने के लिए मशीन के दोनों तरफ पहिये लगे होते हैं। यह मशीन 35 या उससे अधिक अश्व–शक्ति वाले ट्रैक्टर द्वारा चलाई जा सकती है। यह मशीन 9/11 कूंडों में बुवाई के लिए उपलब्ध है। कूंड खोलने वाले भाग (फरो–ओपनर) 'शू' के आकार के होते है। कूंड से कूंड की दूरी कम या अधिक करने का प्रावधान होता है। प्रायः इस मशीन का आकार लगभग 1800 मि.मी. लम्बाई, 600 मि.मी. चौडाई, 1100 मि.मी. ऊँचाई तथा भार 250 कि.ग्रा. होता है। इस तकनीक के प्रयोग से एक और गेहूँ की उत्पादन लागत में कमी आती है तो वहीं दूसरी तरफ पर्यावरण हितैषी भी है। अतः इस तकनीक को किसानों में और अधिक लोकप्रिय बनाने की आवश्यकता है। इस यंत्र द्वारा गेहूँ, धान, मक्का, मसूर एवं चना की बुवाई की जा सकती है।

(ग) **एक्वा फर्टी सीड–ड्रिल से बुवाईः** शुष्क भूमि में अगेती बुवाई हेतु एक्वा–फर्टी सीड डिल के प्रयोग से बारानी क्षेत्रों में खेत तैयारी के समय सिंचाई जल की आवश्यकता नही होती है जिससे लगभग फसलोत्पादन में 20 प्रतिशत जल की बचत होती है। क्योंकि इस यंत्र मे ंदाने के साथ पर्याप्त जल भी दिया जाता है। शुष्क भूमियों में बुवाई के समय मृदा नमी उपलब्धता में बहुत अनिश्चितता होने के कारण फसलोत्पादन बहुत कठिन

कार्य है। इस कारण से बीजों के समुचित अंकुरण एवं प्रारम्भिक अवस्था में फसल के स्थापित होने में समस्या आती है। एक्वा–फर्टी ड्रिल के प्रयोग से सही मात्रा में जल तथा समुचित सान्द्रता में उर्वरकों के प्रयोग द्वारा अच्छा अंकुरण एवं फसलों की प्रारम्भिक अवस्था में स्थापन में सहयोग प्राप्त होता है। बाद में, उपसतही मृदा में संरक्षित जल का सहायता से तथा सर्दी के मौसम में होने वाली वर्षा द्वारा फसलों की बढ़वार जारी रहती है। एक्वा–फर्टी सीड ड्रिल द्वारा जल तथा उर्वरक घोल का प्रचालन इस प्रकार किया जाता है कि 1000 लिटर जल के उपयोग से 2 मि.मी. सिंचाई के साथ एक हेक्टेयर क्षेत्रफल को पूरा किया जा सकता है।

चित्र 15.5: ट्रैक्टर चालित एक्वा–फर्टी सीडड्रिल द्वारा अगेती बुवाई

(घ) **हैप्पी सीडर:** विश्व खाद्य संगठन के अनुसार संरक्षण कृषि, किसानों का जीवन स्तर तथा आजीविका के बेहतर साधनों को बढ़ावा देती है। अन्य देशों के तरह हमारे देश भी संरक्षण खेती को प्रयोग बढ़ता जा रहा है। वर्तमान में संसाधन संरक्षण हेतु अनेक यंत्र प्रयोग किये जा रहे है, जिनमें से सर्वाधिक उपयोगी एवं बहुउपयोगी यंत्र हैपी सीडर है। जिसको धान–गेहूँ फसल चक्र में फसल अवशेष

चित्र 15.6: हैप्पी सीडर

एवं बुवाई के लिए प्रयोग किया जाता है। यह यंत्र कम्बाईन द्वारा धान कटाई के बाद उसके अवशेषों में गेहूँ की बुवाई हेतु प्रयुक्त किया जाता है। इस यंत्र में नो टिल सीड कम फर्टी ड्रिल के सभी गुण है।

इस यंत्र में फसल के अवशेषों आदि को दबाने के लिए चौपर लगा रहता है। जो अवशेषों को भूमि में दबा देता है, जिससे बुवाई में सुविधा के साथ–साथ फसल अवशेषों से कार्बन की मात्रा भी मिल जाती है। यह 40 से 45 एच. पी. ट्रैक्टर से चालित होता है। इससे एक घंटे में एक एकड़ खेत की बुवाई की जा सकती है। इस पर सरकार की तरफ से अधिकतम 40,000 रूपये का अनुदान दिया जाता है।

4. **स्प्रेयरः** कृषि कार्य में उपयोग होने वाले कृषि स्प्रेयर बाजार में 2 और 4 स्ट्रोक स्प्रे पम्प में उपलब्ध हैं। इन्हें कुछ फीचर्स के साथ बाजार में उपलब्ध कराया गया है। इसकी सहायता से किसान आसानी से अपने खेतों में फसलों पर कीटनाशकों का छिड़काव कर सकता है। इसके अतिरिक्त इनका उपयोग पर्यावरण की सफाई के लिए भी किया जा सकता है।

चित्र 15.7: ट्रैक्टर चालित छिड़काव यंत्र

5. **हार्वेस्टर**

कम्बाइन हार्वेस्टर का उपयोग खेती की प्रक्रियाओं जैसे कि कटाई, थ्रेसिंग और ओसाई के लिए किया जाता है। कम्बाइन हार्वेस्टर सबसे अच्छी मशीन है। जिसका उपयोग सभी प्रकार की फसलों जैसे जौ, गेहूँ, राई, जई, मक्का और बहुत कुछ करने के लिए किया जाता है। अच्छे कम्बाइन हार्वेस्टर की कीमत 24.5 लाख से 28 लाख रुपये से प्रारम्भ होती है। राजधानी दिल्ली, हरियाणा, पंजाब समेत कई राज्यों में पराली एक बड़ी समस्या है, यह वातारण को दूषित कर देती है। इससे राज्यों के किसानों और आम आदमी को काफी परेशानी आती है, ये मशीन पराली से बनाएगी बायोचार, राज्यों को प्रदूषण से छुटकारा दिलाएगी।

5.1 जूर्न कम्बाईनः यह यंत्र बहुद्देशीय अनुसंधान कार्यों के लिए अत्यधिक उपयुक्त है। इसके द्वारा प्रयोगात्मक प्रक्षेत्र में विभिन्न फसलों की कटाई, गहाई एवं सफाई आदि का कार्य आसानी से किया जा सकता है। इस यंत्र में हैडर इकाई, गहाई, छंटाई व सफाई, शक्ति वाहन एवं नियंत्रण इकाई आदि मुख्य भाग है। इस यंत्र द्वारा छोटे–छोटे प्लाटों की कटाई की जा सकती है तथा अलग किस्म के बीज मिश्रित हुए अलग–अलग प्राप्त किये जा सकते है। इस मशीन से 1.2 से 2 मीटर की चौड़ाई तक फसल काट सकते हैं। इस यंत्र में दानों की टूट तथा हानि लगभग न के बराबर है। इस यंत्र के उपयोग से परीक्षण प्लाटों की कटाई, गहाई तथा सफाई कम खर्च एव समय में की जा सकती है। यह अनुसंधान कार्यो में उपयुक्त सिद्ध यंत्र है।

चित्र 15.8: जूर्न कम्बाईन हार्वेस्टर

5.2 स्वचालित कम्बाईन हार्वेस्टरः कम्बाईन हारवेस्टर एक ऐसी मशीन है जिसमें एक साथ कटाई/गहाई तथा बोरे में अनाज भरने तक का कार्य एक साथ कर सकते है। इस मशीन के निमार्ण का उद्देश्य यह है कि कटाई, गहाई, भंडारण जैसे तीन महत्वपूर्ण कार्य समय से हो जाये जोकि पूर्वकाल में अलग–अलग किये जाते थे। जिससे किसान को अधिक समय तक जोखिम उठाना पड़ता था। कम्बाईन हार्वेस्टर द्वारा गेहूँ, धान, सरसों, तिलहन, सोयाबीन, चना, आदि की कटाई तथा गहाई एक साथ कर सकते हैं। कम्बाईन से 2.7– 5 मी. की चौडाई तक फसल काट सकते हैं। इस यंत्र में 50 से 60 एच.पी. इंजन, कटर बार, गहाई इकाई, सफाई इकाई, ग्रेन टैंक आदि, मुख्य भाग है। इस यंत्र से बहुत कम नुकसान होता है, साथ ही गिरी हुई फसल की भी कटाई की जा सकती है। इस मशीन द्वारा कटाई, गहाई तथा सफाई तीनों कार्य एक साथ कर सकते हैं। इससे समय की बचत तो होती ही है, साथ ही किसानों को फसल उत्पादों के बाजार में समय से पहुँचने पर फसल उत्पादों की अच्छी कीमत मिल

जाती है। इस मशीन से दानों की ठूंठ तथा हानि कम से कम होती है। इस मशीन की कार्य क्षमता 3.7 से 5 हेक्टेयर प्रति घन्टा है। ट्रैक्टर चालित कम्बाईन 55 से 65 अश्व–शक्ति वाले ट्रैक्टरों से चलाई जाती है। इस कम्बाईन से ईंधन की खपत 7 से 12 ली. प्रति घन्टा है। इसके प्रयोग से किसानों को फसलों से भूसा प्राप्त नहीं होता है। इस मशीन से श्रमिकों की कमी तथा समय की बचत संभव है। नमी वाले खेतों में अच्छा कार्य करता है। कम्बाईन को 2.8 कि.मी. प्रति घंटा की गति से चलाया जाता है तथा यह फसल को लगभग 30 सें.मी. ऊँचाई से काटती है। इसमें ईधन की खपत 7 से 12 लीटर प्रति घंटा होती है। स्वःचालित कम्बाईन की कीमत 7 से 10 लाख रू. तक होती है।

चित्र 15.9: स्वःचालित कम्बाईन हार्वेस्टर

6. कल्टीवेटर

कल्टीवेटर सबसे आवश्यक कृषि मशीनों में से एक है, जिसका उपयोग जुताई गतिविधियों के लिए किया जाता है। यह सबसे पुरानी खेती की मशीन है, जिसका उपयोग कई वर्षों से किया जा रहा है। 9 टाइन वाले कल्टीवेटर की कीमत बहुत सस्ते है, हर कल्टीवेटर की कीमत 19,000 से 80,000 रुपये से प्रारम्भ होती है।

7. सीड ड्रिलर

रोटो सीड ड्रिल खेती के लिए लोकप्रिय मशीनों में से एक है। इसका उपयोग लगभग पूरे भारत में गेहूँ, जौ, घास के बीज बोने के उद्देश्य से किया जाता है। इसमें बीजों का कम क्षति के साथ बीज की किस्मों को बदलने का एक आसान ऑपरेटिंग सिस्टम होता है। इसकी कीमत 1.20 लाख से 1.37 लाख रुपये से प्रारम्भ होती है। यह किसानों के लिए सबसे अच्छा कृषि उपकरण है।

8. उर्वरक बुरकाव यंत्र (स्प्रेडर)

चित्र 15.10: उर्वरक बुरकाव यंत्र

खाद स्प्रेडर एक मशीन है, जिसका उपयोग कृषि उद्देश्यों के लिए किया जाता है। कृषि प्रयोजनों में इसका मुख्य काम उर्वरक को खेत में सामान रूप से फैलाना है। यह सस्ती कीमत पर उपलब्ध है ताकि हर किसान इसे आसानी से खरीद सके। इस ट्रैक्टर चालित यंत्र का प्रयोग दानेदार उर्वरकों जैसे यूरिया एवं डी.ए.पी. आदि को खेत में खड़ी फसल जैसे गेहूँ में छिड़काव के लिए किया जाता है। इस यंत्र को ट्रैक्टर के पीछे लगा कर तथा पी.टी.ओ. द्वारा संचालित किया जाता है। इस यंत्र के ब्रॉडकास्टर में एक हॉपर तथा एक घुमने वाली डिस्क लगी होती है। हॉपर में से उर्वरक को तीव्र गति से घूमने वाली डिस्क पर गिरने दिया जाता है जिसका डिस्क की अपकेन्द्री शक्ति द्वारा चारों तरफ एक समान छिड़काव होता है। इस यंत्र के संचालन के लिए 35 हार्सपावर के एक ट्रैक्टर की आवश्यकता होती है तथा कार्य क्षेत्र क्षमता 2.50 हेक्टेयर प्रति घंटा है।

9. ट्रॉली पम्प

ट्रॉली पम्प उन किसानों के लिए अधिक उपयोगी है, जिनके पास खेती के लिए काफी भूमि है। इसमें कम समय में कीटाणुनाशक का छिड़काव किया जा सकता है। इससे किसानों के श्रम और समय की बचत होगी और उपज में भी वृद्धि होगी। इसके बेहतरीन विशेषताओं के कारण इसकी कीमत से कोई समझौता नहीं करेगा। यह एक बहुत ही किफायती मूल्य सीमा पर आता है जो 19,000–60,000 रुपये से शुरु होता है।

10. विन्टर्सट्रागर

यह एक स्वचालित विदेशी मशीन है जिसका भारतीय कृषि अनुसंधान संस्थान में लाना का मुख्य उद्देश्य है कि प्रजनक बीज बहुत कम होता है तथा जिसको प्रयोगात्मक क्षेत्र में सटीक बोने के लिए अन्य कोई बुवाई

यंत्र नही है। इस यंत्र में पंक्तियों एवं गहराई को नियंत्रित व समायोजित करने की व्यवस्था होती है। इस यंत्र का सबसे बड़ा लाभ यह है कि महंगे बीज की बचत होती है तथा अंकुरण प्रतिशत बढ़ता है। यह यंत्र 5 से 20 मी. लम्बाई वाले छोटे प्लाटों में बीज की बुवाई हेतु उपयुक्त है तथा इसमें भरण इकाई, मीटरिंग, फाल इकाई, इंचन, शक्ति वाहक व नियंत्रण इत्यादि मुख्य भाग होते हैं। इस यंत्र में बीज बक्सों के स्थान पर एक फनेल लगाया गया है जिसमें बुवाई के समय बीज डाला जाता है। इस यंत्र को चलाने के लिए 7 एच.पी. डीजल इंजन लगाया गया है तथा इसे चलाने व खेत में बुवाई हेतु दो व्यक्तियों की आवश्यकता होती है। एक व्यक्ति यंत्र को चलाता है तथा दूसरा फनेल में बीज डालता रहता है। इसमें पंक्तियों से पंक्तियों की दूरी 20 से 30 सें.मी. तक समायोजित की जा सकती है।

चित्र 15.11: विंटर स्ट्राइगर

11. **स्वचालित पैडी ट्रांसप्लान्टर:** भारत में उगाई जाने वाली खाद्यान्न फसलों में धान का प्रथम स्थान है, जिसे उगाने के लिए अधिक श्रम, समय एवं खर्च करना पड़ता है, विशेषकर मानव द्वारा धान रोपाई में अधिक श्रम लगता है जिसे कम करने के लिए स्वचालित धान रोपाई यंत्र विकसित किया गया है। यह धान की पौध रोपाई हेतु श्रमिकों का अभाव तथा समय पर उपलब्धता नहीं होने पर अच्छा यंत्र है जिसके द्वारा कम समय में अधिक पौध की रोपाई पंक्तियों में सटीक हो जाती है। इस यंत्र में इंजन, रनिंग गियर और रोपाई डिवाई आदि मुख्य भाग होते हैं तथा पौध की ट्रे को दाएं घूमाने का मैकेनिज्म एवं धान रोपाई हेतु फोर्क का प्रबंध होता है। पौध रखने की ट्रे एक शेड की छत की तरह होती है जिसमें मेट टाईप नर्सरी को रखा जाता है। खेत में रोपाई करते समय पौध, इस यंत्र के पौध ट्रे में लगा दी जाती है। खेत में रोपाई के समय पौध ट्रे एक टाईपराईटर की तरह इधर उधर खिसकती है तथा पिकिंग फोर्क इन ट्रे में से एक–एक करके

धान की पौध को उठा कर भूमि में लगाता रहता है। इस यंत्र द्वारा दो या दो से कम आदमी मिलकर धान की पड़ल जमीन में कर सकते हैं तथा इसका कार्य क्षमता 0.2 हेक्टेयर प्रति घंटा है। इस यंत्र को चलाने के लिए 3.5 से 5 हार्सपावर गैसोलीन इंजन की आवश्यकता होती है तथा इससे 60 प्रतिशत श्रम एवं 40 प्रतिशत धान रोपाई के खर्च में कमी आती है।

चित्र 15.12: स्वचालित पैडी ट्रांसप्लान्टर

12. ट्रैक्टर चालित वायवीय बुवाई यंत्र (न्यूमैटिक प्लान्टर)

बुवाई के प्रारम्भिक तरीकों जैसे हल के पीछे हाथ से बुवाई करना, या बैल व ट्रैक्टर चालित यंत्र से बुवाई करने से बीज अनियमित तरीके से गिरते हैं। अत्यधिक महंगे बीजों की बुवाई करने के लिए माड़्यूलर (Modular) प्लान्टर के विकास की आवश्यकता थी। कृषि वैज्ञानिकों को एक ऐसे यंत्र की आवश्यकता थी जो कि प्रयोगात्मक प्रक्षेत्र में पौधे से पौधे एवं कतार से कतार की सुनियोजित दूरी पर बीज की बुवाई कर सके। वायवीय बुवाई यंत्र की परिकल्पना इन्हीं परिस्थितियों में बुवाई करने के लिए की गयी है। इस प्लान्टर का विकास इस प्रकार किया गया है कि यह मशीन सही मात्रा में तथा आवश्यक दूरी पर बीज गिराये। इस मशीन में बुवाई करने पर दो कतारों के बीच अलग–अलग प्रकार के बीज (वैराइटी) आपस में मिश्रित नहीं होते हैं। इस मशीन द्वारा एक–एक बीज को जमीन में सही जगह पर गिराने के कारण महंगे बीज की बचत होती है। फसल में विरलीकरण (थिनिंग) करने की समस्या कम हो जाती है। प्रत्येक पौधे को सही मात्रा में प्रकाश, पानी एवं पोषक तत्व मिलने से फसल की पैदावार बढ़ जाती है। इस यंत्र को 03 पंक्तियों में बुवाई के लिए विकसित किया गया है। इस मशीन से भिंडी, पत्ता गोभी, फूलगोभी, पालक, मेथी, सरसों तथा मूली आदि सब्जी के

फसलों की बुवाई की जा सकती है। इस यंत्र में एक मुख्य ढ़ांचा (70 × 70 × 5 मि.मी.) हॉपर, मापक पहिया, चूषक/एस्पीरेटर ब्लोअर, कूंड खोदने वाले भाग, बीज का प्लेट (सीड प्लेट) (280 मि.मी. व्यास एवं 425 मि.मी. मोटी) आदि मुख्य भाग होते हैं।

यह यंत्र खिंचाव–दाब के सिद्धान्त पर कार्य करता है। इस यंत्र में मापक कक्ष में खिंचाव–दाब उत्पन्न करने के लिए एस्पीरेटर का प्रयोग किया जाता है। मापक प्लेट में बने छेद पर इस दाब के कारण बीज चिपक जाता है। ये बीज छिद्र के साथ तब तक चिपके रहते हैं जब तक कि वे उस जगह तक नहीं पहुँचते, जहाँ पर यह दाब समाप्त नहीं हो जाता है। जैसे ही खिंचाव का दाब वायुमण्डलीय दाब के बराबर आ जाता है वैसे ही बीज गुरुत्वाकर्षण के कारण नीचे गिर जाते हैं। बीज का गिरना, पूर्वनिर्धारित पौध से पौध की दूरी पर होता है। चूंकि बीज वायुदाब से उपर उठते हैं, इसलिए इसमें किसी प्रकार का मशीनी टूट–फूट नहीं होती है। ट्रैक्टर की इंजन की गति व एस्पीरेटर/ब्लोअर की गति इस अनुपात में रखी जाती है कि कहीं–कहीं बीज का न गिरना (मिसिंग हिल) तथा एक जगह एक से ज्यादा बीज गिरना (मल्टीपल हिल) कम से कम हों। प्रत्येक फसल के लिए यह दाब गति अलग–अलग होती है।

चित्र 15.13: न्यूमैटिक प्लान्टर

सावधानियां: इस यंत्र का खेत में चलाने से पूर्व विभिन्न प्रकार के बीजों के लिये ब्लोअर की गति समायोजित करना आवश्यक है तथा बीज के आकार के अनुसार सही छिद्र वाली सीड मीट्रिंग डिस्क का चयन करना भी अति महत्वपूर्ण है। प्लान्टर जब जमीन पर हो उस समय ट्रैक्टर को रिर्वस डारेक्षन में नहीं चलाये अन्यथा बीज गिराने वाली इकाई में मिट्टी जाने का घतरा बना रहता है।

स्मार्ट खेती हेतु कस्टम हायरिंग मॉडल

स्मार्ट कृषि में कृषि यांत्रिकीकरण एक महत्वपूर्ण घटक है। किसानों की मांग एवं आवश्यकता को देखते हुए विभिन्न कृषि योजनाओं में कृषि यांत्रिकीकरण को शामिल किया गया है। कस्टम हायरिंग मॉडल भी कृषि यांत्रिकीकरण की योजना है जिसके अंतर्गत छोटे एवं सीमांत किसानों के लिए कृषि उपकरणों को कस्टम हायरिंग केन्दों के द्वारा किराये पर उपलब्ध कराया जाता है। जो कृषि यंत्र एवं मशीनरी पर उप मिशन की ओर से एक ऐसी पहल है जिसमें छोटे व सीमांत जोत वाले किसान कृषि यत्रों की सेवाओं को किराये पर लेकर उपयोग कर सकते हैं तथा समय एवं श्रम की बचत करके फसल उत्पादन के क्षेत्र में बेहतर परिणाम प्राप्त कर सकते हैं। इन केन्द्रों को स्थापित करने के लिए कृषि स्नातकों को सरकार की ओर से सब्सिडी (अनुदान राशि) भी दी जा रही है।

कस्टम हायरिंग के लाभ

1. कठिन परिश्रम कम करता है।
2. तीव्र गति से उत्पादन बढ़ाता है।
3. कटाई के बाद विपणन लागत में कमी आती है।
4. कृषि उद्यमियों को प्रोत्साहन मिलता है।

कस्टम हायरिंग केन्द्र का स्थानः इन केन्द्रों की स्थापना के लिए यह आवश्यक है कि ये गांवों और एक आम स्थान के 5 से 7 किलोमीटर दूरी पर स्थित होने चाहिएं ताकि स्थानीय किसानों को लाभ मिल सके। इन केन्द्रों से परिवहन लागत और समय की बचत होगी।

चित्र 15.14: कस्टम हायरिंग केन्द्रों पर कृषि यंत्रों की उपलब्धता

कस्टम हायरिंग केन्द्र इकाई

कस्टम हायरिंग केन्द्र मूल रूप से कृषि मशीनरी, यंत्र एवं उपकरणों की सम्मिलित इकाई है। इन इकाइयों में विशेष रूप से ट्रैक्टर, पावर टिलर, लेजर लैंड लेवलर, जुताई, बुवाई, हार्वेस्टर एवं स्वचालित मशीनरी का उपयोग किया जाता है।

कस्टम हायरिंग केन्द्रों की स्थापना

आज भारतीय कृषि मानव शक्ति पर निर्भरता से एक श्रमिक बदलाव के दौर से गुजर रही है और मानव श्रम की बढ़ती कमी और पशु शक्ति रखरखाव के लिए बढ़ती लागत के कारण यांत्रिक शक्ति की ओर बढ़ रही है। इसके अलावा यांत्रिक शक्ति का असर खेती पर पड़ता है। आज फसलोत्पादन में कठिन परिश्रम को कम करने और कृषि कार्यों को समय पर करने के लिए कृषि में मशीनीकरण की आवश्यकता है। भारत में यांत्रिक शक्ति उच्चतम पंजाब में 3.5 किलोवाट/हेक्टेयर है जबकि बिहार, उड़ीसा एवं झारखंड आदि में 1 किलोवाट/हेक्टेयर उपयोग हो रहा है। छोटे व सीमांत जोत वाले 80 प्रतिशत किसान आर्थिक स्थिति कमजोर होने के कारण खेती में मशीनीकरण उपयोग करने में असमर्थ हैं। अपने दम पर या संस्थागत ऋण के माध्यम से छोटे एवं सीमांत किसानों को लाभ पहुँचाने एवं कृषि मशीनीकरण को बढ़ावा देने के उद्देश्य से विभिन्न स्थानों पर कस्टम हायरिंग केन्द्रों की स्थापना की गयी है। इन केन्द्रों की स्थापना के लिये बैंक भी वित्त उपलब्ध करा रहे हैं।

कस्टम हायरिंग केन्द्रों के लिए संभावनाएं

हमारे देश में छोटे एवं सीमांत जोत वाले किसानों के लिए खेत, बिजली एवं कृषि मशीनरी की उपलब्धता बहुत कम है। 80 प्रतिशत छोटे/सीमांत जोत वाले किसानों को कस्टम हायरिंग केन्द्र कृषि मशीनों की आवश्यकता को पूरा करेंगे।

कस्टम हायरिंग केन्द्रों के लाभ

1. छोटे और सीमांत किसानों के लिए ये केन्द्र महंगे कृषि मशीनरी पहुँच प्रदान करते हैं।
2. आदानों की कृषि कार्यों में समय बाध्यता और कुशल उपयोग की सुविधा है।
3. किसानों द्वारा जलवायु अनुरूप विधियों और प्रौद्योगिकियों को बढ़ावा देता है।

4. कठिन परिश्रम को कम कर देता है।
5. फसल अवशेषों की पुनःचक्रीय की सुविधा और अवशेष के जलने से रोकता है।
6. खेती की लागत में कमी आती है।
7. कुशल श्रम और छोटे कारीगरों को काम करने के अवसर प्रदान करता है।

कस्टम हायरिंग केन्द्र के उद्देश्य

1. छोटे एवं सीमांत किसानों के लिए विभिन्न कृषि यंत्र एवं मशीनों का निर्माण करना।
2. तीव्र गति से खेती में मशीनीकरण अपनाने के लिए।
3. छोटे एवं सीमांत किसानों को किराये पर विभिन्न कृषि यंत्र एवं मशीनें उपलब्ध कराना।
4. छोटे एवं सीमांत जोत में फसल सीजन में यंत्रीकरण गतिविधियों का विस्तार करना।
5. फसल विशेष के लिए विभिन्न उच्च मूल्य की मशीनों की सेवाएं प्रदान करना।

कस्टम हायरिंग के लिए फार्म मशीनरी बैंक की स्थापना – यह उचित स्थानों एवं फसलों के लिये कस्टम हायरिंग हेतु फार्म मशीनरी बैंकों की स्थापना के लिए उपयुक्त वित्तीय सहायता प्रदान करती है।

सारणी 15.1: कस्टम हायरिंग केन्द्रों के लिये परियोजना लागत

क्र.सं.	मद	अधिकतम अनुमेय परियोजना लागत	सहायता का स्वरूप (प्रतिशत)
1.	10 लाख रु. तक के कस्टम हायरिंग केन्द्र की स्थापना हेतु वित्तीय सहायता	परियोजना पर आधारित 4 लाख रू.	40
2.	25 लाख रु. तक के कस्टम हायरिंग केन्द्र की स्थापना हेतु वित्तीय सहायता	परियोजना पर आधारित 10 लाख रू.	40

3.	40 लाख रु. तक के कस्टम हायरिंग केन्द्र की स्थापना हेतु वित्तीय सहायता	परियोजना पर आधारित 16 लाख रू.	40
4.	60 लाख रु. तक के कस्टम हायरिंग केन्द्र की स्थापना हेतु वित्तीय सहायता	परियोजना पर आधारित 24 लाख रू.	40

कस्टम हायरिंग के लिए हाई–टेक, उच्च उत्पादक उपकरण हब की स्थापना – यह गन्ना, कपास, आदि और उच्च मूल्य फसलों के लिए हाई–टेक मशीन हबों की स्थापना के लिए उपयुक्त वित्तीय सहायता प्रदान करती है।

सारणी 15.2: सरकारी परियोजना राशि

क्र.सं.	मद	अधिकतम अनुदेय परियोजना लागत	सहायता का स्वरूप (प्रतिशत)
1.	100 लाख रु. तक के कस्टम हायरिंग केन्द्र की स्थापना हेतु वित्तीय सहायता	परियोजना पर आधारित 40 लाख रू.	40
2.	150 लाख रु. तक के कस्टम हायरिंग केन्द्र की स्थापना हेतु वित्तीय सहायता	परियोजना पर आधारित 60 लाख रू.	40
3.	200 लाख रु. तक के कस्टम हायरिंग केन्द्र की स्थापना हेतु वित्तीय सहायता	परियोजना पर आधारित 80 लाख रू.	40
4.	250 लाख रु. तक के कस्टम हायरिंग केन्द्र की स्थापना हेतु वित्तीय सहायता	परियोजना पर आधारित 100 लाख रू.	40

सारणी 2: कम यंत्रीकृत क्षेत्रों में कस्टम हायरिंग केंद्रों से लाभार्थी मशीनरी/उपकरणों के लिए प्रति हेक्टेयर कृषि एवं किसान कल्याण मंत्रालय वित्तीय सहायता उपलब्ध कराता है।

मद	अधिकतम अनुदेय परियोजना लागत	सहायता का स्वरुप	कार्य के मानक
(क) चयनित गां. वों में स्थापित फार्म मशीनरी बैंक के किसान सदस्यों को हायरिंग प्रभार	अधिकतम प्रति 1.00 हेक्टेयर क्षेत्र तक निम्नलिखित मानकों के अनुसार ट्रैक्टर/पावर चा. लित परिचालन रू. 2000/ प्रति है. प्रति किसान प्रति वर्ष। बैल चालित यंत्रीकृत परिच. ालन रू. 1000 प्रति है. प्रति किसान प्रति वर्ष, मानक परिचालन रू. 750 प्रति हेक्टेयर प्रति किसान प्रति वर्ष	परिचालन लागत का 50 प्रतिशत	प्रदर्शन के लिए अन्य मिशनों द्वारा अभिज्ञात किए गए ग्राम जिनमें अनाजों, दालों एवं तिलहनों का उत्पादन बहुत कम है। स्थापित फार्म मशीनरी बैंकों के किसान सदस्यों को एकमुस्त हायरिंग सहायता।
(ख) कस्टम	न्यूनतम 120 हेक्टेयर/ सीजन/कस्टम हायरिंग केन्द्र	रू. 4000 प्रति हेक्टेयर	स्थापित कस्टम हायरिंग केन्द्र को प्रदर्शन खर्च, ये प्रदर्शन 120 हेक्टेयर प्रति गांव तक सी. मित।

कस्टम हायरिंग केन्द्रों का प्रभाव

कस्टम हायरिंग केन्द्रों द्वारा गांवों में जलवायु के अनुरूप कृषि मशीनरी के माध्यम से नई फसलों के साथ–साथ नई प्रौद्योगिकियों को भी अपनाने से प्रति इकाई उत्पादकता में वृद्धि होती है।

स्मार्ट कृषि में यांत्रिकीकरण हेतु महत्वपूर्ण सुझाव

- जमीन में जैविक तत्वों की मात्रा बढ़ाने एवं फसल अपशिष्ट सम्मिलित करने के लिए किसानों को प्रोत्साहित किया जाए तथा इस कार्य हेतु पशु व ट्रैक्टर चालित उपकरणों को विकसित कर उपलब्ध कराएं जाएं।
- समय–समय पर मिट्टी पलटने हेतु कस्टम हायरिंग केन्द्रों द्वारा मिट्टी पलट यंत्र उपलब्ध कराएं जाएं।
- उठी हुई क्यारियां बनाने, सटीक रूप से समतल बनाने वाले उपकरण तथा

जल उपयोग दक्षता सुधारने हेतु कस्टम हायरिंग केन्द्रों द्वारा उपलब्ध कराएं जाएं।

- ऊर्जा बचाने हेतु संरक्षण जुताई (लेजर लैण्ड लेवलर, जीरो टिल ड्रिल व रेज्ड बेड प्लान्टर) की मशीन, हैपी सीडर, कम्बाइन एवं थ्रेशर आदि को प्रदर्शित एवं प्रोत्साहित किया जाए।
- सिंचाई जैसे ड्रिप एवं स्प्रिंकलर प्रणाली को प्रोत्साहित किया जाए ताकि ऊर्जा की बचत हो सके और जल का अनुचित उपयोग रोका जा सकें।
- पिछड़ी खेती वाले क्षेत्रों में पशु एवं हस्त चालित उन्नत कृषि यंत्रों को लोकप्रिय बनाने की योजना आरम्भ की जानी चाहिए।
- कृषि यांत्रिकीकरण के विकास में तेजी लाने के लिए विभिन्न प्रकार की कृषि मशीनरी पर विशेष प्रोत्साहन एवं उच्च सब्सिड़ी देनी चाहिए।
- जब तक कि बदलाव कि स्थिति गति पकड़े, तब तक अदक्ष यंत्रों के स्थान पर उन्नत यंत्रों का उपयोग करने के लिए वित्तिय प्रोत्साहन दिए जाने चाहिए।

16

स्मार्ट कृषि में स्मार्ट डेरी तकनीक

चित्र 16.1: मशीन द्वारा किसान दूग्ध दोहन

पशुधन भारतीय अर्थव्यवस्था एवं सामाजिक – आर्थिक विकास में एक महत्वपूर्ण भूमिका निभाता है। पशुधन क्षेत्र डेरी, मछलीपालन, ऊन, मांस, पोल्ट्री और अन्य उत्पादों के उत्पादन, मूल्य वर्धन और निर्यात के ढंग में अच्छा प्रदर्शन कर रहा है। पोषण सम्बन्धी सुरक्षा के अतिरिक्त पशुधन क्षेत्र भूमिहीनों, सीमांत और छोटे किसानों के लिए वर्षभर के रोजगार एवं आय का स्रोत है। पशुधन क्षेत्र न केवल दूध, अंडे, मांस आदि के माध्यम से आवश्यक प्रोटीन और पौष्टिक मानव आहार प्रदान करता है, बल्कि गैर–खाद्य कृषि उप–उत्पादों के उपयोग में भी महत्वपूर्ण भूमिका निभाता है पशुधन कच्चे माल और उप–उत्पादों जैसे; खाद, खाल, त्वचा, रक्त, हड्डी, वसा आदि भी प्रदान करता है। पिछले अनेक वर्षों से भारत विश्व का अग्रणी दुग्ध उत्पादक देश है। खाद्य एवं कृषि संगठन कॉर्पोरेट सांख्यिकीय डेटाबेस के अनुसार भारत का कुल दूध उत्पादन वर्ष 2020–21 के दौरान 194.8 मिलियन टन रहा, जो वैश्विक उत्पादन का 21.1 प्रतिशत है। भारत वर्तमान में सबसे बड़ा दुग्ध उत्पादक देश बन चुका है। विश्व के दुग्ध उत्पादन में भारत की हिस्सेदारी 23 प्रतिशत तक पहुँच चुकी है। पिछले एक दशक के दौरान दुग्ध का उत्पादन 12.1 करोड़ टन से बढ़कर 21 करोड़ टन पहुँच गया है। उत्पादन को इस तीव्र उछाल से जहाँ कृषि क्षेत्र की विकास दर को तेजी मिली है।

वर्तमान में दूध और सम्बन्धित उत्पादों की मांग और कीमतें दोनों तेजी से बढ़ रही हैं, हमें चाहिए कि डेरी को अधिक से अधिक स्मार्ट बनाया जायें। डेरी को स्मार्ट बनाने के लिए जो तकनीकें उपलब्ध हैं, उनकी जानकारी अत्यंत आवश्यक है।

भारतीय डेरी अर्थव्यवस्था अदक्षता से प्रभावित है। दशा यह है कि बेरोजगारी के होते हुए भी युवा वर्ग डेरी को सम्पूर्ण व्यवसाय के रूप में नहीं अपना पा रहा हैं। शिक्षित वर्ग आधुनिक तकनीक से अवगत है और अपने विभिन्न कार्यों में इसका संचालन करता है, चाहे वह संगणक हो, स्मार्टफोन हो या अन्य कोई सूचना तकनीक का माध्यम हो। अतः पशुधन को एक लाभकारी व्यवसाय बनाये रखने के लिए यह नितांत आवश्यक है कि पशुधन व्यवसाय को स्मार्ट डेरी के रूप में अपनाया जायें। स्मार्ट डेरी का मुख्य उद्देश्य समूह में हर पशु की गतिविधि पर निगरानी रखना है, जैसे पशु का कितनी देर बैठना, कितने घंटे सोना, कितने घंटे खाना, कितनी देर भ्रमण और दिनचर्या की प्रत्येक उन परिस्थितियों पर निगरानी रखना है जिसे पशु महसूस करता हो। इसके साथ ही दुधारू पशुओं का अपने नियत समय पर दुहना इत्यादि के बारे में संगणक में सॉफ्ट अभिलेखों का रखरखाव और उन्नत आदि कार्य आते हैं। यदि कोई पशु बीमार है, तो शीघ्र ही उसकी पहचान होती है और उसका समय पर उपचार संभव हो पाता है। इन स्थितियों में आप सोच सकते हैं कि पशु की दशा कितनी उत्तम बनाई जा सकती है। वह केवल दूध मशीन की तरह उपयोग में न लाया जाए बल्कि उसे अपने जीवित प्राणी होने के अधिकार प्राप्त हो सकें।

स्मार्ट डेरी के घटक

डेरी, स्मार्ट पशु, पहचान और स्मार्ट डेरी प्रबंधन पर आधारित है। इसके मुख्य घटक निम्नलिखित हैः

1. **पशुओं की पहचान हेतु टैग (ट्रांसपोंडर)ः** पशुओं हेतु प्रयोग में आने वाला टैग इलैक्ट्रॉनिक आइडेंटिफिकेशन प्रणाली पर आधारित होता है। यह विभिन्न प्रकार के हो सकते हैं। उदाहरण के तौर पर कान का टैग, गले में डालने योग्य पट्टा, त्वचा के नीचे लगने योग्य स्किन इम्प्लांट, रूमन बोलस आदि। इन टैग में ताम्बे की बनी इलेक्ट्रॉनिक सर्किट होती है, जिसमें पशुओं की पहचान हेतु डिजिटल कोडिंग की जाती है। इन टैग्स की सहायता से पशुओं की समूह में एक पहचान मिलती है और प्रत्येक पशु पर बिना सम्पर्क में आये नजर रखी जा सकती है।

2. **अभिलेखनः** एक सफल डेरी किसान बनने के लिए डेरी फार्म के अभिलेखन को बनाए रखना आवश्यक है। दुनियाभर के विशेषज्ञों ने भी पशु उत्पादकता बढ़ाने के लिए मुख्य रूप से पशुओं की कार्य क्षमता आंकड़ों के अभिलेखन

पर बल दिया है। यह बताया गया है कि जिन देशों ने योजनाबद्ध ढंग से कार्य क्षमता आंकड़ों का अभिलेखन किया गया, उन्होंने 25 वर्षों में पशुओं की उत्पादकता को सफलतापूर्वक दोगुना कर दिया। एक डेरी किसान के रूप में यह महत्वपूर्ण है कि वह एक अच्छा प्रदर्शन करने वाली गाय को बनाए रखे और निर्बल प्रदर्शन करने वाली गाय को निकाल दें। यह तभी संभव है जब गायों का अभिलेखन उपलब्ध हो। उत्तम झुंड को विकसित करने के लिए अधिक उत्पादन क्षमता वाले पशुओं के चयन में ठोस निर्णय लेने हेतु वंशावली 'उत्पादन' प्रजनन स्वास्थ्य आदि का रिकार्ड रखना आवश्यक है। उचित रिकॉर्ड के बिना आप यह नहीं जान पाएंगे कि आपकी डेरी लाभ या हानि में चल रही है। अच्छा रिकॉर्ड रखने की शुरुआत डेरी में अलग–अलग पशुओं को विशिष्ट पहचान संख्या के आबंटन से होती है। सरकारी निकाय पशुओं के बीमा के लिए, पशुओं की खरीद पर सब्सिडी, अन्य सरकारी योजनाओं से लाभ प्राप्त करना आदि के लिए अब डेटा की व्यवस्थित रिकॉर्डिंग अनिवार्य कर रहे हैं। डेरी सम्बन्धी आंकड़ों को व्यक्तिगत रूप से भौतिक रजिस्टों के साथ–साथ कम्प्यूटरीकृत प्रणाली के माध्यम से रिकार्ड किया जा सकता है। डेटा रिकॉर्डिंग की विधि का चुनाव डेरी पशुओं की संख्या, डेटा के अपेक्षित उपयोग डेरी फार्म के प्रकार और किसान की रूचि पर निर्भर करता है। सुगम विश्लेषण के अतिक्ति, डेटा की कम्प्यूटीकरण रिकॉडिंग के अन्य लाभ भी है, जैसे रिपोर्ट और ग्राफ तैयार करना, प्रवृत्ति विश्लेषण, लागतःलाभ विश्लेषण, संतुलित पशु आहार तैयार करना आदि। पिछले कुछ वर्षों में क्लाउड कम्प्यूटिंग एक महत्वपूर्ण तकनीक के रूप में उभरी है। इस तकनीक के आधार पर डेरी खेती सहित लगभग सभी क्षेत्रों में कई सॉफ्टवेयर विकसित किए गए हैं। क्लाउड कम्प्यूटिंग तकनीक छोटे किसानों के लिए एक वरदान है, जो व्यक्तिगत कम्प्यूटिंग आधारभूत ढांचे को बनाए रखने की उच्च लागत वहन नही कर सकती है। क्लाउड पर सर्वर को स्मार्ट फोन के माध्यम से आसानी से पहुँच सकते हैं, जो अब देश के गांवों और दूरस्थ के क्षेत्रों में उपलब्ध है।

डेरी सॉफ्टवेयरों की महत्वपूर्ण विशेषताएं

1. पशुओं की पहचान के लिए रेडियों फ्रीक्वेंसी आइडेंटिफिकेशन इंटरफेस

2. पशुओं की विभिन्न श्रेणियों के आजीवन पशु रिकॉर्डः मास्टर प्रविष्टियां, उत्पादन जीवनकाल के स्वास्थ्य रिकॉर्ड, निकाले गए, बेचे गए या मरे हुए पशु आदि।
3. सुचारू फार्म/सेवा प्रबंधन के लिए दैनिक कार्य सूचियां तैयार करता है।
4. पशुओं की आहार आवश्यकता विश्लेषण।
5. पशुओं के झंड प्रदर्शन विश्लेषण।
6. एआई–प्रजनन सेवाएं।
7. दूध उत्पादन अभिलेखन और विश्लेषण।
8. टीकाकरण उपचार पर आंकड़ों का अभिलेखन और विश्लेषण आदि।
9. टेली–पशु चिकित्सा सेवाएं।
10. एसएमएस/अधिसूनाएं सेवाएं।
11. डैशबोर्ड–सर्विस ट्रैकिंग शारीरिक स्थिति स्कोरिंग
12. सेवा शुल्क की ऑनलाइन कटौती।
13. आंकडें अभिलेखन, विश्लेषण और सुझाव के लिए मोबाइल अनुप्रयोग इंटरफेस।

3. पशु उत्पादकता एवं स्वास्थ्य के लिए सूचना नेटवर्क

राष्ट्रीय डेरी विकास बोर्ड ने पशु उत्पादकता और स्वास्थ्य के लिए एक सूचना नेटवर्क विकसित किया है, जो किसानों के द्वार पर प्रजनन, आहार और स्वास्थ्य सेवाओं पर विश्वसनीय आंकड़े अभिलेखन की सुविधा प्रदान करता है। इसी तरह कुछ दुध संघ अपने उत्पादक सदस्यों के पशुओं के अभिलेख बनाए रखते हैं और किसानों को प्रजनन और स्वास्थ्य के विभिन्न पहलुओं पर जानकारी और सेवाएं प्रदान करते हैं। उदाहरण के लिए दुध उत्पादक सदस्यों को गर्भावस्था परीक्षण की तारीख, टीकाकरण कार्यक्रम, स्वास्थ्य सम्बन्धी अन्य जानकारी के बारे में सूचित किया जाना आदि।

4. **स्मार्ट डेरी में निवेशः** सम्पूर्ण प्रणाली को लगाना एक बड़े निवेश के द्वारा ही संभव है। इसमें आने वाली कुल खर्च धनराशि फार्म आकार के अनुसार तय होती है। साथ ही लागत धनराशि इस बात पर भी निर्भर करती है कि हमें किस सीमा तक स्वचालित की आवश्यकता है। जैसे दूध निकालने के लिए मिल्किंग मशीन लगाने की आवश्यकता होती है, जो दूध निकालने

के साथ–साथ दूध की सुव्यवस्थित अभिलेखन और मिल्किंग सम्बन्धित पूर्वानुमान कर सके।

सारणी 16.1: भारत में प्रमुख स्मार्ट डेरी कम्पनियां

क्रमांक	डेरी कम्पनी का नाम	राज्य	ब्रांड का नाम
1.	आनंद मिल्क यूनियन लिमिटेड	गुजरात	अमूल
2.	एनडीडीबी	दिल्ली	मदर डेरी
3.	केएमएफ	कर्नाटक	नंदिनी
4.	क्वालिटी	–	डेरी बेस्ट
5.	तमिलनाडु को–ऑपरेटिव	तमिलनाडु	आविन
6.	केरल को–ऑपरेटिव	केरल	मिल्मा
7.	ओडिशा को–ऑपरेटिव	ओडिशा	ओमफेड
8.	दूध सागर	गुजरात	दूधसागर
9.	एपी डेरी	आंध्र प्रदेश	विजया
10.	डायनिमिक्स डेरी	महाराष्ट्र	डायनिमिक्स

स्मार्ट डेरी के लाभ

1. इस प्रणाली में गाय की निगरानी में सहायक है। प्रणाली अथवा स्मार्ट फोन द्वारा पशु का आईडी डालते ही पता चल जाता है कि पशु कहाँ है।
2. आंकडों से पता चल जाता है कि पशुओं के लिए पर्याप्त चारा उपलब्ध है या नहीं।
3. पशुओं में मिस्ड हीट से बचा जा सकता है।
4. समय से पहले पता चल जाता है कि पशु बीमार होने वाला है।
5. दूध की सही ढंग से अभिलेखन सम्भव हो पाता है।
6. पशु की उत्पादकता में वृद्धि होती है।

स्मार्ट डेरी के अंतर्गत पशुओं की सम्पूर्ण जानकरी सम्बन्धित आंकड़ों उपलब्ध हो पाते हैं, जिसमें पशुओं के चारे, पोषण, गर्भाधारण, ब्यात और दुग्ध उत्पदन की कार्य विधि का लेखा जोखा रखते हैं।

17

स्मार्ट कृषि में सस्य तकनीकियों द्वारा फसल जैव संवर्द्धन

भारत सहित विश्व के अनेक देशों में कुपोषण एक बड़ी समस्या है। इसके शिकार बच्चे जिंदगी की दौड़ में पीछे रह जाते हैं तथा उनका मानसिक और शारीरिक विकास नहीं हो पाता। इस कारण उनमें बहुत सी बीमारियाँ हो जाती हैं। वर्ष 2017 के आंकड़ों के अनुसार विश्व भर में 11 प्रतिशत लोग कुपोषण के शिकार हैं। विश्व बैंक के अनुसार भारत उन देशों में ये एक है जहाँ कुपोषण की समस्या विकराल है। मनुष्य के सम्पूर्ण विकास के लिए भोजन में संतुलित मात्रा में प्रोटीन, कार्बोहाइड्रेट, वसा, विटामिन, खनिज, लवण एवं अन्य सूक्ष्म तत्वों का होना आवश्यक है। भोजन में उक्त तत्वों की कमी से कुपोषण होता है तथा इसका सबसे बड़ा कारण पौष्टिक आहार की कमी होना है। सूक्ष्म पोषक तत्वों की कमी को दूर करने के लिए आहार विविधीकरण, पूरकता, संवर्धन और फसल जैवसंवर्धन का उपयोग किया जा रहा है। फसल जैवसंवर्धन पारंपरिक पादप प्रजनन, पराजीनी पद्धति या सस्य विधिओं के द्वारा एक फसल में विटामिन और खनिज अंश को बढ़ाने की एक प्रक्रिया है। प्रमुख जैवसवंर्धित फसलों की नियमित प्रयोग मानव पोषण और स्वास्थ्य में औसत स्तर का सुधार करता है।

फसल जैव संवर्धन के लाभ

पिछले 60 वर्षों में विकासशील देशों में कृषि अनुसंधान ने उत्पादन बढ़ाने और प्रधान फसलों में सूक्ष्म पोषक तत्वों की जैव उपलब्धता में सुधार पर ध्यान केंद्रित किया है। इसी तरह के प्रयास से भरपूर दालों तथा सब्जियों के लिए नहीं किए गए। सूक्ष्म पोषक तत्वों की कमी को कम करने के लिए जैवसंवर्धित फसलें एवं और आहार विविधीकरण महत्वपूर्ण है। जैवसंवर्धन लागत प्रभावी है तथा गरीब भी कम लागत पर लाभ उठा सकते हैं। जैवसंवर्धित किस्मों का मूल्यांकन नए वातावरण में अनुकूलन के लिए किया जाना चाहिए। अंतर्राष्ट्रीय और राष्ट्रीय फसल विकास कार्यक्रमों द्वारा जैव संवर्धन को मुख्य प्रजनन विधियों द्वारा अपनाने

की आवश्यकता है। जैवसंवर्धित फसलों का उपयोग गरीबों द्वारा किया जा सकता है, जिसमें विविध आहार का उपयोग है। बच्चों और महिलाओं की पोषण सम्बंधी आवश्यकताओं को पूरा करने का लक्ष्य कुछ सूक्ष्म पोषक तत्वों को मिलाकर किया जा सकता है। पूरक और औद्योगिक जैवसवंर्धित (फोर्टिफाइड) भोजन उच्च स्तर के विटामिन और खनिज प्रदान करते हैं जबकि जैव संवर्धित फसलें जीवन भर सूक्ष्म पोषक तत्वों की दैनिक पर्याप्तता सुनिश्चित करती हैं।

फसलों में जैव संवर्धन की प्रमुख विधियां

हॉवार्थ बोइस ने 1990 के दशक की शुरुआत में जैव संवर्धन पर शोध शुरू किया। 2001 में CIAT के स्टीव बीबे ने बायोफोर्टिफिकेशन शब्द दिया था। ''जैवसंवर्धन एक ऐसी विधि है जिसमें प्रजनन, ट्रांसजेनिक तकनीकों या सस्य विधियों के माध्यम से पौधों के खाद्य भाग में विटामिन और खनिजों के अंश को बढ़ाया जाता है''। CGIAR का हार्वेस्टप्लस कार्यक्रम 2003 में शुरू हुआ तथा 2003–2008 के शुरुआती चरण के दौरान लक्ष्य जनसंख्या की पहचान और इस अवधारणा को अनुसंधान के द्वारा सत्यापित करना था। 2009–2013 के दौरान जैवसंवर्धित किस्मों को जारी करने की शुरुआत हुई। 2014 के बाद से हार्वेस्टप्लस स्केलिंग पर ध्यान केंद्रित कर रहा है। पारंपरिक प्रजनन का उपयोग करते हुए, विभिन्न देशों में जैवसंवर्धित किस्मों को विकसित और उन्हें आरम्भ किया गया है। हार्वेस्टप्लस लौह, जस्ता और विटामिन 'ए' पर मुख्य रूप से ध्यान केंद्रित कर रहा है। एशिया और अफ्रीका सात मुख्य फसलों जैसे; गेहूँ, चावल, मक्का, ज्वार, बाजरा, सेम और शकरकंद पर काम कर रहा है। हार्वेस्टप्लस का लक्ष्य प्रमुख खाद्य फसलों में आवश्यक खनिजों और विटामिनों के संवर्धित स्तर को प्राप्त करना है। जैव संवर्धन के लिए एक बार के निवेश की आवश्यकता होती है और बीजों को कटाई और भविष्य के वर्षों के लिए उपयोग किया जा सकता है। जैवसंवर्धित फसलों का लक्ष्य विकासशील देशों की जनसंख्या में सूक्ष्म पोषक तत्वों की स्थिति में सुधार मुख्य रूप से संसाधन हीन गरीब लोगों की सेहत में सुधार करता है।

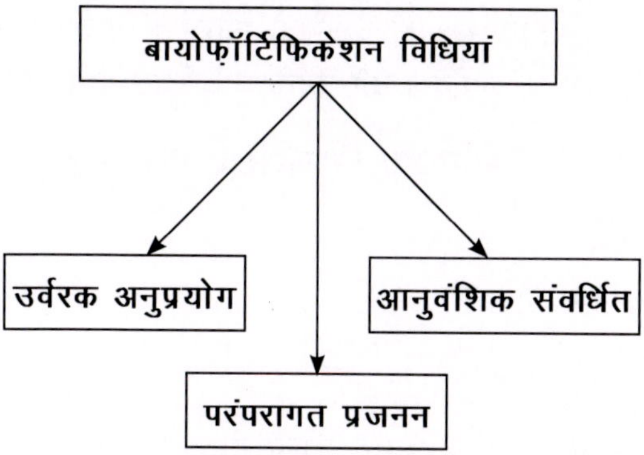

चित्र 17.1: विभिन्न विधियों द्वारा फसलों का बायोफोर्टिकेशन

सस्य तकनीकियों द्वारा जैवसंर्द्धन

सस्य तकनीकियों द्वारा जैवसंवर्द्धन फसलों की पोषण गुणवत्ता में सुधार और मानव के समग्र स्वास्थ्य विकास हेतु एक महत्वपूर्ण तरीका है। यह फसल की कार्यिकी में बढ़े हुऐ लौह और जिंक सामग्री के साथ जैवसंवर्द्धित खाद्य फसलों को विकसित करने हेतु एक तीव्र एवं पूरक तरीका है। सस्य जैवसंवर्द्धन पोषक तत्वों के अनुप्रयोग पर आधारित है। जैवसंवर्द्धन तकनीक द्वारा जिंक व सल्फर लेपित यूरिया के प्रयोग से अनाजों में सूक्ष्म पोषक तत्वों की मात्रा बढायी जा सकती है। इससे एक ओर नत्रजन उपयोग क्षमता तो बढती ही है, साथ ही नत्रजन उर्वरकों की मात्रा में भी कमी की जा सकती है। यह विधि सुगम, आसान व कम खर्चीली है। तथा इसके परिणाम भी बहुत कम समय में मिल जाते हैं। इसके अतिरिक्त जिंक व लौहयुक्त उर्वरकों का खड़ी फसल में पर्णीय छिड़काव करने से पोषक तत्वों मुख्यतः नत्रजन के गैसीय, स्थिरीकरण व विनाइट्रीकरण इत्यादि द्वारा होने वाले ह्रास को भी कम किया जा सकता है। अतः इस तकनीक को किसानों व प्रसार कर्मियों में लोकप्रिय बनाने की नितांत आवश्यकता है जिससे आवश्यक सूक्ष्म पोषक तत्वों से भरपूर अनाजों का उत्पादन किया जा सके। साथ ही सूक्ष्म पोषक तत्वों से युक्त खाद्य पदार्थों को दैनिक

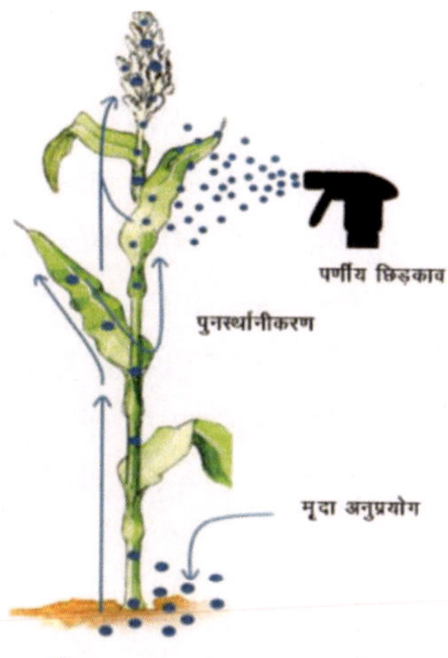

चित्र 17.2: सस्य तकनीक द्वारा जैव संवर्धन

आहार में प्रयोग करके विकासशील देशों के लोगों में इन पोषक तत्वों की कमी से होने वाली बीमारियों व कुपोषण को काफी हद तक कम किया जा सकता है।

सस्य तकनीक द्वारा जैवसंवर्द्धन हेतु निम्नलिखत तीन अलग–अलग विधियां हैं:

1. मृदा अनुप्रयोग,
2. पर्णीय अनुप्रयोग और
3. बीज उपचार (सीड ट्रीटमेंट)

मृदा सुधार हेतु फसल बुवाई के समय थोड़ी मात्रा में सूक्ष्म पोषक तत्वों को मृदा में देना आवश्यक है तथा विशिष्ट पारिस्थितियों में पर्णीय छिड़काव का उपयोग भी किया जाता है। यह मृदा अनुप्रयोग की तुलना में पौधों के खाद्य भागों में पोषक तत्वों के बेहतर उन्नयन और इनके कुशल आबंटन को तीव्र करता है। ज्यादातर पत्तेदार सब्जियों और अनाज में मिट्टी में स्थिरीकरण से बचने के कारण तेज बहाव अधिक प्रभावी होता है। इस तकनीक की मुख्य समस्या यह है कि यह बहुत महंगी है तथा उपयोग करना भी काफी कठिन है और इसे आसानी से वर्षा द्वारा कम किया जा सकता है। कई रिपोर्ट के अनुसार दोनों दृष्टिकोणों (मृदा और पर्ण अनुप्रयोग) के समाकलन को सबसे कुशल विधि माना जाता है। सूक्ष्म पोषक तत्वों के साथ बीजों के उपचार की भी आवश्यकता होती है, जो पौधों के पोषण में सुधार के साथ पौधों के विकास को भी प्रोत्साहित करते हैं और जिससे फसल की पैदावार बढ़ सकती है। हालांकि इस दृष्टिकोण द्वारा हुई पोषण वृद्धि बहुत सीमित है तथा बीज प्राइमिंग और बीज लेपन द्वारा भी किया जा सकता है।

मृदा में उपलब्ध सूक्ष्म पोषक तत्व तथा उनकी उपलब्धता फसल जैवसंवर्द्धन की मुख्य कारक हैं। नत्रजन और फॉस्फोरस की उचित उपलब्धता से जड़ों का विकास, प्ररोह से पोषक तत्वों के स्थानान्तरण और पौधों के खाद्य भागों में उनके पुनः स्थानीयकरण पर सकारात्मक प्रभाव पड़ता है। पादप नत्रजन की स्थिति भी अनाज में लौह को बढ़ाने में महत्वपूर्ण भूमिका निभाती है। पौधों में नत्रजन बढ़ने से अनाजों में लौह और जिंक का अधिक संचय होता है। वानस्पतिक ऊतक से नत्रजन लौह और जिंक के पुन स्थापन में शामिल आनुवंशिक पद्धति और बीज में उनके अनुपात को समान पाया गया है। मृदा में नत्रजन और यूरिया के पर्ण छिड़काव से प्ररोह और अनाज में लौह सघनता को बढ़ाया जा सकता है।

खाद्य फसलों में सस्य तकनीकियों द्वारा जैवसंवर्द्धन

अनाज की फसलों में बहुत सीमित मात्रा में लौह और जिंक तत्व होते है और लौह और जिंक की कमी वाली मृदा में इन फसलों को उगाने से अनाज में उनका घनत्व कम हो जाता है। अनाज में जिंक की मात्रा को मृदा और पर्ण अनुप्रयोग द्वारा बेहतर बनाया जा सकता है। जिंक की तुलना में, अनाज की फसलों में लौह अंश में सुधार के लिए लौह उर्वरकों के प्रयोग पर तुलनात्मक रूप से कम शोध हुआ है। अब तक किए गए अधिकांश शोध लौह की कमी वाले क्लोरोसिस के सुधार के लिए उर्वरक प्रयोग तक ही सीमित है।

लौह की सांद्रता में सुधार के लिए चिलेट और अजैविक लौह उर्वरकों का उपयोग अप्रभावी है। ये जड़ से लौह के खराब अवशोषण के कारण भी अप्रभावी है। अनाजों में, लौह उर्वरकों के पर्ण या मृदा अनुप्रयोगों ने पोषण गुणवत्ता में सुधार के लिए जिंक की तुलना में कम प्रभावशीलता दिखाई है।

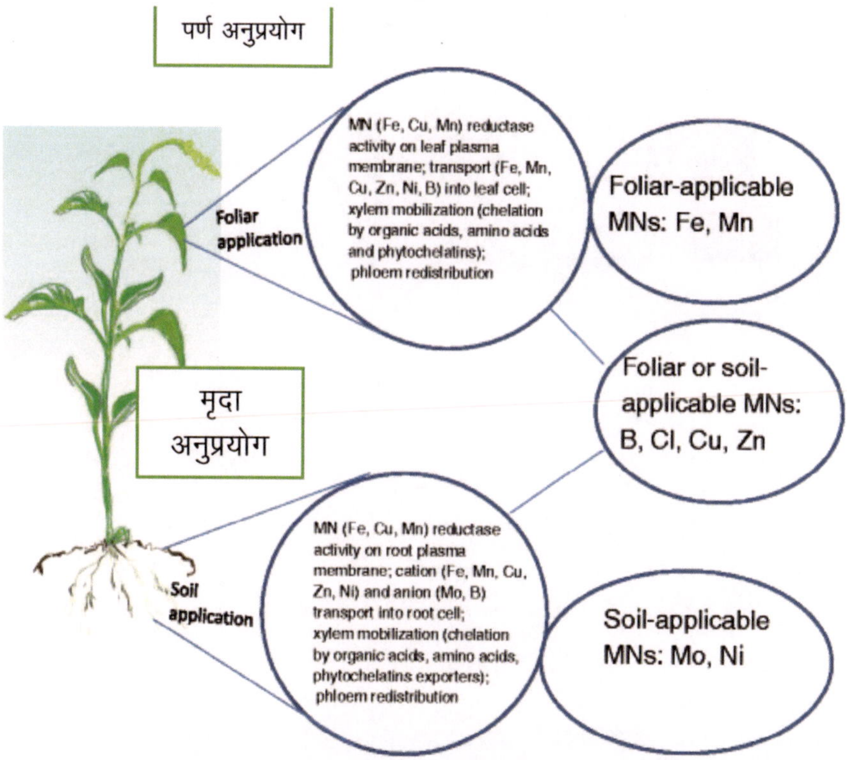

चित्र 17.3: विभिन्न सस्य तकनियों द्वारा जैव संवर्धन

धान फसल का जैवसंवर्द्धन

पर्ण छिड़काव द्वारा लौह तत्व अंश में सुधार, चावल में लौह की कमी से निपटने का एक प्रभावी तरीका है। फेरस सल्फेट के साथ चावल का संवर्द्धन अंकुरित भूरे रंग के चावल में लौह की सांद्रता में 15.6 गुना की वृद्धि करता है। चावल के दानों में जिंक सांद्रता का जैवसंवर्द्धन और सांद्रता को बढ़ावा देने के लिए, पर्ण प्रयोग को एक प्रभावी पद्धति के रूप में अनुमोदित किया गया है। जिंक की कमी वाली मृदा में उगाए गए चावल के दानों में जिंक को बढ़ाने के लिए मृदा में जिंक उर्वरक के साथ–साथ पर्ण छिड़काव भी एक महत्वपूर्ण रणनीति बनकर उभरी है। सेलेनियम (एसई) मनुष्यों के लिए एक महत्वपूर्ण तत्व है और एक शक्तिशाली एंटीऑक्सिडेंट भी है। यह मुख्य रूप से आहार से प्राप्त होता है। सेलेनियम की सांद्रता को उर्वरक के प्रयोग या पर्ण स्प्रे द्वारा बढ़ाया गया है।

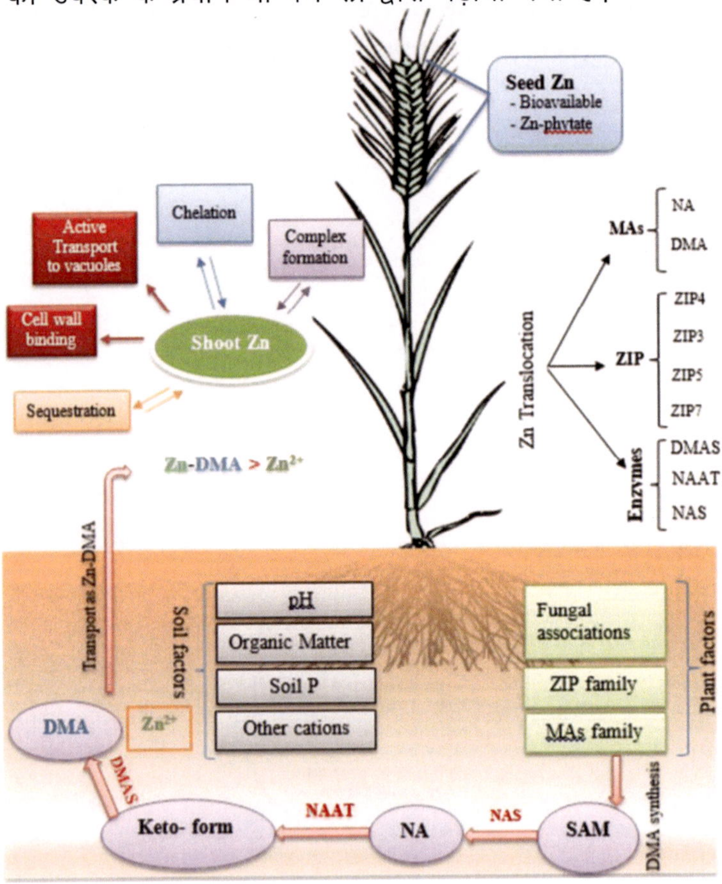

चित्र 17.3: सस्य तकनीक द्वारा धान में जैव संवर्धन

गेहूँ का जैवसंवर्द्धन

गेहूँ के दानों में लौह संवर्द्धन, जैव–रासायनिक और रासायनिक उर्वरकों के उपयोग द्वारा किया जाता है। यूरिया के पर्णीय छिड़काव ने गेहूँ में उच्च लौह तत्व के संचय में सकारात्मक सह संबंध दिखाया है। ब्रेड और कठिया (ड्यूरम) गेहूँ में जिंक उर्वरकों के पर्णीय और मृदा में अनुप्रयोग ने जिंक की सांद्रता में काफी सुधार किया है। तुर्की में जिंक तत्व की कमी वाली मृदा में जिंक सल्फेट ($ZnSO_4$) के प्रयोग से डयूरम गेहूँ में जिंक की सघनता और उपज में सुधार किया गया। ऑस्ट्रेलिया और भारत में मृदा में जिंक के अनुप्रयोग द्वारा गेहूँ में जिंक की सांद्रता में इसी तरह की वृद्धि देखी गई। जिंक के पूर्ण अनुप्रयोग ने जिंक की कमी वाली मृदा में इसकी सघनता को बढ़ा दिया और फाइटिक अम्ल को कम करके जैव उपलब्धता में भी वृद्धि की है। फिनलैंड में पहले से ही राष्ट्रीय स्तर पर सेलेनियम के अनुप्रयोग को अपनाया गया है, इससे गेहूँ में सेलेनियम सघनता में तत्काल वृद्धि दर्ज की गयी।

मक्का फसल का जैवसंवर्द्धन

चित्र 17.4: सस्य तकनीक द्वारा मक्का में जैव संवर्धन

मक्का में अच्छी पैदावार और पोषण प्राप्त करने के लिए जिंक आवश्यक है। इसे मृदा और उर्वरकों के पर्ण अनुप्रयोग द्वारा प्राप्त किया जाता है। जिंक अनुप्रयोग तब अधिक प्रभावी होता है जब इसे मृदा में डाला जाता है, क्योंकि मक्का की जड़ों का लगभग 50 प्रतिशत शीर्ष परत (0 से 15 सें.मी.) में होता है। यह पोषक तत्वों के उत्थान और वृद्धि को बढ़ाता है। मृदा में लौह और जिंक का अनुप्रयोग फसल की कटाई के बाद लौह और जिंक तत्व की मृदा में वृद्धि का कारण बनता है। सेलेनियम मनुष्यों तथा जानवरों के लिए महत्वपूर्ण है। कुछ एकल कोशिकाओं जैसे कवक, शैवाल और खाद्य फसलों में इसकी सांद्रता उर्वरकों के प्रयोग से

बेहतर हुई है। राइजोस्फीयर में मौजूद सूक्ष्मजीव पौधों में वृद्धि के लिए उनके विकास, संवर्द्धन तथा उपनिवेशीकरण द्वारा महत्वपूर्ण भूमिका निभाते हैं।

राइजोबैक्टीरिया को बढ़ावा देने वाले इन पौधों की वृद्धि कार्बनिक पदार्थों को खनिज बनाने और अकार्बनिक पोषक तत्वों को बदलने में मदद करती है और प्रमुख फसलों में सूक्ष्म पोषक तत्वों को प्रभावी ढंग से सुधारने के लिए जैव संवर्द्धन को फसल पद्धति में भी शामिल किया गया है। मक्का में जिंक अंश में वृद्धि को विभिन्न साइनोबैक्टीरिया के साथ प्राप्त किया गया है।

ज्वार का सस्य तकनीक द्वारा जैवसंर्द्धन

ज्वार एक दाने और चारे के लिए उगाई जाने वाली शुष्क भूमि वाली फसल है, जिसे मुख्यतया कमजोर मृदा में उगाया जाता है। फसल के पोषक मूल्य को उर्वरकों (जैविक और अकार्बनिक) के उपयोग से बढ़ाया जा सकता है, जो उपज पर एक समान प्रभाव डालते है। पौधों के विकास को बढ़ावा देने वाले जीवाणुओं और अब्बार्सकुलर माइकोराइजल कवक (AMF) का उपयोग करके पोषक तत्वों की सांद्रता में सुधार और इसके चयापचय में परिवर्तन के प्रयास किए गए हैं (धावी एवं अन्य, 2015)। मिट्टी में फॉस्फोरस और नत्रजन की स्थिति में सुधार करके एजोस्पिरिलम और फॉस्फेट–घुलनशील बैक्टीरिया द्वारा ज्वार की उपज और प्रोटीन की मात्रा में वृद्धि दर्ज की गई।

जौ का जैवसंवर्द्धन

कार्बनिक और अकार्बनिक जैव उर्वरक के अनुप्रयोग द्वारा जौ में सूक्ष्म पोषक तत्वों की सांद्रता में सुधार दर्ज किया गया। फराहनी एवं अन्य (2011) ने अकार्बनिक उर्वरकों और वर्मीकम्पोस्ट के साथ–साथ जैवसंवर्द्धन के अनुप्रयोग द्वारा जौ में जिंक और लौह तत्व की सघनता में वृद्धि दर्ज की।

दलहन फसलों का जैवसंवर्द्धन

सेलेनियम सांद्रता की वृद्धि हेतु सेलेनियम कॉम्प्लेक्स का पर्णीय अनुप्रयोग काफी कारगर सिद्ध होता है। यांग एवं अन्य (2003) ने चने में खनिज की कमी (जिंक, लौह, मैग्नीशियम, तांबा, कैल्शियम, मैंगनीज) को कम करने तथा पौधे के विकास को बढ़ावा देने के लिए एक्टिनोबैक्टीरिया के उपयोग को प्रभावशाली पाया। लौह और जिंक तत्व के लिए जैवसंवर्द्धन को अब्बार्सकुलर माइकोरिजल कवक के

उपयोग द्वारा किया गया। जिंक सल्फेट हेप्टाहाइड्रेट (ZnSHH) जिंक–एथिलीन माइनेटेटेरासैटिक एसिर्ड (n&EDTA), सोडियम सेलेनट और सोडियम सेलेनिट के पर्णीय स्प्रे द्वारा चने में जिंक और सेलेनियम की सांद्रता में सुधार किया गया। मटर में जिंक तत्व की सघनता को पर्ण प्रयोग या मृदा अनुप्रयोगों के संयोजन से बढ़ाया गया। जिंक उर्वरक के प्रयोग से सेम में जिंक की सांद्रता में सुधार करने के लिए जैवसंवर्द्धन प्रभावी पाया गया। सेम में रासायनिक और जैविक उर्वरकों के अनुप्रयोग द्वारा नत्रजन, पोटेशियम, मैंगनीज, तांबा, फास्फोरस और जिंक की सांद्रता को बढ़ाया गया (वेस्टमिंर्न एवं अन्य, 2011)।

दलहनी फसलों में सस्य तकनीक द्वारा जैवसंवर्द्धन

सोयाबीनः सेलेनियम–समृद्ध सोयाबीन का उत्पादन उर्वरकों के रूप में सेलेनियम जटिल लवणों के पर्ण प्रयोग द्वारा किया गया।

मटरः मटर दुनिया भर में दूसरी सबसे बड़ी दलहन है, जिसे उच्च प्रोटीन अंश के लिए भी जाना जाता है। इसमें जिंक संवर्द्धन को पर्णीय छिड़काव के साथ या मृदा के जिंक अनुप्रयोगों के साथ किया गया।

सेमः इसे सूखे अनाज के लिए भी उगाया जाता है तथा यह सेम जिंक जैवसंवर्द्धन के लिए एक अच्छा दलहन है और इसे पर्णीय जिंक उर्वरक के प्रयोग द्वारा जिंक में समृद्ध किया जाता है। इसके अतिरिक्त, यह भी पाया गया है कि जैविक और रासायनिक उर्वरकों के प्रयोग ने सेम में तांबा, मैंगनीज और जिंक के अंश को भी बढ़ा दिया।

एग्रोनॉमिक बायोफोर्टिफिकेशन की चुनौतियां

- **सूक्ष्म पोषक उर्वरक की अतिरिक्त लागत**

  विकासशील देशों में गरीब किसानों को उर्वरक लागत, अनुप्रयोग लागत के साथ, अतिरिक्त व्यय हो सकता है। सस्य तकनीक बायोफोर्टिफिकेशन का स्पष्ट आर्थिक लाभ नहीं हो सकता है जब तक कि फसल उत्पादकता जिंक की कमी से सीमित न हो या बायोफोर्टिफाइड अनाज के लिए एक प्रीमियम मूल्य न हो। हालांकि, पर्याप्त शोध परिणाम इसका समर्थन करते हैं जिसका परिणाम यह है कि जिंक उर्वरक प्रयोग की लागत की तुलना में कम है उपज में वृद्धि और सार्वजनिक स्वास्थ्य लाभों के माध्यम से आर्थिक लाभ है। इसके अतिरिक्त, सूक्ष्म पोषक उर्वरक लगाने से उर्वरक की कुल

लागत को छोड़ा जा सकता है कीटनाशकों के साथ जिन्हें वैसे भी लागू करने की आवश्यकता है।

- **इष्टतम खुराक और सूक्ष्म पोषक तत्व विषाक्तता का निर्धारण**

बायोफोर्टिफाइड में सूक्ष्म पोषक तत्व के लिए उपयुक्त लक्ष्य स्तर निर्धारित करने के बाद मुख्य भोजन, लक्ष्य को प्राप्त करने के लिए उर्वरक की इष्टतम मात्रा निर्धारित करने की आवश्यकता है। लेकिन, उपयुक्त लक्ष्य स्तर निर्धारित करने में बड़ी कठिनाई होती है क्योंकि यह भिन्न होता है। प्रसंस्करण प्रक्रियाओं और सूक्ष्म पोषक तत्वों की जैव उपलब्धता अनाज में विभिन्न अनुप्रयोग विधियों के साथ भिन्न होती है। यदि सूक्ष्म पोषक उर्वरकों का लगातार अधिक मात्रा में प्रयोग किया जाए तो ये तत्व समय के साथ जमा होते हैं और विषाक्तता का कारण बनते हैं। हालांकि, यह देखा गया है कि अनुप्रयोग सूक्ष्म पोषक तत्व (जैसे Zn, Fe) उर्वरकों का कम से कम नकारात्मक प्रभाव पड़ता है।

सूक्ष्म पोषक तत्व मृदा में मजबूती से बंधे होते हैं और लीचिंग के लिए अतिसंवेदनशील नहीं होते हैं (डी वालेंका एवं अन्य, 2017)। इसके अतिरिक्त, लगभग 1 कि.ग्रा. जिंक उर्वरक की 0.5 प्रतिशत घोल पर्णीय छिड़काव पारिस्थितिकी तंत्र के लिए पूरी तरह से सुरक्षित माना जाता है। पर्यावरण के प्रदूषण और विषाक्तता को कम करते हुए सूक्ष्म पोषक तत्वों की सान्द्रता को वांछनीय स्तर तक ले जाना तथा केंद्रित अनुसंधान बढ़ाने के लिए इष्टतम उर्वरक अनुप्रयोग दरों को निर्धारित करने किए जाने की आवश्यकता है।

- **एग्रोनॉमिक बायोफोर्टिफाइड फसल से जैव उपलब्धता का कारण**

सूक्ष्म पोषक तत्व (Fe ;k Zn) ज्यादातर स्थानीयकृत होते हैं और रोगाणु में केंद्रित होते हैं लेकिन, मिलिंग कार्य और अन्य प्रसंस्करण चरणों के दौरान, ये अंश नष्ट हो जाते हैं। इस प्रकार, सूक्ष्म पोषक तत्व काफी हद तक कम हो जाते हैं और अनुपलब्ध हो जाते हैं। विकासशील देशों में बड़ी जनसंख्या जो परिष्कृत अनाज का उपभोग करते हैं । इन बाहरी कारकों के अलावा, आंतरिक कारक जो मनुष्यों में सूक्ष्म पोषक तत्वों की जैव उपलब्धता में बाधा डालते हैं, वे चिंता का विषय हैं। एल्यूरोन परत और भ्रूण धान और गेहूँ दोनों ही फाइटेट से भरपूर होते हैं, जबकि भ्रूणपोष में बहुत कम होता है इसकी सान्द्रता, और फाइटेट यौगिक Zn और Fe की जैवउपलब्धता को कम करता है और इसके आंतों के अवशोषण को सीमित करता है।

मानव पोषण और स्वास्थ्य की स्थिति पर सस्य तकनीकी बायोफोर्टिफिकेशन का प्रभाव

कृषि की दृष्टि से बायोफोर्टिफाइड खाद्य की मानव स्वास्थ्य पर प्रत्यक्ष प्रभाव की मात्रा निर्धारित करने वाले शोध निष्कर्षों की कमी है जबकि सस्य तकनीक से फसलों के बायोफोर्टिफिकेशन फसलों में सूक्ष्म पोषक तत्वों की मात्रा को बढ़ा सकता है, लेकिन सूक्ष्म पोषक तत्वों की जैव उपलब्धता और आहार सेवन और मानव पर इसके प्रभाव के बारे में साहित्य स्वास्थ्य दुर्लभ हैं (जॉय एवं अन्य, 2014)। हालांकि, बायोफोर्टिफिकेशन के परिणामस्वरूप अनाज फ़िनलैंड में, राष्ट्रव्यापी सस्य तकनीक से एनपीके उर्वरकों को जोड़ने के माध्यम से पोषक तत्वों की सांद्रता में एक विशिष्ट वृद्धि हुई। इससे मानव में वृद्धि हुई और जानवरों के इसके सेवन में काफी कमी आई (अल्फथन एवं अन्य, 2015)। फिर भी, सम्बन्धों का आकलन करने के लिए व्यापक शोध किए जाने की आवश्यकता है फसलों के सूक्ष्म पोषक उर्वरक और पोषण और स्वास्थ्य की स्थिति के बीच जो लोग इन फसलों का उपभोग करते हैं।

- **कृषि संबंधी बायोफोर्टिफिकेशन के बारे में किसानों में जागरूकता फैलाना**

  अधिकांश विकासशील देशों में जहाँ छिपी हुई भूख की समस्या प्रचलित है, किसान गरीब हैं और वे ज्यादातर पारम्परिक कृषि करते हैं इसलिए, उनके बीच सूक्ष्म पोषक तत्वों के बारे में जागरूकता फैलाना महत्वपूर्ण है इसके अतिरिक्त, एग्रोनॉमिक बायोफोर्टिफिकेशन रणनीतियां, जिन्हें विकसित किया जा रहा है, क्षेत्र–विशिष्ट और किसानों के सामाजिक–आर्थिक स्थितियों के साथ संगत होना चाहिए।

मानव पोषण और स्वास्थ्य की स्थिति पर सस्य बायोफोर्टिफिकेशन का प्रभाव

इसके प्रत्यक्ष प्रभाव की मात्रा निर्धारित करने वाले शोध निष्कर्षों की कमी है मानव स्वास्थ्य पर कृषि की दृष्टि से बायोफोर्टिफाइड खाद्य फसलों की खपत। सस्य विज्ञान बायोफोर्टिफिकेशन फसलों में सूक्ष्म पोषक तत्वों की मात्रा को बढ़ा सकता है, लेकिन सूक्ष्म पोषक तत्वों की जैव उपलब्धता और आहार सेवन और मानव पर इसके प्रभाव के बारे में साहित्य स्वास्थ्य दुर्लभ हैं। हालाँकि, फ़िनलैंड में, राष्ट्रव्यापी कृषि विज्ञान में एनपीके सेलेनियम उर्वरकों को जोड़ने के माध्यम

से बायोफोर्टिफिकेशन के परिणामस्वरूप अनाज सांद्रता में एक विशिष्ट वृद्धि हुई। इससे मानव में वृद्धि हुई और जानवरों के एसई सेवन और एसई की कमी में काफी कमी आई जनसंख्या। फिर भी, सम्बंधों का आकलन करने के लिए व्यापक शोध किए जाने की आवश्यकता है फसलों के सूक्ष्म पोषक उर्वरक और पोषण और स्वास्थ्य की स्थिति के बीच जो लोग इन फसलों का उपभोग करते हैं।

निष्कर्ष

मुख्य खाद्य फसलों के बायोफोर्टिफिकेशन के लिए विभिन्न सस्य विज्ञानी दृष्टिकोण ज्यादातर उपयोग की जाती हैं नवीन आधुनिक फसल उगाने की विधिओं का हिस्सा जिसे बढ़ावा देने की आवश्यकता है नीति निर्माताओं और योजनाकारों और किसानों द्वारा अपनाया गया। ये अत्याधुनिक दृष्टिकोण उनके आहार सेवन को समृद्ध करने का सबसे आसान, तेज और टिकाऊ तरीका है विकासशील एशियाई और अफ्रीकी देश में छोटे और सीमांत किसानों द्वारा सूक्ष्म पोषक तत्वों के साथ उर्वरीकरण के दृष्टिकोण में, पर्ण अनुप्रयोग बेहतर प्रदर्शन करता है। धान, गेहूँ, मक्का और चना जैसी प्रमुख फसलों में अनाज Fe और Zn वृद्धि के लिए मृदा में अनुप्रयोग, फिर, इसे कम मात्रा में उर्वरकों की आवश्यकता होती है। जई को छोड़कर अधिकांश अनाज फसलों में महत्वपूर्ण रूप से अनाज में बीज N के साथ बीजों पर प्राइमिंग या लेप Zn सांद्रता को बढ़ाने में सक्षम नहीं है। हालांकि, इसमें कई बीज स्वास्थ्य और मृदा जनित रोग–कीट दमन पर अन्य लाभ। अन्य पीजीपीआर और एएमएफ के माइक्रोबियल इनोक्यूलेशन, डायकोट की इंटरक्रॉपिंग जैसे दृष्टिकोण एक ग्राम्य पौधे के साथ पौधा, छोटी अवधि की हरी खाद का मृदा समावेश स्रोत से सिंक (अनाज) तक सूक्ष्म पोषक तत्वों की गतिशीलता, उठाव और पुनः स्थानांतरण में सुधार के लिए फसलें और सिंचाई भी उपयोगी हैं। हालांकि, सस्य तकनीक बायोफोर्टिफिकेशन दृष्टिकोण कई चुनौतियों का सामना कर रही हैं, जैसे कि अल्प जानकारी और कृषि में सूक्ष्म पोषक तत्वों की जैव उपलब्धता से सम्बन्धित पहलु बायोफोर्टिफाइड खाद्यान्न और मानव पोषण पर उनका प्रभाव अन्य कारक अर्थात लागत–प्रभावशीलता, बढ़ाने के लिए अनुप्रयोग की इष्टतम मात्रा का निर्धारण पौधों के आर्थिक भागों में खनिज सूक्ष्म पोषक तत्वों का वांछनीय स्तर है इसकी स्वीकृति के लिए प्राथमिक चिंताएं। विभिन्न जैविक विषयों के शोधकर्ताओं द्वारा समन्वित प्रयासों के माध्यम से नीति निर्माताओं और सार्वजनिक वितरण में शामिल लोगों के साथ मिलकर इन चुनौतियों को वैज्ञानिक रूप से संवर्धित करने की आवश्यकता है।

18

स्मार्ट कृषि में सोलर ऊर्जा का उपयोग

ऊर्जा के बिना मानव जीवन की कल्पना नहीं की जा सकती है। सदियों से मानव अपनी आवश्यकता के लिए ऊष्मा, प्रकाश आदि को ऊर्जा के स्रोत के रूप में प्रयोग करता रहा है। देखा गया है कि ऊर्जा की कमी के कारण हमारा देश निरंतर पिछड़ता जा रहा है। विकास के लिए ऊर्जा की आवश्यकता होती है। ऊर्जा की बदौलत ही औद्योगिक विकास में वृद्धि, रोजगार में लाभ, ग्रामीण पिछड़ेपन को दूर करने में सहायक, अर्थव्यवस्था में मजबूती, विकास दर में तेजी आदि सभंव हो सकती है। विद्युत ऊर्जा का मुख्य स्रोत कोयला है, कोयला की उपलब्धता सीमित है और एक निश्चित समय के बाद इसका भंडार समाप्त हो जाएगा। इसलिए दीर्घ अवधि से वैकल्पिक ऊर्जा की खोज की जा रही थी।

ऊर्जा के स्रोतः ऊर्जा का क्षेत्र लगातार बदल रहा है और विकसित हो रहा है इसलिए हम आशा कर सकते हैं कि न केवल काम की अधिक मांग देखने को मिलेगी, बल्कि भविष्य में नये प्रकार के रोजगार आधारित भूमिकाएं भी सृजित होंगी। ऊर्जा के स्रोतों को दो वर्गों में बाँटा गया है। पहले वर्ग में वह स्रोत आते है, जो कभी खत्म नहीं होंगे जैसे सौर व पवन ऊर्जा, जल ऊर्जा, जैव ईंधन आदि। दूसरे वर्ग में वह स्रोत आते है जिनके भंडार सीमित है जैसे प्राकृतिक गैस, कोयला, पेट्रोलियम आदि। चूँकि ऊर्जा के भंडार तेजी से समाप्त हो रहे है, इसलिए आश्यकता इस बात की यह है कि वैकल्पिक ऊर्जा के विविध विकल्पों का प्रयोग किया जावें।

अक्षय ऊर्जा का अर्थः अक्षय ऊर्जा को अक्सर स्वच्छ ऊर्जा के रूप में जाना जाता है, नवीनीकरण ऊर्जा को वैकल्पिक ऊर्जा भी कहा जाता है, इसका सीधा सा तात्पर्य है कि किसी प्राकृतिक स्रोत से ऊर्जा का सृजन किया जाता है जो उपयोग किए जाने पर समाप्त नहीं होता है, जैसे कि पवन या सौर ऊर्जा, यह प्राकृतिक संसाधनों से उत्पन्न होता है, जैसे सूरज की रोशनी, हवा, वर्षा, ज्वार और भू–तापीय गर्मी, यह ऊर्जा समाप्त नहीं हो सकती है और लगातार

नवीनीकृत होती है और इससे भी महत्वपूर्ण बात यह है कि इससे प्रकृति या जलवायु या पर्यावरण को नहीं के बराबर नुकसान पहुँचता है। नवीनीकरण ऊर्जा स्वच्छ, आरामदायक और भरोसेमंद है और इसमें गरीबी के साथ–साथ जलवायु परिवर्तन को भी सहनशील है।

वैकल्पिक अक्षय ऊर्जा (नवीनीकरणीय ऊर्जा) का सबसे अधिक उत्पादन पवन एवं सौर ऊर्जा के द्वारा होता है। भारत में पवन ऊर्जा की शुरुआत 1990 में हुई थी, लेकिन हाल के वर्षो में बहुत तेजी से प्रगति हुई है। भारत में पवन ऊर्जा उत्पादित करने वाले राज्यों में तलिनाडु, मध्य प्रदेश, महाराष्ट्र, गुजरात, कर्नाटक, केरल, आन्ध्र प्रदेश आदि है। सौर ऊर्जा के क्षेत्र में भारत वर्ष 2000 के बाद से ज्यादा सक्रिय हुआ है। सौर ऊर्जा के उत्पादन के क्षेत्र में सरकार द्वारा ऋण देने के कार्यक्रम को भी संयुक्त राष्ट्र के पर्यावरण कार्यक्रम का समर्थन हासिल है। अक्षय ऊर्जा नए क्षेत्रों में विस्तारित हो रही है और विकसित तथा विकासशील दोनों ही देशों में लगातार वहनीय बनती जा रही है। नवीनीकरणीय स्रोतों से प्राप्त ऊर्जा न केवल देश को ऊर्जा उत्पादन और ऊर्जा दक्षता में आत्मनिर्भर बना रही है बल्कि आने वाले समय में देश की एक बड़ी पूंजी भी देश के काम आ सकेगी जो फिलहाल दूसरे देशों से ईंधन की खरीद के लिए देश के बाहर जाती है।

भारत सरकार ने 2022 तक अक्षय ऊर्जा या गैर पारंपारिक ऊर्जा स्रोतों से लगभग 175 गीगावॉट बिजली प्राप्त करने की क्षमता तैयार करने की योजना बनाई है। इसमें तीन प्रकार की ऊर्जा–सौर ऊर्जा, पवन ऊर्जा और जल विद्युत ऊर्जा तैयार की जाएगी।

सौर ऊर्जा: सूर्य से प्रचुर मात्रा में प्रकाश और ताप प्राप्त होता है, जिसे सौर ऊर्जा कहा जाता है। पूर्णतः नवीकरणीय, अज्ञय, विश्वसनीय और प्रदूषण रहित होने के कारण आज इसका महत्व काफी बढ़ गया है। पृथ्वी को सारी ऊर्जा (99.9 प्रतिशत) सूर्य से प्राप्त होती है, और सौर विकिरण (Solar Radiation) सारी भौतिक क्रियाओं का एक मात्र स्रोत है, इस ऊर्जा से प्रकाश–संश्लेषण, वाष्पीकरण, मिट्टी तथा हवा को गर्मी प्राप्त होती है। सूर्य से लगातार एक स्थिर मात्रा में (1.94 कैलोरी/वर्ग सें.मी./मिनट) ऊर्जा का पृथ्वी पर संप्रेषण होता रहता है। सूर्य किरणें धरती पर 500 सेकेंड में पहुँचती है। धरती के वायुमंडल की ऊपरी सतह पर मिलने वाली सौर ऊर्जा 1.353 किलोवाट वर्गमीटर होती है। वायुमंडल में षोषित होकर पृथ्वी पर लगभग 0.95 मेगावॉट ऊर्जा तत्काल आती है। पृथ्वी के वातावरण में पाई जाने वाली सौर ऊर्जा का औसत लगभग 1353

वाट वर्ग मीटर है। गर्मी के दिनों में हमारे यहाँ इतनी अधिक ऊर्जा प्राप्त होती है कि अगर इसका सफलतापूर्वक उपयोग किया जाए तो देश में बिजली संकट दूर किया जा सकता है।

चित्र 18.1: संचार के साधनों में सौर ऊर्जा का उपयोग

सौर ऊर्जा एक नवीकरणीय ऊर्जा है, जिसके उत्पादन के लिए कच्चा माल बिल्कुल मुफ्त है। बस जरुरत इस बात की है कि आपके पास ऐसी जगह हो जहाँ सूरज की किरणें बेरोकटोक पहुँच सकें। इस योग्यता पर भारतीय किसान बिल्कुल फिट बैठता है। भारत में सूर्य की रोशनी पर्याप्त मात्रा में मिलती है, इसकी औसत प्रतिवर्ष लगभग 300 दिन है। सौर ऊर्जा के लिए विभिन्न प्लेटों से उत्पन्न ऊर्जा से पहले टरबाईन चलाया जाता है और फिर बिजली पैदा की जाती है। भारत में सौर ऊर्जा का उत्पादन 71 मेगावाट है। यहाँ 70 हजार फोटोवोल्टिक प्रणालियों, 2.5 हजार से अधिक सौर पंपसेट, 5 लाख सौर लानटेन, 2.5 लाख घरेलू प्रकाश व्यवस्था एवं 4 लाख से अधिक पथ प्रकाश व्यवस्था सौर ऊर्जा पर आधारित उपकरणों का प्रयोग किया जा रहा है। ऐसी स्थिति में सौर ऊर्जा बिजली का विकल्प बन सकती है। सौर ऊर्जा पर आधारित निम्न संयंत्र हमारे देश में काफी उपयोगी साबित हुए है तथा इनके उपयोग से घरेलू एवं कृषि स्तर पर ऊर्जा का संरक्षण किया जा सकता है, जैसे; सौलर कुकर, सोलर ड्रायर, सोलर जल पंप, सोलर आसवक संयंत्र, सोलर लानटेन, सोलर स्ट्रीट लाइटिंग प्रणाली एवं सोलर वाटर हीटर आदि। सौर ऊर्जा के द्वारा न सिर्फ बिजली बचाई जा सकती है बल्कि आर्थिक रूप से भी लाभ उठाया जा सकता है। यही वजह है कि सरकार की और से सौर ऊर्जा अपनाने वालों को अलग–अलग तरीके से अनुदान देने का प्रावधान किया गया है (सारणी रुप में)।

सारणी 18.1: सौर ऊर्जा आधारित पानी के पंप के लिए केन्द्रीय मदद (रु. प्रति हार्स पॉवर)

पम्प की क्षमता	सामान्य राज्य	नाबार्ड के द्वारा	पूवोत्तर, अंडमान व निकोबार द्वीप	विशेष श्रेणी के राज्य	चैनल पार्टनर
डीसी–2 एचपी	43200	57600	47520	43200	41000
डीसी–2 से 5 एचपी	40500	54000	44550	40500	38500
डीसी–2 एचपी	37800	50400	41580	37800	36000
डीसी–2 से 5 एचपी	32400	43200	35640	32400	30700

स्रोत: कृषि मंत्रालय वार्षिक रिपोर्ट।

ग्रामीण एवं कृषि में सौर ऊर्जा का उपयोग: ग्रामीण एवं कृषि में लागत और बिजली उत्पादन में लगने वाले समय के अनुसार सौर ऊर्जा बेहतर विकल्प सिद्ध हो सकता है। सौर ऊर्जा का निम्न प्रकार से प्रयोग होता है, जैसे–

1. **गांवों में सौर प्रकाशवोल्टीय प्रणालियां**: सौर प्रकाशवोल्टीय, सौर ऊर्जा को सीधे ही बिजली में परिवर्तित करने से संबंधित होता है। प्रकाशवोल्टीय सैलों को सौर सेल कहा जाता है। जब इन सेलों को धूप में रखा जाता है, तो विशेष गुणवत्ता वाले इन धातुओं में इलेक्ट्रॉन का बहाव शुरु हो जाता है। जिससे बिजली उत्पन्न होने लगती है और जब तक धूप रहती है तक तक उसमें विद्युत मौजूद रहती है। कई सैलों का एक साथ जोड़कर सौर प्रकाशवोल्टीय मॉड्यूल बनता है। अनेक सौर प्रकाशवोल्टीय प्रणालीयां जैसे सौर लानटेन, सौर होम लाइटिंग, सौर स्ट्रीट लाइटिंग, सौर वाटर पंपिंग, सौर स्टैंड एलोन विद्युत संयंत्र आदि विकसित किये गए है और इनका उपयोग भरोसेमंद है।

2. सौर वॉटर पंपिंग प्रणाली: सौर वॉटर पंपिंग प्रणाली का उपयोग एस.पी.वी. तकनीक का उपयोग करते हुए सिंचाई तथा पीने के लिए पानी निकालने में किया जाता है। सामान्य पंपिंग हैड सिंचाई के लिए 715 मीटर और पेयजल आपूर्ति के लिए 1050 मीटर पर होते है। यह संभव है कि इससे बड़े हैड के साथ भी वॉटर पंपिंग की जाए, विशेष तौर पर पेयजल आपूर्ति के लिए। वॉटर पंपिंग पीवी तकनीक के महत्वपूर्ण अनुप्रयोग में से एक है। एक प्रारुपिक एस.पी.वी.वॉटर पंपिंग प्रणाली में एक डीसी या एसी, सतह पर लगाया गया या सबमर्सिबल या तैरने वाला पंप लगा होता है जो एसपीवी एरे की बिजली पर चलता है। यह एरे एक उपयुक्त संरचना पर रखी होती है तथा इसे छाया रहित खुले स्थान पर मॉड्यूल को दक्षिण दिशा में स्थानीय अक्षांश के अनुसार झुका कर रखा जाता है। आमतौर पर सौर वॉटर पंप 2–5 हॉर्सपावर के होते है, वैसे कहीं–कहीं ज्यादा क्षमता वाले पंप का भी प्रयोग होता है। धान एवं गन्ना के अलावा कई प्रकार की फसलों में एक हॉर्स पावर की मोटर पर चलने वाले एक एसपीवी पंप से लगभग 11.5 हेक्टेयर भूमि की सिंचाई की जा सकती है।

चित्र: 18.2: ग्रामीण क्षेत्रों में सोलर पंप द्वारा सिंचाई हेतु उपयोग

सौर शक्ति चालित नेपसैक स्प्रेयर: नैपसेक स्प्रेयरों का उपयोग छोटे और सीमांत किसानों द्वारा फसल सुरक्षा हेतु पादप रसायनों के छिड़काव के लिए व्यापक रूप से किया जाता है। इसका परिचालन स्तर 16–20 स्ट्रोक प्रति मिनट है जिससे उपयोगकर्ता को थकान होती है और बूंदों के आकार में निरंतरता नहीं होती है क्योंकि दबाव समान नहीं रहता है, जिसके परिणामस्वरुप रसायन के उपयोग का पौधें पर प्रतिकूल प्रभाव पड़ता है। इसे देखते हुए सौर शक्ति–चालित

चित्र 18.3: सौर ऊर्जा चालित नैपसेक स्प्रेयर द्वारा कृषि रसायनों का प्रयोग

छिड़काव प्रणाली विकसित की गई है, जिसमें समरुप दबाव तथा मानव शक्ति के कम लगने वाले लाभ विद्यमान है। इसमें एक लैड़ एसिड बैटरी है, जिसे 60 वाट के एस.पी.वी. पैनल से चार्ज किया जा सकता है। इसमें डायफ्राम प्रकार का पम्प होता है जो बिना किसी परिवर्तन के 40 कि.ग्रा. प्रति वर्ग सें.मी. के दबाव पर काम करता है और इससे पतला/बारीक समरुप छिड़काव होता है।

सोलर ड्रायरः किसी पदार्थ की नमी को निकालने के लिए दी जाने वाली ताप की मात्रा पर इसका सफलतापूर्वक सूखना निर्भर करता है, सोलर ड्रायर में मौजूद सूखी हवा के मात्रा इसकी नमी को सोख लेती है, नमूने में मौजूद नमी की मात्रा को निकालने के लिए हवा का पर्याप्त परिचालन किया जाता है।

चित्र 18.4: सोलर शुष्कक

उत्पाद को सुखाने का कार्य केवल इसके पास अपेक्षाकृत सूखी हवा के परिचालन से किया जा सकता है। एक सोलर शुष्कक में ड्रायर बौक्स, छिद्र युक्त ट्रे, सौर अवशोषक काँच का कवच और वायु संवातन आदि मुख्य भाग होते है। सौर ड्रायर द्वारा अनाज, फल और सब्जियां को सुरक्षित स्थान पर बेहतर तरीके से सुखाया जा सकता है।

सोलर शक्ति चलित रेफ्रिजिरेटरः ग्रामीण क्षेत्रों में जहाँ बिजली नहीं है वहाँ सोलर चालित रेफ्रिजरेटर का प्रयोग कर सकते हैं तथा फल एवं सब्जियों को भण्डारित कर सकते हैं। इसके लिए 100 वाट के चार सोलर पैनल, 1400 वोल्ट एम्पीयर इन्वर्टर व 24 वोल्ट/150 एम्पीयर घंटा बैटरी का एक सोलर पैक बनाया गया है जो 80 लीटर/90 वाट के फ्रिज को चलाने के लिये उपयोगी है। इस सोलर पैक से 80 ली./90 वाट के फ्रिज को 24 घंटे चलाने के अतिरिक्त 28 वाट के तीन टयूब लाइट को 6 घंटे एवं 50 वाट के एक फेन को 18 घंटे चला सकते हैं।

चित्र 18.5: सौर ऊर्जा चलित रेफ्रिजरेटर

बॉक्स प्रकार के सौर कुकरः सौर ऊर्जा की सहायता से बॉक्स प्रकार के सौर कुकर में भोजन पकाया जाता है और पारम्परिक ईंधन की बचत में सहायता मिलती है। इस कुकर को चावल, दाल, कढ़ी, सब्जियाँ, स्नेक्स, सूप, मिठाईयाँ, सॉस, जैम, अचार, बिस्किट, केक, पुड़िया आदि बनाने में प्रयोग किया जा सकता है। जबकि इससे तलने या रोटी सेकने के लिए प्रयोग नहीं किया जा सकता है।

चित्र 18.6: सोलर कुकर

सौर लालटेनः सौर लालटेन एक वहनीय (पोर्टेबल) रोशनी प्रणाली है, इसे एक स्थान से दूसरे स्थान पर ले जाना आसान है ओर इसलिए यह घरेलू तथा बाहरी दोनो प्रकार के उपयोगों के लिए आदर्श है, सीएफएल/एलईडी वाले सौर लालटेन मॉडल उपलब्ध है।

चित्र 18.7: ग्रामीण क्षेत्रों में सौर ऊर्जा चलित लालटेन का उपयोग

सौर ऊर्जा पर सरकार द्वारा अनुदान

सरकार की और से सौर ऊर्जा अपनाने वालों को अलग–अलग तरीके से अनुदान देने का प्रावधान किया गया है। सिंचाई और पेयजल के लिए दो से पांच हार्स पावर का सोलर पावर पंप लगाने पर केंद्र सरकार 30 प्रतिशत और राज्य सरकार 75 फीसदी तक अनुदान उपलब्ध कराती है। देश मे मानसून के डेढ़ महीने बीतने के बाद लगभग 33 प्रतिशत की कमी के कारण किसानों को अब अपनी फसल बचाने के लिए सिंचाई के दूसरे साधनों की तरफ देखना पड़ रहा है। सोलर सिंचाई पम्प किसानों को डीजल और बिजली से चलने वाले उपकरणों की तुलना में सस्ता और सुरक्षित विकल्प प्रदान करता है। गौरतलब है की कृषि मंत्रालय ने सोलर सिंचाई पम्प को कृषि उपकरणों की सूची में जोड़ दिया है, जिससे केंद्रीय योजना के तहत अनुदान उपलब्ध कराया जा सके।

सोलर पम्प पर अनुदान सुलभ दो एच.पी. तक के सोलर पम्प पर कुल लागत का अधिकतम 57600 रुपये प्रति इकाई का अनुदान दिया जाएगा तथा 3 से 5 एच. पी. सोलर के पम्प पर 54000 रुपये प्रति यूनिट का अनुदान मिलेगा। वर्तमान मे विभिन्न राज्यों में उपलब्ध सोलर पम्पों की औसत कीमत 2 एच.पी. के पम्प रुपये

342 लाख है, 3 एच.पी. की कीमत 570 लाख एवं 5 एच.पी. के पम्प की कीमत लगभग 912 लाख है। जिस पर राज्य सरकार 75 फीसदी तक अनुदान उपलब्ध कराती है। कृषि मंत्रालय ने नवीन और अक्षय ऊर्जा मंत्रालय की सहमति से राज्यों द्वारा क्रियान्वित की जाने वाली नयी "सब मिशन कृषि यंत्रीकरण योजना" का शुभारंभ किया है। इस योजना में केंद्र राज्य सरकार को विभिन्न प्रकार के कृषि उपकरणों की खरीद पर वित्तीय सहायता उपलब्ध कराता है

सोलर प्रकाशवोल्टीय प्रणालियां

सौर प्रकाशवोल्टीय सौर ऊर्जा को सीधे ही बिजली में परिवर्तित करने से सम्बंधित होता है। प्रकाशवोल्टीय सेलों को सोलर सेल कहा जाता है। जब इन सेलों को धूप में रखा जाता है, तो विशेष गुणवत्ता वाले इन धातुओं में इलेक्ट्रॉन का बहाव शुरु हो जाता है। जिससे बिजली उत्पन्न होने लगती है और जब तक धूप रहती है तब तक उसमें विद्युत उपलब्ध रहती है। कई सेलों का एक साथ जोड़कर सौर प्रकाशवोल्टीय मॉड्यूल बनता है। अनेक सौर प्रकाशवोल्टीय प्रणालीयां जैसे सौर लालटेन, सौर होम लाइटिंग, सौर स्ट्रीट लाइटिंग, सौर वाटर पंपिंग, सौर स्टैंड एलोन विद्युत संयंत्र आदि विकसित किये गए है और इनका उपयोग भरोसेमंद है। इस लेख में सौर प्रकाशवोल्टीय शक्ति प्रणाली के निम्न भाग निम्नवत है। सोलर पट्टी, सोलर इन्वर्टर, सौर ऊर्जा नियंत्रक, सोलर बैटरी, जंक्शन बॉक्स, केबल, पीवी सिस्टम।

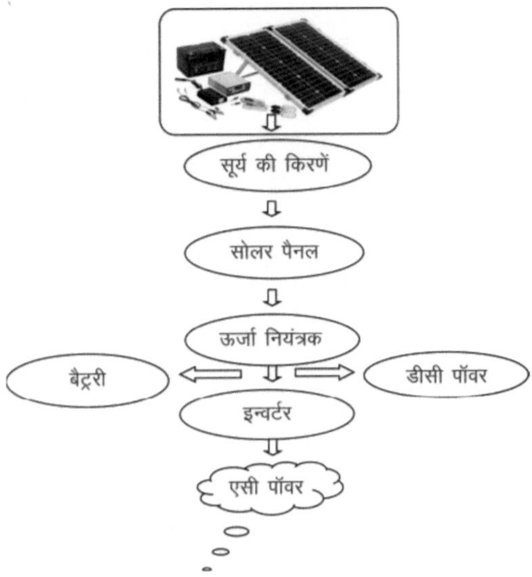

चित्र 18.8: सौर स्ट्रीट लाइटिंग सिस्टम

सौर प्रणाली का कार्य एवं रखरखाव

सोलर पट्टी

सौर पैनल फोटोवोल्टिक प्रभाव के माध्यम से विद्युत् उत्पादन करने के लिए सूर्य से प्राप्त प्रकाश ऊर्जा का उपयोग करते हैं। सोलर पैनल का रखरखाव और सफाई करने से ऊर्जा का अधिक उत्पादन आसानी से किया जा सकता है। सौर पट्टियों की जाँच बराबर करते रहना चाहिए कि कहीं पी.वी. मॉड्यूल की सतह पर धूल न रहे यदि हैं तो साफ जल से साफ कर लें। जल के अलावा अन्य किसी भी विलायकों का प्रयोग न करें। सौर पट्टी में किसी भी प्रकार की क्षति की जाँच करते रहना चाहिए यदि क्षतिग्रस्त पाया जाता है तो इसे बदल देना चाहिए।

सोलर इन्वर्टर और आवेश नियंत्रक

सौर इन्वर्टर और आवेश नियंत्रक सबसे महत्वपूर्ण हिस्सा है। सोलर इन्वर्टर का प्रयोग बैटरी को चार्ज करने के लिए किया जाता है। बैटरी चार्ज करने के अलावा यह कुछ और उपयोगी कार्य भी करता है, जैसे की रिवर्स करेंट को रोकना, बैटरी को ओवरचार्ज होने से बचाना, ओवर लोड से बैटरी की रक्षा करना तथा बैटरी चार्जिंग स्टेटस और पावर फ्लो भी दिखाना आदि सौर इन्वर्टर को एक महीने में दो बार सफाई करने की आवश्यकता पड़ती है। इसकी कार्यशीलता की जांच करना चाहिये जैसे स्वचालित जोड़ से ग्रिड द्वारा बिजली की आपूर्ति का नुकसान न हो सके तथा प्रणाली में धूल और गंदगी साफ किया जाना चाहिए।

सौर बैटरी

बैटरी का प्रयोग ऊर्जा को इकठ्ठा करने के लिए किया जाता है। बैटरी की कोशिकाओं की सफाई महीनों में एक बार करना अति आवश्यक है तथा अपेक्षित ग्रेड तक बैटरी की कोशिकाओं में तेजाब युक्त पानी डाले।

जंक्शन बक्से

जक्शन बक्से का उपयोग, सोलर पैनल, इन्वर्टर, बैटरी से आने वाली तारो को जक्शन बॉक्स से जोड़ा जाता है। इस बॉक्स के द्वारा पैनल की ऊर्जा को इन्वर्टर में सप्लाई किया जाता है। इन्वर्टर का उपयोग पॉवर को डीसी से एसी और एसी से डीसी में बदलने के लिए किया जाता है। इसका साप्ताहिक देख भाल, सफाई एवं तारो को टाइट करना अति आवश्यक है

सारणी 18.2: सौर प्रणाली का रखरखाव सूची

क्र.सं.	रखरखाव कार्य	दैनिक	साप्ताहिक	मासिक	3 महीने
1	मशीन और केबल का निरीक्षण		√		
2	सौर पैनल का सफाई एवं रखरखाव	√			
3	बैटरी का निरीक्षण		√		
4	बैटरी की सफाई				√
5	बैटरी में जल डालना			√	
6	तार का निरीक्षण		√		
7	इन्वर्टर		√		
8	बैटरी चार्जर कंट्रोलर		√		

सौर ऊर्जा से लाभ

1. सौर ऊर्जा कभी न खत्म होने वाला संसाधन है और यह अविनीकरणीय संसाधनों का सर्वोत्तम प्रतिस्थापना है।
2. हमारे देश में जहाँ ऊर्जा का उत्पादन महगा पड़ता है, तो यहाँ सौर ऊर्जा एक बेहतर विकल्प है।
3. सौर ऊर्जा वातावरण के लिए भी लाभकारी है, क्योंकि यह वातावरण में कार्बन डाई आक्साइड और अन्य हानिकारक गैस नहीं छोडती, जिससे वातावरण प्रदूषित नहीं होता।
4. सौर ऊर्जा का प्रयोग अनेक उद्देश्यों हेतु किया जाता है, जैसे कि फसल की सिंचाई के लिए, सुखाने के लिए, भोजन पकाने के लिए, लाइट के लिए आदि।
5. सौर ऊर्जा का उपयोग कृषि उपकरण, हवाई जहाज, बड़ी नावो में, उपग्रहों में, कैलकुलेटर में और अन्य उपकरणों में भी इसका उपयोग किया जाता है।
6. सौर ऊर्जा उपकरण आसानी से स्थापित किया जा सकता है यहाँ तक कि ये घर के उपर छत पर भी आसानी से लगाया जा सकता है, अन्य ऊर्जा संसाधन की तुलना में सौर ऊर्जा काफी सस्ता भी पड़ता है।

ऊर्जा संरक्षण उपायों पर भी ध्यान दें?

ऊर्जा संरक्षण के निम्नलिखित उपाय अपनाये जाने चाहिए जैसेः

1. साधारण बल्ब के स्थान पर LED/CFL का प्रयोग करें।
2. एलईडी यातायात लाइटें प्रयोग करें।
3. ट्यूब लाइटों में इलेक्ट्रोनिक चोक और पंखें में रेगूलेटरों का प्रयोग करें।
4. पानी की आपूर्ति प्रणाली में रिसाव तथा दक्ष पंपों और मोटरों का प्रयोग करें।
5. स्वचालित गति वाले पंखे और मोटरों का प्रयोग करें।
6. ऊर्जा दक्ष बिजली के उपकरण जैसे; पंखे, फ्रिज, एयर कंडीशनर, कूलर, कक्ष हीटर और वॉटर पंपों का प्रयोग करें।
7. ईंधन के लिये काटे गये वृक्षों के स्थान पर नये वृक्ष लगाये जाने चाहिये।
8. सौर ऊर्जा एवं बायोगैस उत्पादन संयंत्रों के डिजाइन में सुधार कर उन्हें और अधिक दक्ष बनाना चाहिए।
9. सोलर ऊर्जा का प्रसार–प्रचार पूरे देश में किया जाना चाहिए तथा इसके उपयोग के लिये विकसित तकनीक को जन–मानस तक पहुँचना चाहिए।
10. गैर परम्परागत ऊर्जा स्रोत की खोज और उनके उपयोग के लिये तकनीकों का विकास किया जाना चाहिये।
11. बायोगैस ऊर्जा उत्पादन को वृहत स्तर पर लिया जाना चाहिए।

भारत के साथ–साथ विदेशों में अक्षय ऊर्जा का क्षेत्र काफी व्यापक है। सम्पूर्ण विश्व में नवीकरणीय ऊर्जा के अधिक से अधिक उपयोग और उसे अधिक महत्व देने का चलन चल रहा है। इसलिए, इस क्षेत्र में अनुसंधान कार्यों के साथ–साथ और अधिक प्रक्षेत्र कार्य से सम्बन्धित कार्य किए जा रहे हैं, जो इस सेक्टर में विभिन्न आयामों का पता लगाने के इच्छुक उम्मीदवारों के लिए अनेकों अवसर खोल रहे हैं।

19

स्मार्ट जल प्रबंधन

कृषि ने अनादि काल से विविध मानव आवश्यकताओं को पूरा करने में एक प्रमुख भूमिका निभाई है। अधिक उपज देने वाली किस्मों के आगमन और आधुनिक खेती पद्धतियों (हरित क्रांति के प्रमुख घटक) को अपनाने के साथ, भारत ने पिछले 75 वर्षों के दौरान खाद्यान्न उत्पादन में बहुत प्रगति की है। हालांकि, सघन खेती के तरीकों को अपनाने से मृदा और जल जैसे प्राकृतिक संसाधनों की गुणवत्ता में गिरावट/क्षरण हुआ है। जल संसाधन दिन–प्रतिदिन घटते जा रहे हैं, जबकि प्राथमिक क्षेत्र पर दबाव बढ़ रहा है कि वह बढ़ती मानव जनसंख्या को खिलाने के लिए खाद्यान्न उत्पादन के उच्चस्तर को बनाये रखे। वैश्विक और राष्ट्रीय स्तरों पर सिंचाई क्षेत्र की तुलना में ऊर्जा और उद्योग जैसे अन्य क्षेत्रों से जल मांग अभूतपूर्व दर से बढ़ रही है जो जल संसाधनों का अधिक विवेकपूर्ण उपयोग करने के लिए हम पर अतिरिक्त दबाव डालता है। इसके लिए फसलों की संभावित उपज प्राप्त करने और प्रति बूंद अधिक फसल उत्पादन के लक्ष्य को पूरा करने के लिए कृषि में जल–उपयोग कुशल तकनीकों को उपयोग में लाने की आवश्यकता है। इष्टतम समय पर सिंचाई के माध्यम से मात्रा और गुणवत्ता दोनों में सुनिश्चित जल आपूर्ति समय की मांग है। भारत में लगभग 140 मिलियन हेक्टेयर के कुल शुद्ध कृषि योग्य क्षेत्र में से केवल 51% क्षेत्र शुद्ध सिंचित है। सतही और भूजल सिंचाई दोनों में काफी जल का नुकसान होता है, जिससे जल उपयोग दक्षता कम होती है। केंद्रीय जल आयोग, भारत सरकार के अवलोकन और प्रबंधन सुधार संगठन ने अपनी रिपोर्ट में कहा कि सतही जल और भूजल की उपयोग क्षमता क्रमशः 50% और 70% है। वर्तमान में, भारत में सिंचाई की जल मांग कुल जल मांग का 84% है और इसे उद्योग और ऊर्जा क्षेत्रों से कड़ी प्रतिस्पर्धा का सामना करना पड़ रहा है और हमें मौजूदा जल संसाधनों का विवेकपूर्ण उपयोग करने को बाध्य करता है। जलवायु एवं मौसम परिवर्तन की स्थिति में जल संसाधनों की सिंचाई के किये उपलब्धता काफी बिगड़ जाती है अतः सिंचाई क्षेत्र में जल उपयोग दक्षता को बढ़ाने की अत्यधिक आवश्यकता है। फसलों को सही समय

पर, सही मात्रा में और सही तरीके से पानी उपलब्ध कराकर जल उपयोग दक्षता के उच्चतम स्तर को प्राप्त किया जा सकता है। यह उद्देश्य केवल आधुनिक या स्मार्ट/सटीक सिंचाई प्रणालियों/पद्धतियों को तेजी से अपनाने से ही पूरा किया जा सकता है। संयुक्त राष्ट्र की कई रिपोर्टों के अनुसार, पानी की कमी 2025 तक लगभग 20% मानव जनसंख्या को प्रत्यक्ष रूप से प्रभावित करेगी, और अप्रत्यक्ष रूप से शेष निवासियों के साथ–साथ अर्थव्यवस्थाओं और पूरे पारिस्थितिक तंत्र को प्रभावित करेगी। इंटरनेट ऑफ थिंग्स (आईओटी), बिग डेटा और आर्टिफिसियल इंटेलिजेंस (ए.आई) प्रौद्योगिकियों के संयोजन पर आधारित स्मार्ट जल प्रणालियां आने वाले समय में बहुत ही महत्वपूर्ण सहायक होने वाली हैं और जल संसाधनों के अविवेकपूर्ण उपयोग से होने वाले नुकसान को कम करके फसल उत्पादन को बनाये रख सकती हैं।

स्मार्ट जल क्षेत्र

स्मार्ट जल क्षेत्र का तात्पर्य है जल की गुणवत्ता को बचाए रखते हुए उसका प्रबंधन और वितरण है। स्मार्ट प्रारूप में जल की निरतंर आपूर्ति सुनिश्चित करने के लिए हमें दो प्रमुख बिन्दुओं पर ध्यान देने की आवश्यकता है जिसमें गैर–राजस्व जल में कमी और अपशिष्ट जल के पुनर्चक्रण और पुनः उपयोग को प्रोत्साहित करना।

गैर राजस्व जल को कम करने और अपशिष्ट जल पुनर्चक्रण और पुनः उपयोग को प्रोत्साहित करने के अतिरिक्त ऐसे अनेक स्मार्ट समाधान है जिन्हें भारत भावी स्मार्ट जल क्षेत्र की ओर अग्रसर होने के लिए अपना सकता है। इनमें से कुछ निम्नलिखित हैः

1. इंटरनेट ऑफ थिंग्स (आईओटी) तकनीक का कार्यान्वयन इस प्राविधि के लिए जल प्रणाली का विश्लेषण और निगरानी करने के लिए जल से सम्बधित आंकड़ों को लम्बी दूरी पर वायरलेस तरीके से एक केन्द्रीय डैशबोर्ड पर निर्बाध रूप से प्रेषित करने की आवश्यकता होगी।

2. सेंसर, सुदूर संवेदन, भौगोलिक सूचना प्रणाली तकनीकियां और अदृश्य उपकरण सेवा क्षेत्र वाटरशेड और क्षेत्रीय स्तर पर जल संसाधनों के प्रबंधन के कुछ प्रमुख माध्यम है।

3. सुदूर संवेदन/प्रतिबिम्ब तकनीकियों जैसे उपग्रहों और ड्रोन का उपयोग अलग–अलग या एक साथ किया जा सकता है ताकि जल संसाधनों के मानचित्र, जल प्रवाह को मापने और जल उपक्रमों परिसम्पत्ति प्रबंधन के लिए आंकड़े प्रदान किए जा सके।

4. नये और वर्तमान स्थिर और मोबाइल सेंसरों का उपयोग अन्य मापदंडों के अतिरिक्त जल की गुणवत्ता, प्रवाह, दबाव और जल स्तर पर वास्तविक समय आंकड़े प्रदान करने के लिए किया जा सकता है। दैनिक संचालन में सहायता के लिए सेंसरों को पूरी जल प्रणाली में लगाया जा सकता है। जिससे संचालकों का इष्टतम उपयोग हो सके। ये लगातार होने वाली नुकसानदेह घटनाओं जैसे कि पाइप फटना, जल के मलिन होने, सीवर अवरुद्ध होने का पता लगाने, निदान करने और उन्हें अग्रसक्रिय रूप से रोकने में सहायक हो सकते हैं।

5. स्मार्ट मीटर का उपयोग उपभोक्ता के जल के उपयोग को अभिलेखित करने के लिए किया जा सकता है जो जल की खपत का स्पष्ट ब्यौरा प्रदान करेगा और उपभोक्ता तथा जल उपक्रम दोनों को सटीक आंकड़े प्रदान करेगा जिससे जल प्रबंधन बेहतर किया जा सकेगा।

6. जल प्रणाली में कृत्रिम बुद्धिमता का उपयोग जल उपक्रमों के युक्तिपूर्ण और लाभप्रद संचालन को सुनिश्चित कर सकता है जिसमें परियोजनाओं की बेहतर योजना व निष्पादन, वास्तविक समय में संसाधन हानि की बेहतर निगरानी एवं समझ, अधिक कुशल संग्रह तथा वितरण नेटवर्क, अधिकतम राजस्व प्राप्त करना और उपभोक्ताओं की संतुष्टि शामिल है।

7. संवर्धित और आभासी वास्तविक तकनीकियां डिजिटल जल प्रणाली में अपना अनूठा योगदान देती है। संवर्धित और आभासी वास्तविक तकनीक में पाइप, केवल और अन्य परिसम्पत्तियों का होलोग्राफिक रूपांकन प्रदान करके कार्यक्षेत्र में निर्णय लेने में सहायक होने और कर्मियों के लिए समग्र, परिदृश्य आधारित प्रशिक्षण प्रदान करने की क्षमता है।

8. जलाशय संचालन, बाढ़ पूर्वानुमान और जल प्लावन मानचित्र में उपग्रह/ड्रोन/जीआईएस/एआई का उपयोग बाढ़ के प्रकोप को कम करने और हजारों लोगों की जाँच में सहायता कर सकता है।

स्मार्ट जल प्रबंधन का अर्थ

स्मार्ट जल प्रबंधन के लिए प्रणालियों के एकीकरण और जल संसाधनों के उपयोग और गुणवत्ता की निगरानी, नियंत्रण और विनियमन के साथ–साथ पाइप, पम्प आदि जैसे सम्बन्धित उपकरणों को बनाए रखने के लिए उपायों के एक जटिल नेटवर्क होता है। स्मार्ट जल प्रबंधन जल की इष्टतम मात्रा सुनिश्चित करके अधिकतम समय तक फसल की जड़ों में जल उपलब्ध रहता है ताकि पौधे अपनी वाष्पोत्सर्जन और चयापचय आवश्यकताओं को सबसे सटीक तरीके से पूरा कर सकें। इसका अन्य अर्थ समय के साथ जल संसाधनों का बुद्धिमानी से उपयोग करना भी है, जिसकी जलवायु से प्रेरित लगातार बढ़ती जल की कमी के परिदृश्य के तहत उच्च प्रासंगिकता है। स्मार्ट जल प्रबंधन में हार्डवेयर और सॉफ्टवेयर उपकरणों की एक विस्तृत श्रृंखला है, जिसमें सेंसर, मीटर, डेटा प्रोसेसिंग और विज़ुअलाइज़ेशन टूल, एक्चुएटर और वेब और मोबाइल नियंत्रण शामिल हैं, जो जल प्रणालियों से जोड़ते हैं।

स्मार्ट जल प्रबंधन के उद्देश्य

स्मार्ट जल प्रबंधन का प्राथमिक उद्देश्य जल संसाधनों का उचित और सतत उपयोग और पुनर्चक्रण है। बढ़ती जनसंख्या, बढ़ते पर्यावरणीय पहलु खाद्य और कृषि क्षेत्र पर दबाव जल को और भी अधिक कीमती संपत्ति बनाते हैं। जल प्रबंधन प्रौद्योगिकियां और गतिविधियों के निम्नलिखित उद्देश्यों हैं:

जल क्षति को कम करें: कृषि, निर्माण, बिजली उत्पादन के लिए उच्च मात्रा में प्रयोग होने वाले जल की बर्बादी को कम करें। इसका तात्पर्य कृषि में सटीक खेती, स्मार्ट सिंचाई, फसल जल प्रबंधन, रीयल–टाइम वॉटर मीटरिंग और इंटरनेट ऑफ थिंग्स के अन्य अनुप्रयोगों जैसी उच्च तकनीकों की शुरूआत से है। जल रिसाव और नमी सेंसर से लैस स्मार्ट जल प्रबंधन उपकरणों का उपयोग करके जल रिसाव नियंत्रण उपयोग करें। जल संसाधनों और बजट को सुरक्षित रखने के लिए जल रिसाव नियंत्रण आवश्यक है।

जल उपयोग दक्षता बढ़ाएं: जल संग्राहकों, उपयोगी संयंत्रों, वितरण साधनों और अपशिष्ट जल पुनर्चक्रण केंद्रों जैसी जल प्रणालियों की दक्षता में वृद्धि करें। जल प्रबंधन के लिए आईओटी और डेटा समाधानों का उपयोग करके, पानी के दबाव, तापमान, प्रवाह आदि जैसे महत्वपूर्ण माप को हाथ में रख कर, पूर्वानुमानित रखरखाव को एकीकृत कर सकते हैं और उपकरण के टूटने से बचा सकते हैं।

जल संसाधनों की बेहतर निगरानीः आईओटी आधारित जल प्रबंधन प्रणालियों के माध्यम से जल संसाधनों की खपत पर निगरानी कर सकते हैं। यह विभिन्न स्तरों–घरों, समुदायों, देशों और पूरे ग्रह पर जल संसाधनों के उपयोग को अनुकूलित और नियंत्रण में रखने में मदद करता है।

जल गुणवत्ता में सुधारः जल गुणवत्ता में सुधार और रासायनिक अपशिष्ट और प्राकृतिक प्रदूषण जैसे अम्लीकरण से प्रदूषण को रोकें। जल गुणवत्ता को सुधारने और बनाए रखने के लिए रीयल–टाइम निगरानी और नियंत्रण के लिए सेंसर और आईओटी तकनीक का उपयोग कर सकते हैं ।

स्मार्ट जल प्रबंधन के लाभ

स्मार्ट जल प्रबंधन के लिए इंटरनेट ऑफ थिंग्स (आईओटी) किसानों एवं अन्य जल उपभोक्ताओं के लिए एक सम्पूर्ण जल प्रबंधन की इकाई के रूप में काम करते हुए जल की नियमित आपूर्ति एवं अधिकतम उपयोग दक्षता सुनिश्चित करती है। आज, IoT की अवधारणा ने जल प्रबंधन में एक नए विचार का संचार किया है जिससे पानी इंटरनेट के द्वारा फसल को नियमित उपलब्ध होता है। इसके लिए जल आपूर्ति श्रृंखला में सभी अवयवों/इकाईओं जैसे; जल स्रोत, उपचार संयंत्र, जल प्रबंधन प्रणाली, वितरण तंत्र, वातावरणीय परिस्थिति एवं जल उपयोग दक्षता को जोड़ने की आवश्यकता होती है। शायद, आपूर्ति श्रृंखला को आवश्यक प्रक्रियाओं, डेटा अनुप्रयोगों और उपकरणों से लैस करने के लिए IoT से बेहतर कोई तकनीक नहीं है।

पारदर्शिताः IoT का उपयोग करके स्मार्ट जल प्रबंधन के सबसे बड़े लाभों में से एक जल आपूर्ति श्रृंखला में सभी प्रक्रियाओं की पारदर्शिता में सुधार करना है। संपूर्ण आपूर्ति श्रृंखला में एकत्र किए गए आंकड़ों के माध्यम से विभिन्न किसानों एवं अन्य जल उपभोक्ताओं को उनके संसाधनों और सिस्टम प्रदर्शन पर महत्वपूर्ण अंतर्दृष्टि होती है नतीजतन, वे अपने संचालन को बेहतर बनाने में समुचित निर्णय ले सकते हैं।

तत्काल समाधानः स्मार्ट जल प्रबंधन प्रणालियों को एकीकृत करने का एक महत्वपूर्ण लाभ जल प्रबंधन में खामियों की पहचान करने तथा संभावित समाधान और नुकसान को कम करने के लिए तुरंत प्रतिक्रिया देने की क्षमता होती है। उदाहरण के लिए, जल गुणवत्ता और रासायनिक संरचना की वास्तविक समय

की निगरानी से मामूली संदूषण का भी पता लगाने और खतरनाक होने से पहले ही उसे सुधर लिया जाता है।

स्वचालन और अनुकूलित संसाधनः IoT जल प्रबंधन समाधान किसानों एवं अन्य जल उपभोक्ताओं को आंशिक रूप से या पूरी तरह से सिंचाई प्रणाली को स्वचालित करने और मानव शक्ति के उपयोग को अनुकूलित करने की क्षमता होती हैं। स्वचालन की गहराई और कार्य क्षेत्र और विशिष्ट व्यावसायिक आवश्यकताओं पर भिन्न होता है। उदाहरण के लिए, स्मार्ट जल आपूर्ति और उपयोगिता नेटवर्क कनेक्टेड मीटर, रीयल–टाइम निगरानी प्रणाली और गतिशील मूल्य निर्धारण मॉडल का उपयोग करके फसलों को जल उपलब्ध कराने के पूरे जीवन चक्र को स्वचालित कर सकते हैं।

इष्टतम लागतः स्वचालन, मानव संसाधनों का अनुकूलित उपयोग, डेटा–संचालित रणनीति और उपकरण रखरखाव और संसाधन उपयोग के लिए सक्रिय दृष्टिकोण अंततः महत्वपूर्ण पहलु हैं। स्मार्ट जल प्रबंधन में IoT के उपयोग लंबे समय में परिचालन लागत को कम करते है।

टिकाऊपनः कृषि में टिकाऊपन लाने हेतु स्मार्ट जल प्रबंधन तकनीक बहुत ही महत्वपूर्ण प्रणाली है। स्मार्ट जल उपयोग प्रौद्योगिकियाँ जल बचत के साथ उच्च दक्षता, कम कार्बन फुटप्रिंट, प्रदूषण और जल संरक्षण सहित विभिन्न पर्यावरणीय लक्ष्यों तक पहुँचने के साधन के रूप में देखा जाता है।

दूरदर्शिताः जब जल बचाने की बात आती है, तो स्मार्ट तकनीक न केवल व्यवसायों और उपभोक्ताओं के लिए लाभप्रद होती है, बल्कि आगे उन्मुख जल संरक्षण रणनीतियों के निर्माण के लिए जिम्मेदार शोधकर्ताओं के लिए भी लाभप्रद होती है। आपूर्ति श्रृंखला में जल आपूर्ति प्रबंधन और अन्य सम्बन्धित पद्धति द्वारा प्रदान किए गए डेटा का उपयोग करके, शोधकर्ता समुदायों, पारिस्थितिक तंत्र और पूरे ग्रह के लाभों के लिए जल संसाधनों के उपयोग को अनुकूलित करने के तरीके पर डेटा–संचालित रणनीतियों का निर्माण कर सकते हैं।

स्मार्ट जल प्रबंधन की तकनीक

आज, स्मार्ट जल तकनीक मीठे जल के जलाशय से लेकर अपशिष्ट जल एकत्र करने और पुनर्चक्रण तक पूरी जल आपूर्ति श्रृंखला में पारदर्शिता और बेहतर नियंत्रण लाती है। इस श्रेणी में जल प्रबंधन के लिए आईओटी उपकरण, पद्धति

और सॉफ्टवेयर उपकरण शामिल हैं जो जल के उत्पादन, वितरण और खपत को अनुकूलित करने में सहायक है और स्मार्ट जल उपचार प्रणालियों को सक्षम करते हैं।

जल सेंसर

जल संवेदकों की विशाल विविधता और उद्देश्यों के कारण स्मार्ट जल प्रबंधन में व्यापक अनुप्रयोग हुये हैं। एक बहुत ही आधारभूत जल आपूर्ति श्रृंखला में, जल सेंसर जलग्रहण जल गुणवत्ता, उपचार और अपशिष्ट जल के बाद जल में रासायनिक संरचना, आदि मापते हैं। इसके अतिरिक्त जल संवेदकों के जलाशय में बदलती जल की मात्रा, वितरण पाइपलाइन में पाइपों पर दबाव, घिसाव उपकरण और मशीनरी जो अंतवर्तीय खेतों में जल संसाधित और वितरित करते हैं। IoT वॉटर सेंसर द्वारा एकत्र किए गए डेटा का उपयोग करके, जल आपूर्ति श्रृंखला के विभिन्न बिंदुओं पर प्रबंधकों को जल संसाधनों और उपकरणों की बदलती परिस्थितियों में महत्वपूर्ण अंतदृष्टि प्राप्त होती है और मांग पर डेटा–संचालित सुधारात्मक उपाय कर सकते हैं।

स्मार्ट वॉटर मीटर

स्मार्ट वॉटर मीटर और मॉनिटरिंग हब वास्तविक समय में पानी की खपत को मापने की अनुमति देते हैं, अत्यधिक उपयोग और अपशिष्ट बिंदुओं के साथ–साथ सही उपयोग पैटर्न की पहचान करने और भविष्य की खपत के लिए भविष्यवाणी करने में मदद करते हैं। स्मार्ट मीटर और जल निगरानी प्रणाली का उपयोग करके, हम जल की खपत की दिनचर्या को ठीक कर सकते हैं और स्थिरता और बजट लक्ष्यों तक पहुँच सकते हैं।

स्वचालित जल वितरण प्रणाली

तनाव मुक्त वातावरण में उच्चतम उत्पादकता प्राप्त करने के लिए पूरी तरह से स्वचालित जल प्रबंधन प्रणालियों की आवश्यकता है। पर्यावरण सेंसर और पूर्व निर्धारित या मशीन लर्निंग एल्गोरिदम का उपयोग करके, वितरण प्रणाली जल की आपूर्ति को गतिशील रूप से नियंत्रित कर सकती है। स्मार्ट सिंचाई के मामले में, उदाहरण के लिए, स्प्रिंकलर और ड्रिपर्स मृदा नमी, हवा की नमी और फसल की स्थिति सेंसर से पढ़ने के आधार पर पर्याप्त जल प्रदान करते हैं।

स्मार्ट सिंचाई

स्मार्ट ऑन–डिमांड सिंचाई के लिए सेंसर आधारित सिंचाई ही एक मात्र समाधान है। यह सुनिश्चित करने के लिए पौधों में जल की स्थिति को मापना है तथा पौधे को सर्वोत्तम पोषण मूल्य और उच्चतम उपज के लिए पर्याप्त जल मिले। पौधों पर आधारित एकत्रित डेटा को मौसम के पूर्वानुमान के साथ जोड़ा जाता है। एआई एल्गोरिदम डेटा के आधार पर आदर्श सिंचाई योजना की गणना करते हैं और किसानों को उनकी फसलों को उच्चतम स्वास्थ्य पर रखने में सहायता करते हैं।

स्मार्ट स्प्रिंकलर सिंचाईः स्प्रिंकलर सिंचाई, जल को लगाने की एक विधि है जो प्राकृतिक वर्षा के समान जल वितरण किया जाता है। आमतौर पर पंपिंग द्वारा पाइप की एक प्रणाली के माध्यम से स्प्रिंकलर के जरिए हवा में स्प्रे किया जाता है ताकि यह टूटकर जल की छोटी–छोटी बूंदों में जो जमीन पर गिरती हैं। स्मार्ट सिंचाई प्रबंधन में स्प्रिंकलर पद्धति को जल सेंसर्स एवं विभक्त सहयोगी प्रणाली से जोड़कर सिंचाई का निर्धारण करते हैं जिससे फसल को जब जल की आवश्यकता होती है तभी स्वचालित स्प्रिंकलर्स से सिचाई हो जाती है तथा फसल से अधिकतम उत्पादन होता है। स्मार्ट स्प्रिंकलर सिंचाई सब्जियों में तो काफी प्रचिलित है परन्तु इसकी धान्य फसलों में भी अपर सम्भाना है जिससे न केवल उत्पादन दुगना होगा अपितु जल बचत एवं लगत में भी कमी आएगी।

स्मार्ट बून्द–बून्द सिंचाईः बून्द–बून्द सिंचाई विधि जल बचत के साथ अधिकतम उत्पादन देती है। अन्य सिंचाई विधियों की तुलना में बून्द–बून्द सिंचाई से जल उपयोग क्षमता 90 प्रतिशत से भी अधिक होती है तथा फसल उत्पादन उच्च गुणवत्ता युक्त होता है। परम्परागत बून्द–बून्द सिंचाई संरचना को जल सेंसर्स एवं IoT से जोड़कर स्वचालित किया जा सकता है जिससे बिना किसी जल तनाव के फसल को उगाया जा सकता है। बड़े–बड़े ग्रीन हाउस क्षेत्रों में आज इस तकनीक को अपनाया जा रहा है तथा उच्च गुणवत्तायुक्त उत्पादन प्राप्त कर अधिक आय प्राप्त हो रही है। भारत के छोटे एवं सीमांत किसानों के लिए यह तकनीक एक वरदान सिद्ध होगी विशेषकर सीमित जल संसाधनों वाले क्षेत्रों में जहाँ जल की बहुत समस्या है।

उपसतह ड्रिप सिंचाईः उपसतह ड्रिप सिंचाई एक कम दबाव एवं जल की कम मात्रा वाली सिंचाई प्रणाली है जिसमें जल को सिंचाई के रूप में उपयोग करने हेतु भूमि में दबी हुई छिद्रयुक्त पाइपों का उपयोग किया जाता है जिससे जल

पौधे की सभी दिशाओं में सामान रूप से वितरित होता है तथा जड़ों का फैलाव ज्यादा होता है जो अधिक मात्रा में जल एवं पोषक तत्वों को अवशोषित कर अधिक उत्पन देती है। इस विधि से सिंचाई प्रबंधन जल के वाष्पीकरण द्वारा होने वाले जल का क्षरण नगण्य होता है। उपसतह ड्रिप सिंचाई के कई लाभ हैंः जैसे जल संरक्षण, अधिक उर्वरक दक्षता, अत्यधिक कुशल जल अनुप्रयोग, वाष्पीकरण नुकसान का उन्मूलन, हल्की सिंचाई प्रदान करना, रोग और खरपतवार की कम समस्याएं तथा ऑपरेशन के लिए आवश्यक कम दबाव इत्यादि। उपसतह सिंचाई लगभग सभी फसलों, विशेष रूप से उच्च मूल्य वाले फलों और सब्जियां के लिए उपयुक्त है। छिद्रयुक्त पाइपों को ट्रैक्टर द्वारा मृदा सतह के नीचे स्थापित किया जाता है। छिद्रयुक्त पाइपों की गहराई मृदा की विशेषताओं और फसल प्रजातियों पर निर्भर करती है जो खेत की फसलों के लिए 15–20 सें.मी. तथा पेड़ की फसलों के लिए 30–50 सें.मी. होती है। उपसतह सिंचाई तकनीक एक स्मार्ट सिंचाई विधि है जो अधिकतम जल एवं पोषक तत्व उपयोग दक्षता को सुनिश्चित कर अधितम फसल उत्पादन में सहायक है ।

स्मार्ट वर्षा जल प्रबंधन

रेनग्रिड कम्पनी वर्षा और तूफान के जल को एक ऐसे जल संसाधन में बदल देती है जो स्वतंत्र घरों और पूरे पड़ोस के लिए जल आवश्यकताओं को पूरी तरह से पूरा करने में सक्षम है। कम्पनी वर्षा जल संचयन के लिए IoT और डेटा समाधानों को डिजाइन और कार्यान्वित करती है और इसे ऑफ–ग्रिड समुदायों के लिए एक प्रमुख जल स्रोत में बदल देती है। यह दृष्टिकोण दिखाता है कि कैसे जल संसाधन प्रबंधन में इंटरनेट ऑफ थिंग्स का उपयोग अधिक टिकाऊ और लचीले जीवन के लिए नए विकल्पों को अनलॉक करने में सहायता करता है।

निष्कर्ष

जल एक बहुत ही दुर्लभ प्राकृतिक संसाधन और फसल उत्पादन के लिए एक सीमित कारक बनता जा रहा है। साथ ही लगातार बढ़ती मानव जनसंख्या के कारण खाद्यान्न उत्पादन की मांग लगातार बढ़ रही है। इस चुनौती का समाधान करने के लिए, हमें सटीक सिंचाई जल प्रबंधन जैसे जल–उपयोग कुशल कृषि पद्धतियों के विकास/शोधन पर ध्यान देने की आवश्यकता है। यह सही समय पर और सही तरीके से पौधे को जल की अधिकतम मात्रा का उपयोग सुनिश्चित करता है। यह सिंचाई के माध्यम से जल तनाव के संदर्भ में भूमि की

विषमता कारक को भी दर्शाता है। सूचना प्रौद्योगिकी, मशीन लर्निंग, भौगोलिक स्थिति प्रणाली (जीपीएस), भौगोलिक सूचना प्रणाली (जीआईएस), ड्रोन–आधारित निगरानी और स्वचालन में आधुनिक विकास के आगमन के साथ, सटीक सिंचाई प्रणाली अब और अधिक मजबूत हो गई है। यद्यपि स्मार्ट जल प्रबंधन ने संयुक्त राज्य अमेरिका और यूरोप में विशाल प्रगति की है, यह भारत में एक प्रारंभिक अवस्था में है और भारत में सफलता के लिए उच्च प्रारंभिक निवेश लागत, छोटी भूमि जोत, अपर्याप्त समर्थन और तकनीकी बुनियादी ढांचे आदि जैसी कड़ी चुनौतियों का सामना कर रहा है। हालांकि, हमारे पास सहकारी कृषि मॉडल के आधार पर क्लस्टर दृष्टिकोण, राष्ट्रीय स्तर की अनुसंधान परियोजनाओं और राष्ट्रीय प्रमुख कार्यक्रमों के लिए उच्च प्रोत्साहन, सार्वजनिक–निजी भागीदारी को मजबूत करने और आक्रामक रूप से मोबाइल ऐप को बढ़ावा देने के माध्यम से भारत में इसे अपनाने की पर्याप्त संभावनाएं और अवसर हैं। कुल मिलाकर, हमें संकल्पना स्तर से क्षेत्र अंगीकरण तक चरणबद्ध परिवर्तन करने की आवश्यकता है।

चित्र 19.1: स्मार्ट तरीके से हाईटेक खेती प्रणाली में जल का उपयोग

20

स्मार्ट खरपतवार प्रबंधन

स्मार्ट खरपतवार प्रबंधन कम लगात एवं सम्पूर्ण खरपतवार नियंत्रण के कारण सटीक कृषि का एक प्रमुख घटक है। स्मार्ट खरपतवार प्रबंधन के तरीके खेत में खरपतवारों के संक्रमण की अलग–अलग स्तरों के साथ उप–स्तर पर खरपतवारों को नियंत्रित करते हैं। स्मार्ट खरपतवार प्रबंधन हेतु विभिन्न उपकरण और तकनीकें उपयोग में लायी जाती हैं, जैसे; रिमोट सेंसिंग, रोबोटिक्स, उष्मीय, विद्युतीकरण, सेंसर और नैनो तकनीक इत्यादि। स्वचालित मशीनों का उपयोग सटीक खरपतवार प्रबंधन के लिए किया जा रहा है। विभक्त समर्थन के माध्यम से खरपतवार के संक्रमण के आधार पर खरपतवारों के नियंत्रण के तरीकों के चयन और समायोजन से उपकरणों की प्रभावशीलता को बढ़ाया जाता है। एक सटीक उपकरण या स्थान विशिष्ट शाकनाशी अनुप्रयोग तकनीक न केवल बड़ी मात्रा में शाकनाशियों को बचाती है, बल्कि प्रतिरोध, अवशेषों और खरपतवार वनस्पतियों के बदलाव की संभावना को भी कम करती है। खेत में खरपतवार की स्थिति के अनुकूल रोबोटिक यांत्रिक खरपतवार नियंत्रण तकनीकें फसलों के व्यापक स्तर पर अपनाई जाती हैं। छोटे पैमाने पर खरपतवार नियंत्रण के लिए विभिन्न प्रकार की तापीय (थर्मल) विधियां बहुत उपयोगी हो सकती हैं, जैसे किचन गार्डनिंग और गमलों में खेती। इस प्रकार, स्मार्ट सटीक खरपतवार प्रबंधन लागत, समय, श्रम और पर्यावरण के अनुकूलन के लिए भविष्य की तकनीक है।

पिछली शताब्दी में, वैश्विक जनसंख्या 1915 में लगभग 1.8 बिलियन से बढ़कर 7.3 बिलियन हो गई है और यह 2050 तक 9.7 बिलियन हो जाएगी। विकासशील देशों में बढ़ती जनसंख्या और आय के परिणामस्वरूप अनाज से अधिक प्रोटीनयुक्त भोजन में आहार परिवर्तन वैश्विक स्तर पर बढ़ रहा है। बढ़ती खाद्य मांग को पूरा करने के लिए फसल उत्पादन बढ़ाने की आवश्यकता है, फसल उगाने के लिए अधिक कृषि भूमि या उर्वरकों, सिंचाई और सटीक खेती जैसी आधुनिक कृषि तकनीकों के माध्यम से फसलों की उत्पादकता में वृद्धि करके बढ़ती खाद्य मांग को पूरा किया जा सकता है। फसलों की उत्पादकता बढ़ाने में कई

चुनौतियां हैं, हालांकि, संभावित उपज की कटाई में खरपतवार प्रबंधन नंबर एक समस्या बनी हुई है। खरपतवार ऐसे पौधे हैं जो स्थान और समय के अनुसार अवांछनीय पौधे हैं। सूक्ष्म जलवायु और सम्पूर्ण घटनाक्रम (फेनोलॉजी) की समान आवश्यकता जैसे; रूपात्मक, कालानुक्रमिक, जैव रासायनिक उनके प्रभावी नियंत्रण को प्रभावित करती है। स्थान, पोषक तत्वों, नमी, प्रकाश और अन्य विकास आवश्यकताओं के लिए खरपतवार फसल के पौधों के साथ प्रतिस्पर्धा करते हैं। समान शुष्क पदार्थ पैदा करने के लिए फसलीय पौधों की तुलना में खरपतवार अधिक जल और पोषक तत्वों की खपत करते हैं। कभी–कभी खरपतवार कीटों और रोगजनकों के वैकल्पिक स्थिति के रूप में भी कार्य करते हैं और बाद में फसलों को नुकसान पहुँचाते हैं। कुछ खरपतवार प्रजातियों द्वारा कुछ जहरीले रसायन (एलिलोकेमिकल्स) भी पैदा किए जाते हैं जो फसल के पौधों की जड़ और अंकुर वृद्धि को प्रतिबंधित करते हैं। खरतुआ (चेनोपोडियम म्यूरल एल) के जड़ रोमों द्वारा स्रावित एलिलोकेमिकल्स कोशिका वृद्धि चक्र पर प्रतिकूल प्रभाव डालते हैं और गेहूँ को ऑक्सीकरण क्षति के लिए जिम्मेदार होते हैं। इसी तरह, जौ की वृद्धि और प्रकाश संश्लेषक दक्षता मैलो (मालवा परविफ्लोरा एल) और खरतुआ के एलोपैथिक जल के अर्क से कम हो जाती है। गाजर घास (पार्थेनियम हिस्टेरोफोरस), पीली कटेली (आर्जिमोन मैक्सिकाना) और लेंटाना (लैंटाना कैमरा) जैसे विभिन्न खरपतवार न केवल फसल उत्पादन को नुकसान पहुँचाते हैं बल्कि मानव और पशु स्वास्थ्य के लिए भी हानिकारक हैं। खरपतवार फसलों की उत्पादकता को 34% कम करते हैं, जो कि कीड़ों और रोगों जैसे अन्य कीटों की तुलना में बहुत अधिक है। खरपतवारों के कारण होने वाले नुकसान की मात्रा एक समान नहीं होती है और खरपतवार के घनत्व, खरपतवार के प्रकार, प्रबंधन प्रणालियों, फसल के प्रकार और फसल की विविधता और विभिन्न अन्य जैविक और अजैविक कारकों के सम्बंध में भिन्न होती है। खरपतवार के कारण सबसे अधिक उपज हानि धान के बाद गेहूँ और सोयाबीन में पाई गई है। हालांकि, खरपतवार प्रबंधन प्रणालियों में प्रगति की है लेकिन फिर भी खेत की फसलों में उपज का नुकसान अभी भी बहुत अधिक है। इससे संकेत मिलता है कि पारम्परिक खरपतवार प्रबंधन तकनीकों द्वारा खरपतवारों को ठीक से नियंत्रित नहीं किया जाता है।

पारम्परिक खरपतवार प्रबंधन प्रणालियों की सीमाएं

कृषि योग्य भूमि में सफल खरपतवार प्रबंधन के लिए विभिन्न प्रत्यक्ष और अप्रत्यक्ष तरीके शामिल हैं। अप्रत्यक्ष तरीके सस्य फसल प्रबंधन प्रणालि और

निवारक उपाय जो खरपतवार के बीज अंकुरण, वृद्धि और खरपतवारों की गुणन क्षमता को हतोत्साहित करते हैं। प्रत्यक्ष विधियों में विभिन्न मानव द्वारा, यांत्रिक, रासायनिक और जैविक उपाय शामिल हैं, जिसका उद्देश्य खरपतवार नियंत्रण है। परम्परागत रूप से, खरपतवारों को मानव, यांत्रिक और रासायनिक विधियों द्वारा नियंत्रित किया जाता है। आधुनिक कृषि प्रणालियों में इन विधियों की कई सीमाएं हैं जो स्थिरता पर केंद्रित हैं। मानव द्वारा खरपतवार नियंत्रण उन क्षेत्रों में एक व्यवहार्य और सबसे कुशल विकल्प है जहाँ श्रम सस्ता और आसानी से उपलब्ध है, हालांकि, उच्च श्रम मजदूरी और अत्यधिक श्रम मांग अवधि के दौरान श्रम की कमी के कारण खरपतवार प्रबंधन के लिए यह लाभप्रद विकल्प नहीं है। इसके अतिरिक्त, औद्योगिक क्षेत्र के तेजी से विकास के परिणाम स्वरूप श्रमिकों का खेती से उद्योग की ओर पलायन हुआ है।

शाकनाशी की आसान उपलब्धता के कारण रासायनिक खरपतवार नियंत्रण अधिक सामान्य हो गया है। 20 वीं सदी के शुरूआती वर्षों में कॉपर साल्ट और सल्फ्यूरिक एसिड के साथ खरपतवार नियंत्रण में शाकनाशी का प्रयोग शुरु हुआ। वर्तमान में कुशल और लागत प्रभावी खरपतवार नियंत्रण के लिए बड़ी संख्या में चयनात्मक और गैर–चयनात्मक जैविक शाकनाशियों का उपयोग किया गया था, जिसके परिणामस्वरूप उपज में 10% से 50% की वृद्धि हुई और कई फसलों में जुताई की आवश्यकता 50% से 80% तक कम हो गई। हालांकि, शाकनाशी के अंधाधुंध उपयोग के परिणामस्वरूप बहुत गंभीर परिणाम हुए हैं जैसे कि शाकनाशी प्रतिरोध खरपतवार बायोटाइप की उपस्थिति, खरपतवार वनस्पतियों में बदलाव, बहाव और अवशिष्ट प्रभावों के माध्यम से गैर–लक्षित पौधों में विषाक्ता, अपवाह और निक्षालन के माध्यम से जल निकायों का प्रदूषण, लाभकारी जीवों/प्राकृतिक लाभप्रद कीटों पर हानिकारक प्रभाव और जैव–नियंत्रण एजेंटों, मृदा के सूक्ष्म जीवों की हत्या, वन्यजीवों और स्तनधारियों के लिए प्रतिकूलता, विकास में कमी, विषाक्ता और प्रजनन क्षमता का नुकसान इत्यादि। जैविक खरपतवार नियंत्रण शाकाहारी जीवों, विशेष रूप से कीड़े और पादप रोगजनकों का उपयोग, हानिकारक खरपतवारों के विरुद्ध किया जाता है। जैविक खरपतवार नियंत्रण अन्य खरपतवार नियंत्रण उपायों से थोड़ा अलग है, इसका उद्देश्य खरपतवार पौधों की प्रतिस्पर्धात्मक क्षमता को कम करना और खरपतवार के घनत्व को उस स्तर पर स्थिर करना है जहाँ वे कोई आर्थिक क्षति नहीं पहुँचाते हैं। लेकिन जैविक खरपतवार नियंत्रण के कार्यान्वयन में बहुत सी सीमाएं हैं, जैसे उच्च प्रारंभिक लागत, गैर–लक्षित फसल पौधों को नुकसान, बहुत धीमी कार्रवाई और पर्यावरणीय बाधाएं है।

स्मार्ट खरपतवार प्रबंधन की आवश्यकता

खरपतवार का वितरण एक समान नहीं होता है और एक खेत से दूसरे खेत में और यहाँ तक कि एक खेत के भीतर भी खरपतवार की कुल जनसंख्या और विशिष्ट खरपतवार के सापेक्ष घनत्व में बहुत भिन्नता मौजूद होती है। खरपतवार आमतौर पर छोटे–छोटे समूहों में मौजूद होते हैं। मृदा उर्वरता और मृदा नमी का असमान वितरण खरपतवारों की उपस्थिति को नियंत्रित करता है इसलिए, खरपतवार नियंत्रण की रणनीतियों और विधियों को और अधिक विकसित करने की आवश्यकता है जो इस परिवर्तनशीलता को ध्यान में रखते हुए खरपतवार नियंत्रण करें। स्थान विशिष्ट खरपतवार प्रबंधन और सटीक खरपतवार प्रबंधन एक ऐसी तकनीक है जो खरपतवार प्रजातियों के वितरण में भिन्नता को ध्यान में रखते हुए खरपवारों को नियंत्रित करती हैं। सटीक खरपतवार प्रबंधन उपक्षेत्र के आधार पर काम करता है। फसल और मौसम विश्लेषण प्रणाली के साथ अत्यधिक सटीक स्थिति प्रौद्योगिकियों, उन्नत सॉफ्टवेयर, मशीन मार्गदर्शन और अंशाकलन तंत्र के संयोजन में सटीक कृषि दुनिया भर में कृषि बदल रही है। सटीक खेती फसल उत्पादकों को खेती की दक्षता में सुधार के लिए सही स्थान और सही समय पर सही लागत (इनपुट) निर्धारित करती है। सटीक कृषि कई लाभ प्रदान करती है, जैसे समय की बचत, उत्पादकता में वृद्धि, प्रदूषण में कमी, कुल जल उपयोग में कमी और सटीक पोषक तत्व, बीज, कीटनाशक, शाकनाशी और जल अनुप्रयोग इत्यादि। ऐसी ही एक सटीक कृषि तकनीक स्मार्ट/सटीक खरपतवार प्रबंधन है जो लगभग तीन प्रमुख तत्वों को स्थानांतरित करती है जैसे (क) समय की बचत, महत्वपूर्ण समय बचाने के तरीकों के माध्यम से, (ख) कम संसाधनों का उपयोग करके, कार्यों को सही ढंग से, तुरंत और लगातार पूरा करके लागत में कमी, (ग) खेती के पर्यावरणीय प्रभावों को कम करके पर्यावरण सुरक्षा।

स्मार्ट खरपतवार प्रबंधन की अवधारणा आर्थिक लाभों को अनुकूलित करने, फसल प्रणालियों को बनाए रखने और पर्यावरण सुरक्षा के लिए स्थान विशिष्ट स्थानीय और अस्थायी परिवर्तनशीलता की पहचान, विश्लेषण और प्रबंधन करना है। रिमोट सेंसिंग, जीआईएस और जीपीएस जैसी प्रौद्योगिकियों में प्रगति के साथ, स्थान विशिष्ट खरपतवार प्रबंधन की संभावना भी बढ़ गई है। पिछले कुछ वर्षों से सटीक कृषि समुदाय स्थान विशिष्ट खरपतवार नियंत्रण तकनीकों में रुचि बढ़ी है। स्मार्ट खरपतवार प्रबंधन के लाभों में से एक है कि कृषि रसायनों का खेत में एक सामान देने के अतिरिक्त केवल खरपतवार के छोटे–छोटे स्थानों पर शाकनाशी का उपयोग करना है। स्मार्ट खरपतवार प्रबंधन प्रौद्योगिकियां न

केवल शाकनाशी उपयोग दक्षता में सुधार करने में सहायक हैं बल्कि विभिन्न अन्य सस्य तकनीकों की क्षमता को भी बढ़ाती हैं। खरपतवार प्रतिस्पर्धा को कम करने के लिए घने खरपतवार के छोटे–छोटे स्थानों में फसल बीज दर और रोपण तरीके को परिवर्तित किया जा सकता है। ग्लोबल पोजिशनिंग सिस्टम का उपयोग करते हुए खरपतवार मानचित्र औजारों से युक्त नई तकनीकों को अन्य प्रभावी खरपतवार प्रबंधन रणनीतियों के साथ एकीकृत किया जाता है। स्मार्ट खरपतवार प्रबंधन स्थानीय खरपतवार वितरण और प्रतिस्पर्धा, स्प्रेयर अनुप्रयोग तकनीकों और आर्थिक विश्लेषण करके कृषि लगात को दीर्घ अवधि में कम करता है। हालांकि, स्मार्ट खरपतवार प्रबंधन में ऐसी कई रुकावटें हैं जिन्हें पहले दूर करने की आवश्यकता है। इन बाधाओं में खरपतवार के सघन क्षेत्र के मानचित्रण बनाना शामिल है। खरपतवार जनसंख्या की स्थानीय विविधता के बारे में बहुत सटीक जानकारी एकत्र करना है और दूसरा, यह सुनिश्चित करना कि खरपतवार नियंत्रण के सभी तकनीकें सही तरीके से काम कर रही है। उप–क्षेत्र स्तर पर खरपतवारों के प्रबंधन के लिए एक क्षेत्र के अंदर खरपतवारों के स्थानीय घनत्व का मापन पूर्व–आवश्यक होता है। स्थानीय वितरण और संक्रमण के स्तर के महत्वपूर्ण विश्लेषण से किसानों को खरपतवार प्रजातियों को नियंत्रित करने के लिए उपयुक्त रणनीति चुनने में मदद मिल सकती है। स्थान विशिष्ट खरपतवार नियंत्रण तकनीकों ने पिछले कुछ वर्षों में महत्व प्राप्त किया है, लेकिन यह लाभ ज्यादातर विकसित देशों में है, जबकि विकासशील और अविकसित देश इस तकनीक से अछूते रहते हैं।

स्मार्ट खरपतवार प्रबंधन तकनीक

1. रिमोट सेंसिंग

रिमोट सेंसिंग एक उन्नत तकनीक है जिसका उपयोग कृषि में सटीक उत्पादन साधन अनुप्रयोग के साथ–साथ खरपतवारों की उपस्थिति को कम करने के लिए किया जाता है। रिमोट सेंसिंग उपकरणों के माध्यम से खेत की फसलों और वन क्षेत्रों के अंतर्गत खरपतवार घनत्व का मानचित्रण किया जा सकता है। कृषि भूमि पर खरपतवारों का वितरण एक समान नहीं होता है, बल्कि वे टुकड़ों में मौजूद होते हैं। इसलिए, शाकनाशी अनुप्रयोग दर को कम करने के लिए रिमोट सेंसिंग एक प्रभावी विकल्प है और शाकनाशी अनुप्रयोग की दक्षता में सुधार करके फसल उत्पादन लागत को कम किया जा सकता है। रिमोट सेंसिंग के माध्यम से खरपतवारों का कुशल मानचित्रण दो बुनियादी सिद्धांतों पर आधारित हैः

(क) वर्णक्रमीय परावर्तन या बनावट में मापने योग्य अन्तर खरपतवार और उनकी पृष्ठभूमि की मृदा या पौधे के बीच मौजूद हैं।

(ख) रिमोट–सेंसिंग उपकरण में खरपतवार पौधों की उपस्थिति का पता लगाने के लिए उपयुक्त स्थानीय और वर्णक्रमीय संकल्प होना चाहिए। कुछ अनाज और दलहनी फसलों में खरपतवारों के मानचित्रण में सुदूर संवेदन प्रौद्योगिकी का सफलतापूर्वक उपयोग किया गया है। विशेष रूप से पंक्ति वाली फसलों में कुछ खरपतवार प्रजातियों का सफलतापूर्वक मानचित्रण उच्च–रिज़ॉल्यूशन फोटोग्राफ के साथ किया गया है (सारणी 20.1 तथा 20.2)। खरपतवार और फसलों के विकास के चरणों में बदलाव, उभरने के पैटर्न, पत्ती की बनावट, पत्ती आकारिकी और परिपक्वता पर विशेषताएं बारीक और सटीक मानचित्रों के स्केचिंग के लिए उन्हें दूर से समझने में मदद करती हैं। रिमोट सेंसिंग के विभिन्न तरीकों का उपयोग किया जा रहा है, हालांकि, सेंसर की स्थिति, उपयोग किए गए रिजॉल्यूशन और मानचित्रण प्रदर्शन में अंतर उपलब्ध है तथा प्रत्येक के अपने लाभ और नुकसान हैं।

सारणी 20.1: रिमोट सेंसिंग के माध्यम से विभिन्न पृष्ठभूमियों में खरपतवार प्रजातियों का मानचित्रण किया गया

सामान्य नाम	वैज्ञानिक नाम	परिवार
क्वैकग्रास	एलीट्रिजिया रिपेन्स/एग्रोपाइरॉन रिपेन्स	पोएसी
फॉक्सटेल घास	सेटरिया विरिडिस	पोएसी
बथुआ	चेनोपोडियम एसपीपी	चेनोपोडियासी
जंगली जई	अवेना फतुआ	पोएसी
बरु	सोरघम हेल्पेन्स	पोएसी
चौलाई	ऐमारैंथस एसपीपी	ऐमारैंथेसी
गाजर घास	पार्थेनियम हिस्टेरोफोरस	एस्टेरेसिया
जलकुम्भी	ईचोर्निया क्रैसिप्स	पोंटेडेरियासीए

सारणी 20.2: विभिन्न रिमोट–सेंसिंग उपकरणों के माध्यम से खरपतवार का पता लगाना

उपकरण/प्रक्रिया	रिमोट–सेंसिंग प्रकार	खरपतवार को मैप किया गया	लाभ	कमियां
CC और CRIa फोटोग्राफी	एरियल रिमोट सेंसिंग	कॉमन मिल्कवीड, रैगवीड पार्थेनियम, जॉन्सनग्रास, लंदन रॉकेट, पामर ऐमारैंथ, ब्रूम स्नेकवीड, स्पाइनी एस्टर	बेहतर छवि संकल्प	वर्णक्रमीय मिश्रण मातम के लिए हस्ताक्षर और फसल छतरियां, धीमा, जटिल
GPS और GIS से वीडियो इमेजिंग	एरियल और उपग्रह रिमोट सैसिंग	ब्लैकब्रश बबूल, मीठा, ऊनी लोको, वूटन लोको, येलो स्टारथिसल, मीडो हॉकवीड	त्वरित बदलाव का समय, तेज, उच्च कंप्यूटर अनुकूलता	निम्न–गुणवता वाले पिक्सेल, कम भेदभाव दर
खरपतवार साधक तस्वीर–डिटेक्टर	धरती पर रिमोट सेंसिंग	मेडो हॉकवीड	बहुमुखी डिजाइन, कुशल, सटीक	घनी आबादी वाले क्षेत्र समस्या
स्प्रे तस्वीर–डिटेक्टर	धरती पर रिमोट सेंसिंग	गाजर घास	सटीक, पता चला घनी आबादी में छोटे उगने वाले खरपतवार	सौर विकिरण में हस्तक्षेप करना
सैटेलाइट चित्रण	उपग्रह रिमोट सेंसिंग	शिनरी ओक, लैकब्रश बबूल	उच्च मात्रा का प्रावधान प्रसंस्करण डेटा	कम परिचालन लचीलेपन के बारे में वास्तविक समय में निगरानी

एयरबोर्न सेंसर	एरियल रिमोट सेंसिंग	कॉमन सेंट जॉन्सवॉर्ट, पीला तारा थिसल	बेहतर लचीलापन, उच्च स्थानिक संकल्प, नीचे काम कर सकता है बादल छत	सीमित मात्रा में आंकड़े

एरियल और उपग्रह सुदूर संवेदन

खरपतवार संवेदकों की हवाई स्थापना के माध्यम से एक बड़े क्षेत्र की निगरानी की जा सकती है। यह तकनीक पूरे क्षेत्र का एक ओवरहेड दृश्य देती है और इसका उपयोग खरपतवारों के संक्रमण मानत्रिण के लिए किया जाता है। खरपतवारों का अस्सी (1980) के दशक में पता लगाने के लिए एरियल सेंसर ने अपने उपयोग की शुरुआत के बाद से दुनिया भर में लोकप्रियता प्राप्त की है। रंगीन प्रतिबिम्ब मानव रहित विमान एवं सेंसर तकनीक में उपयोग की जाने वाली पहली विधि थी लेकिन शेष वनस्पतियों से खरपतवारों की अधिक सटीक चयन (स्क्रीनिंग) के लिए रंगीन इन्फ्रारेड फोटोग्राफी विकसित की गई थी। रंगीन अवरक्त फोटोग्राफी के उपयोग के माध्यम से विभिन्न कृषि योग्य फसलों की विभिन्न कृषि योग्य फसलों से जुड़े विभिन्न हानिकारक खरपतवारों की सफलतापूर्वक पहचान की गई और पर्याप्त सटीकता के साथ मानचित्रण किया गया। एयरबोर्न सेंसर अपने कार्य और अनुप्रयोग में काफी लचीले होते हैं। खरपतवार संवेदन के लिए उपग्रह चित्रों का उपयोग किया जाता है। ग्लोबल पोजिशनिंग सिस्टम (जीपीएस) और भौगोलिक सूचना प्रणाली (जीआईएस) का उपयोग आमतौर पर वर्णक्रमीय विश्लेषण, ट्रैकिंग और हवाई स्थान का पता लगाने में किया जाता है, लेकिन खरपतवार का पता लगाने में उनका निहितार्थ दुर्लभ और जटिल है। बहु वर्णक्रमीय (मल्टीस्पेक्ट्रल) प्रतिबिम्ब IKONOS, SPOT, AVHRR और TM जैसे विभिन्न उपग्रहों से व्यावसायिक रूप से उपलब्ध हैं। हाल की प्रगति के बाद रंगीन अवरक्त (इन्फ्रारेड) फोटोग्राफी को हवाई और उपग्रह खरपतवार संवेदन के लिए हाइपर–स्पेक्ट्रल और मल्टीस्पेक्ट्रल प्रौद्योगिकियों द्वारा प्रतिस्थापित किया गया है। मल्टीबैंड मल्टीस्पेक्ट्रल कैमरों का उपयोग उन क्षेत्रों की प्रतिबिम्ब के लिए किया जा रहा है जो खरपतवार प्रजातियों से घनी संख्या वाले हैं और इन कैमरों ने उत्साहजनक परिणाम दिए हैं।

ऑन–ग्राउंड रिमोट सेंसिंग

मानव रहित विमान और उपग्रह रिमोट सेंसिंग से सम्बंधित बाधाओं को दूर करने के लिए विभिन्न ग्राउंड–बेस्ड सेंसिंग डिवाइस बनाए गए हैं। ऑन–ग्राउंड रिमोट सेंसिंग उच्च स्तर की सटीकता और दक्षता प्रदान करता है। फोटो डिटेक्टर के साथ ऑन ग्राउंड रिमोट सेंसर दिए गए हैं। वे खरपतवार के घनत्व और संक्रमण के स्तर के बारे में बहुत सटीक जानकारी देते हैं। इस सिद्धांत के आधार पर खरपतवार का पता लगाने वाले मॉडल यंत्र विकसित किए गए हैं। डिटेक्ट स्प्रे मॉडल एस–50 और वीड सीकर मॉडल पीएचडी 1620 वाणिज्यिक रूप से दो प्रणालियां उपलब्ध हैं। ये दोनों प्रणालियां फोटोइलेक्ट्रिक सेंसर से युक्त हैं। इन फोटोइलेक्ट्रिक सेंसरों की रीडिंग स्प्रेइंग एप्लिकेशन के लिए नोजल को ट्रिगर करती है। लेकिन ये फोटोइलेक्ट्रिक सेंसर खरपतवारों को फसल के पौधों से अलग नहीं कर सकते हैं, इसलिए फसल की पंक्तियों को छिड़काव अनुप्रयोग से रोकने के लिए प्लास्टिक स्प्रे हुड का उपयोग किया जाता है।

मानव रहित हवाई वाहन (UAV)

रिमोट सेंसिंग छायाचित्रों में बहुत छोटे पिक्सेल होते हैं और खरपतवारों के असमान वितरण और मृदा में उनकी उपस्थिति के कारण खरपतवार संख्या का आकलन करने के लिए बहुत उपयुक्त नहीं होते हैं। इन समस्याओं को हल करने के लिए हाल के वर्षों में मानव रहित हवाई वाहन विकसित किए गए हैं। ये स्वचालित ड्रोन हैं जो बहुत कम ऊँचाई पर उड़ने की क्षमता रखते हैं और एक बहुत ही उच्च–रिज़ॉल्यूशन कैमरा ले जाते हैं। मानव रहित हवाई वाहन (यूएवी) कुछ अनूठी विशेषताओं और लाभों के साथ आते हैं, जैसे बादलों की क्षमता, लगातार और उच्च–रिज़ॉल्यूशन वाली छवियां, प्लेसमेंट में लोच, तुरंत उड़ान भरने की क्षमता इत्यादि। ये अनूठी विशेषताएं यूएवी को स्वचालित खरपतवार प्रबंधन के लिए एक संभावित विकल्प बनाती हैं। कृषि में यूएवी का उपयोग इसकी खूबियों और आसानी से संभालने के कारण दिन–प्रतिदिन बढ़ रहा है। यूएवी प्रौद्योगिकी को अधिग्रहण, भू–संदर्भन और इमेजिंग प्रक्रिया में मोज़ेकिंग के माध्यम से सुधार किया गया है, जिससे खरपतवारों के सटीक प्रबंधन के लिए एक व्यवहार्य विकल्प बन गया है। लेकिन यूएवी के संचालन के लिए तकनीकी कौशल की पूर्व–आवश्यकता होती है परन्तु सटीक खरपतवार प्रबंधन के लिए ये कुछ ही समय में सार्थक जानकारी प्रदान करने की क्षमता रखते हैं। यूएवी की एक विस्तृत श्रृंखला आकार, संरचना, स्थानीय विशिष्टताओं, कैमरा स्थिति,

गतिशीलता और उड़ान ऊँचाई में भिन्न होती है। जनसंख्या पारिस्थितिकी, वनस्पति गतिशीलता और पारिस्थितिकी तंत्र प्रसंस्करण सम्बंधी अध्ययनों में यूएवी का एक बड़ा क्षेत्र है।

2. रोबोटिक्स खरपतवार प्रबंधन

खरपतवार नियंत्रण कृषि के क्षेत्र में सबसे कम यंत्रीकृत पहलू है लेकिन रोबोटिक्स के क्षेत्र में हाल के विकास के साथ खरपतवार नियंत्रण में मशीनीकरण की संभावनाएं हैं। उच्च श्रम लागत और श्रम की कमी के कारण हस्तचालित खरपतवार नियंत्रण एक लाभप्रद विकल्प नहीं है और शाकनाशी के माध्यम से रासायनिक नियंत्रण की अपनी सीमाएं हैं और पारिस्थितिकी तंत्र पर हानिकारक प्रभाव पड़ता है। रोबोटिक्स के माध्यम से खरपतवार प्रबंधन एक क्रांतिकारी विकास है, जिसके कई लाभ हैं। रोबोटिक खरपतवार प्रबंधन में चार चरण शामिल हैं जैसे मार्गदर्शन, पहचान, खरपतवार प्रजातियों की मैपिंग और सटीक रोबोट द्वारा हटाना। मशीन दृष्टि विश्लेषण, रोबोटिक दक्षता/उपयुक्तता, परिवर्तनीय दर अनुप्रयोग प्रौद्योगिकी, निर्णय समर्थन प्रणाली, और खरपतवार–संवेदन उपकरण की सामर्थ्य, प्रत्यक्ष या अप्रत्यक्ष रूप से खरपतवार नियंत्रण में रोबोटिक्स के अनुप्रयोग का निर्णय लेती है। रीयल–टाइम गतिय जीपीएस या मशीन दृष्टि रोबोट को पंक्ति फसलों में निर्देशित करती है। इस तकनीक के उपयोग से फसल की पंक्तियों के बीच स्थित खरपतवारों का पता लगाया जा सकता है और खरपतवार नियंत्रण उपायों को शुरु करने के लिए आर्थिक हानि स्तर (थ्रेसहोल्ड) मान विकसित किया जा सकता है। फसल प्रतिबिंब और रूपात्मक विशेषताएं दो गुण हैं जो मशीन दृष्टि का पता लगाने में मदद करते हैं। मशीन की दृष्टि जलवायु परिस्थितियों, कृषि पद्धतियों, स्थानीय स्थलाकृतिक विविधताओं और फसल प्रणालियों पर भी निर्भर है। अगला कदम मार्गदर्शन और पहचान द्वारा खरपतवार संकेत के आधार पर सटीक रोबोटिक खरपतवार निकालना है। रोबोट यांत्रिक, रासायनिक, थर्मल या इलेक्ट्रिकल जैसे विभिन्न तरीकों से खरपतवार निकाल सकते हैं। हर विधि के कुछ लाभ हैं और खरपतवार नियंत्रण के सम्बन्ध में अलग–अलग प्रतिक्रिया दिखाते हैं। निश्चित रूप से आधुनिक खरपतवार प्रबंधन का भविष्य इन तकनीकों पर बहुत कुछ निर्भर करता है लेकिन अभी भी खरपतवार स्थानिक पारिस्थितिकी और सटीक के इंटरफेस पर जटिल पहलुओं को हल करने के लिए बहुत कठोर शोध की आवश्यकता है।

3. तापीय खरपतवार नियंत्रण

खरपतवार के बीज या पौधों को मारने या निष्क्रिय करने के लिए थर्मल खरपतवार नियंत्रण खरपतवार के बीज या पौधों का अत्यधिक तापमान या तो कम या अधिक होता है। इसे (ए) गर्म जल, भाप, फ्लेमिंग, इन्फ्रारेड वीडर, या गर्म हवा और (बी) इलेक्ट्रोक्यूशन, माइक्रोवेव, लेजर विकिरण, या यूवी प्रकाश द्वारा अप्रत्यक्ष गर्मी द्वारा प्राप्त किया जा सकता है। तापीय खरपतवार विधियों में क्रायोजेनिक तकनीकों पर भी विचार किया जाता है।

गर्म पानी और गर्म झाग द्वारा खरपतवार नियंत्रणः दुनिया के कई हिस्सों में विशेष रूप से यूरोपीय देशों में इस तकनीक का उपयोग कुशल खरपतवार नियंत्रण के लिए सटीक खरपतवार प्रबंधन रणनीतियों के रूप में किया जाता है। यह विधि खरपतवारों की संख्या पर अत्यधिक प्रभावी है। निराई और विकिरण विधियों की तुलना में गर्म जल के उपचार का कोई दुष्प्रभाव नहीं होता है। गर्म फोम को गर्म पानी के विकल्प के रूप में प्रयोग किया जा सकता है। झागों के धीमे विघटन के कारण खरपतवार के पौधों को लक्षित करने के लिए अधिक मात्रा में ऊष्मा पहुँचती है। इसके अलावा फोम का उपयोग अधिक ऊर्जा कुशल भी है। भाप द्वारा खरपतवार नियंत्रणः गर्म पानी के स्थान पर भाप का प्रयोग खरपतवारों को नियंत्रित करने के लिए एक तेज, कुशल और टिकाऊ तरीका है, विशेष रूप से जो अपेक्षाकृत कठोर सतहों पर बढ़ रहे हैं। रोपण से पहले अंतर–पंक्ति क्षेत्रों में सटीक कृषि में गर्म भाप का उपयोग किया जा सकता है। फसली और गैर–फसली दोनों क्षेत्रों में उगी हुई खरपतवार को मारने के लिए भाप (स्टीम) जेट का सीधे उपयोग किया जा सकता है। प्रत्यक्ष भाप जेट अनुप्रयोग के लिए विभिन्न उपकरण भी तैयार किए गए हैं। घास–फूस के बीजों के अलावा मृदा में भाप लेने से मृदा जनित कीटों और रोगजनकों की आरामदेह संरचना भी नष्ट हो जाती है। मृदा भाप 20 सेमी गहराई तक खरपतवार के बीजों को मारने में सक्षम है। भाप का उपयोग विशेष रूप से जैविक फसल उत्पादन प्रणाली में रासायनिक फ्यूमिगेंट्स के विकल्प के रूप में किया जा सकता है। खरपतवार के बीजों को मारने में भाप लेने की क्षमता मृदा नमी की मात्रा बढ़ने के साथ बढ़ती है क्योंकि मृदा जल ऊष्मा चालकता में सुधार करता है।

गर्म लू (फ्लेमिंग) द्वारा खरपतवार नियंत्रणः फ्लेम वीडिंग अत्यधिक उच्च तापमान की लपटों को थोड़े समय के लिए सीधे खरपतवार के पत्तों पर लगाने की एक प्रक्रिया है। ज्वलन से कोशिका झिल्लियों का विकृतीकरण होता है,

जिससे कोशिकीय रिसाव, निर्जलीकरण और कोशिका मृत्यु होती है। आमतौर पर 130 मि.ली./सेकंड का एक्सपोजर पत्ती के ऊतकों को मार सकता है। फ्लेमिंग अन्य थर्मल खरपतवार नियंत्रण विधियों जैसे स्टीमिंग की तुलना में सस्ता और अधिक प्रभावी है। जुताई न करने वाली प्रणालियों, जैविक कृषि प्रणालियों में ज्वलन व्यव्रहार्य विकल्प है, और अगली फसल पर बिना किसी विपरीत प्रभाव के एक शक्तिशाली कवकनाशी और कीटनाशक के रूप में भी कार्य करता है। लेकिन ज्वलनशील उपकरणों का उपयोग करते समय बहुत सावधानी बरतनी चाहिए। इसके अलावा, घास वाले खरपतवार चौड़ी पत्ती वाले खरपतवारों की तुलना में ज्वाला के प्रति कम संवेदनशील होते हैं, और गर्म लू (फ्लेमिंग) खरपतवार के नए उगते हुए कोमल पौधों को ही मारते हैं। फ्लेमिंग से गर्मी के प्रति संवेदनशील फसल के पौधों की जड़ों को भी नुकसान पहुंच सकता है। क्रायोजेनिक खरपतवार नियंत्रणः क्रायोजेनिक सामग्री (जो कम तापमान पैदा करती हैं) के लिए खरपतवार के बीज या अंकुर का एक्सपोजर क्रायोजेनिक खरपतवार नियंत्रण कहलाता है। क्रायोजेनिक खरपतवार नियंत्रण थर्मल खरपतवार नियंत्रण के अंतर्गत ही आता है क्योंकि यह अत्यधिक तापमान का जोखिम भी है। क्रायोजेनिक सामग्री, जैसे कार्बन डाइऑक्साइड स्नो ($C0_2$ - 78°C) या तरल नाइट्रोजन (N_2 - 196°C) के संपर्क में आने पर पौधों की कोशिकाओं और ऊतकों की सामग्री जम जाती है, और यह ठंड यांत्रिक संघनन दबाव में वृद्धि से ऊतकों को मार देती है। खरपतवार के बीजों हिमांक–बिंदु क्रायोजेनिक पदार्थों (यानी, मैग्नीशियम क्लोराइड–6–हाइड्रेट, सोडियम क्लोराइड, अमोनियम नाइट्रेट, या कैल्शियम क्लोराइड–2–हाइड्रेट) के अवशोषण से खरपतवार के बीज का अंकुरण कम हो जाता है। क्रायोजेनिक ठंड के प्रति अति संवेदनशील खरपतवार प्रजातियों को नियंत्रित करता है, इसलिए व्यापक वर्णक्रमीय (स्पेक्ट्रम) खरपतवार नियंत्रण संभव नहीं है। अन्य तापीय खरपतवार नियंत्रण विधियों की तुलना में इसमें अधिक ऊर्जा की आवश्यकता होती है। क्रायोजेनिक सामग्री में परिवर्तनशील खरपतवार नियंत्रण क्षमताएँ होती हैं।

4. विद्युतीकरण (इलेक्ट्रोक्यूशन) द्वारा खरपतवार नियंत्रण

बिजली के झटके से पौधों को बिजली का झटका लगता है और यह बिजली का झटका पौधे को मार देता है। खरपतवार पौधों को विद्युत प्रवाह के अधीन करके खरपतवारों को नियंत्रित करने के लिए इलेक्ट्रोक्यूशन का उपयोग किया जा सकता है। हालांकि इस तकनीक का व्यापक अध्ययन नहीं किया गया है,

लेकिन कुछ शोधों से पता चला है कि 20 वाट का स्पार्क डिस्चार्ज या इलेक्ट्रिक संपर्क खरपतवार के पौधों को मार सकता है। इलेक्ट्रोक्यूशन के माध्यम से सफल खरपतवार नियंत्रण विभिन्न कारकों द्वारा तय किया जाता है जैसे बिजली के झटके की तीव्रता, सम्पर्क या जोखिम की अवधि, खरपतवार की प्रजातियाँ, वृद्धि की अवस्था और खरपतवार के पौधे की रूपात्मक विशेषताएं। अब तक यह तकनीक अपनी उच्च ऊर्जा आवश्यकता, उच्च लागत और संचालकों को जोखिम के कारण खरपतवार नियंत्रण विधियों में अपना स्थान बनाने में विफल रही है। लेकिन व्यापक शोध और कुछ संशोधनों के साथ खरपतवार नियंत्रण के लिए अत्यधिक शक्तिशाली उपकरण के रूप में उभर सकते हैं।

5. अपघर्षक धैर्य द्वारा खरपतवार नियंत्रण

अपघर्षक निराई एक गैर–रासायनिक खरपतवार प्रबंधन विधि है। संपीडित वायु द्वारा चलाए जाने वाले ग्रिट्स खरपतवार के पौधों की पत्तियों को घिसकर फाड़ व नष्ट करती हैं। इस टूट–फूट में तने का टूटना, पतझड़, ऊतकों को नुकसान शामिल है, जिसके परिणामस्वरूप अंततः पौधे की मृत्यु हो जाती है। ग्रिट्स तैयार करने के लिए विभिन्न कृषि उत्पादन जैसे, मक्का के भुट्टे और अखरोट के गोले और गैर–कृषि जैसे, रेत सामग्री का उपयोग किया जाता है। अत्यधिक महीन या हल्के ग्रिट्स के उपयोग से बचना चाहिए क्योंकि वे उत्सर्जक नोजल को बंद कर सकते हैं और उनके साँस लेने से गंभीर स्वास्थ्य समस्याएं हो सकती हैं।

6. नैनो–शाकनाशी

नैनो–शाकनाशी 1–100 नैनोमीक्रॉन आकार वाले सक्रिय संघटकों कण के साथ अत्याधुनिक शाकनाशी योगिक के विकास के लिए नैनो प्रौद्योगिकी एक आशाजनक तकनीक के रूप में विकसित हुई है। नैनो–शाकनाशी के रूप में नैनो–फॉर्मुलेशन से सक्रिय संघटक समय और स्थान दोनों के संदर्भ में नियंत्रित दर पर जारी किया जाता है। ये धीमी रिलीज फॉर्मूलेशन सक्रिय संघटक के लीचिंग, वाष्पीकरण और गिरावट को कम कर सकते हैं। नैनो एन कैप्सुलेशन अधिकांश प्राकृतिक बायोएक्टिव यौगिकों के अल्प पर्यावरणीय अर्ध–जीवन सीमा पर काबू पाने में मदद कर सकता है, इसलिए केवल एक ही आवेदन से कुशल खरपतवार नियंत्रण की अनुमति देता है तथा दरों, लागतों और पर्यावरणीय पहलु को कम करता है। सटीक कृषि में शाकनाशी स्प्रे मिश्रण के समय पर जारी करने और शाकनाशी अनुप्रयोगों के सटीक नियंत्रण के लिए नैनो–प्रौद्योगिकी पर

निर्भर सेंसर का उपयोग किया जा रहा है। पर्यावरण सुरक्षा को बनाए रखते हुए नैनो–आधारित बायोसेंसर शाकनाशियों के बेहतर और अधिक कुशल उपयोग की अनुमति देते हैं। शाकनाशियों के माध्यम से खरपतवार नियंत्रण एक सरल और कम लागत प्रभावी है, हालांकि, अंधाधुंध उपयोग के कारण वे तेजी से अपनी प्रभावशीलता खो रहे हैं जिसके परिणामस्वरूप अनाज में प्रतिरोध और अवशेषों का विकास हो रहा है। उनका सटीक उपयोग और अन्य गैर–रासायनिक खरपतवार नियंत्रण उपाय जैसे ऑटोमेटेड, थर्मल, रोबोटिक्स, सेंसर और नैनो टेक्नोलॉजी, आधारित तेजी से सब्जी फसलों और जैविक कृषि के लिए सटीक खरपतवार प्रबंधन के लिए महत्वपूर्ण उपकरण बनते जा रहे हैं।

21

स्मार्ट कृषि हेतु सूचना एवं संचार तकनीकियां

चित्र 21.1: स्मार्ट खेती में सूचना के उपकरण

सूचना संचार तकनीकियां (आईसीटी) प्रौद्योगिकियों और प्रक्रियाओं का एक विशेष एकीकरण है जो लक्षित दर्शकों को समयानुसार वांछित जानकारी वितरित और संप्रेषित करती है तथा दर्शकों को विकास प्रक्रिया में अधिक सहभागी बनाता है। आज का युग सूचना प्रौद्योगिकी का युग है। सूचना प्रौद्योगिकी (आईटी) का उपयोग अब हमारी मुख्य आवश्यकता बन गया है। सूचना प्रौद्योगिकी आपके हर फैसले को लेने में सहायता करता है। भारतीय किसानों के हित में आज आईटी ने हर वो सुविधा उपलब्ध करवाई है जो वो चाहते हैं आज ग्रामीण और शहरी तंत्र को जोड़ने में और उसके विकास में आईटी ने मुख्य भूमिका निभाई है। सूचना प्रौद्योगिकी से आज हम किसी भी प्रकार की सूचना को दूसरों तक पहुँचाने में सफल हुए हैं। कृषि में सूचना प्रौद्योगिकी के उपयोग के अंतर्गत कृषि उपयोग मोबाइल ऐप्स द्वारा जलवायु, मौसम, मृदा पोषण, फसल रोगों की पहचान एवं निदान, एग्रो मार्केट आदि के बारे में समय पर जानकारी मिल जाती है। देश–विदेश में इनका लाभ उठाने वाले किसानों की संख्या बढ़ रही है। इसके अतिरिक्त अनेक अत्याधुनिक ऐप्स अस्तित्व में आ चुके है जिनके द्वारा अधिक दक्षतापूर्ण तरीके से कृषि उत्पादन संभव है बल्कि जल उपयोग की कुशलता को भी बढ़ाया जा सकता है।

पिछले कुछ वर्षों में सूचना–संचार तकनीकियों से कृषि सहित प्रत्येक क्षेत्र में

क्रान्ति आ गई है। वर्तमान में स्मार्ट फोन एवं मोबाइल ऐप के उपयोग से कृषि के अधिकांश कार्यों के लिए सूचना इलैक्ट्रानिक माध्यम से प्राप्त की जा रही है। कृषि क्षेत्र तक सही एवं समय पर जानकारी प्रदान करने वाले मोबाइल ऐप्स की संख्या भी लगातार बढ़ रही है। किसानों को उनकी आवश्यकतानुसार समय पर सूचना की आवश्यकता होती है। स्मार्ट कृषि हेतु आज ऐसे मोबाइल प्रयोग उपलब्ध है जो नवीनतम कृषि जानकारी जैसे कीटों और बीमारियों की पहचान, मौसम के बारे में रीयल–टाइम आंकड़े, तूफानों के बारे में पूर्व चेतावनी, स्थानीय बाजार, सर्वोत्तम मूल्य, बीज, उर्वरक आदि की जानाकारी किसानों को उनके घर तक देते हैं।

भारत में प्रतिवर्ष विभिन्न क्षेत्रों ग्रामीण एवं किसानों को मौसम आधारित कारकों जैसे सूखा, बाढ़, ओलावृष्टि, भूस्खलन, आंधी–तूफान एवं अन्य प्राकृतिक आपदाओं से प्रभावित होते हैं, जिससें उनकी आर्थिक स्थिति कमजोर हो जाती हैं। परम्परागत रूप से किसान सूचना के लिए अपने पड़ोसियों, रिश्तेदारों और अन्य किसानों पर निर्भर रहता था। कभी वह बादलों को देखकर असमंजस में रहता था कि फसल की सिंचाई करू या नहीं और किसी बुजुर्ग से सलाह मांगता था। बुजुर्ग अपने अनुभव, हवा का रूख और बादलों के रंग से अनुमान लगाता था कि कल वर्षा होगी या नहीं। नये उर्वरक एवं बीज के लिए वह दुकानदार पर ही निर्भर होता था। अपना फसल उत्पाद बेचने के लिए वह अपने पड़ोसी के घर जाता था कि मंड़ी भाव क्या चल रहा है, उसे पता नहीं चल पाता था कि 50 कि.मी. दूर मंड़ी में उत्पाद का क्या भाव चल रहा है। इन सबके अलावा कृषि की नवीनतम तकनीकों के बारे में जानने के लिए किसान के पास सूचना एवं संचार के ठोस कोई प्रमाणित स्रोत नहीं होते थे। कुल मिलाकर भारतीय किसानों के पास सूचना एवं संचार की कोई पहुँच नहीं थी, जिसके कारण किसानों को आर्थिक लाभ नहीं मिलता था। अब इन समस्याओं को सूचना एवं संचार माध्यमों द्वारा कुछ ही समय में आसानी से हल किया जा सकता है। वर्तमान में आज ऐसी सूचना एवं संचार की तकनीकें उपलब्ध हैं, जिनका उपयोग करके ग्रामीण एवं किसान स्वयं एवं कृषि को बचा सकते हैं। ग्रामीण किसानों और निजी क्षेत्रों के लिये आई.टी. विभाग द्वारा मौजूदा वितरण चैनलों के अलावा, सूचना एवं संचार तकनीकी के द्वारा प्रासंगिक सूचना और सेवाओं को उपलब्ध करवाने की परिकल्पना की गई है। किसान पोर्टल कृषि, पशुपालन और मछली पालन के क्षेत्रों में भारतीय किसान के उत्पादन, बिक्री/भंडारण से संबंधित सभी जानकारी की आवश्यकता को एक ही स्थान पर पूरा करने के लिए प्रयास है। इससे भारतीय

किसान को विशिष्ट परियोजनाओं के लिए बनाई गई वेबसाइटों की जानकारी प्राप्त करने की आवश्यकता नहीं होगी। आज के आधुनिक युग में किसानों द्वारा बड़े पैमाने पर टेलीविजन, मोबाइल फोन, कुछ युवा किसानों द्वारा इंटरनेट का प्रयोग नई कृषि तकनीकों सीखने के लिए प्रयोग कर रहे हैं, जिनमें से कुछ सूचना एवं संचार के युग में प्रमुख वेबसाइट, पोर्टल और कृषि एसएमएस व फोन सेवाएं निम्नलिखित हैं–

1. **कृषि क्षेत्र में नई क्रांतिः ई–खेतीः** भारत में हरित एवं संचार क्रांतियों से मिलकर एक नई क्रांति ई–खेती की शुरुआत हुई है। भारत की अर्थव्यवस्था में महत्वपूर्ण भूमिका निभाने वाले कृषि क्षेत्र में हो रहे इस प्रयोग को बेहतर तरीके से प्रभावी बनाने की दिशा में निरन्तर प्रयास हो रहा है। किसानों को सूचनाओं से लैस कर उनमें खेती के प्रति रूझान बढ़ाने एवं जो किसान खेती से जुड़े हैं, उन्हें अधिक लाभ दिलाने में ई–खेती बड़ी महत्वपूर्ण है।

चित्रः 21.2: ई–आईपीएम

ई–खेती के माध्यम से किसान भू–जल स्तर की कमी वाले क्षेत्रों में कितनी मात्रा में फसल को जल दें और फसल में कौन सी खाद डालें, जैसी सूचनाएं पल भर में फोन या वेबसाइट के माध्यम से पता कर लेते हैं। इस खेती में किसान भूजल समस्या, मृदा उर्वरता की समस्या वातावरण एवं पौधों के लक्षण की समस्या को इंटरनेट के माध्यम से वैज्ञानिक को भेज कर हाथ के हाथ समाधान भी प्राप्त कर लेते हैं। इस खेती के माध्यम से जुड़े किसानों का मानना है कि एक तरफ उन्हें नई तकनीक सीखने का मौका मिल रहा है तो दूसरी तरफ कम क्षेत्रफल में अधिक आर्थिक लाभ भी मिल रहा है।

ई–कृषि को इंटरनेट और संबंधित तकनीक के प्रयोग पर आधारित कृषि मूल्य श्रृंखला के रुप में परिभाषित किया जाता है। इसमें सूचना और संचार तकनीक के पहले से अस्तित्व में या नये उभरते तरीकों का अनुप्रयोग और नवीनतम समाधानों का विकास, डिजाइन और धारणाओं का निर्माण शामिल हैं। ई–एग्रीकल्चर का मुख्य कार्य पहले से उपलब्ध जानकारी को नये तरीके एवं नए सोच के साथ लाने की ओर आकर्षित करना है एवं संचार/कम्युनिकेशन यांत्रिकी को किसान तक पहुँचाना है ताकि जीवनयापन करने योग्य एग्रीकल्चर का निर्माण

हो सके एवं ग्रामीण क्षेत्रों में खाद्य पदार्थों को सुरक्षा के स्तर तक पहुँचाया जा सके। ई–एग्रीकल्चर इन सब के अलावा कुछ और यांत्रिकी क्षेत्र जैसे कृषि इनफोरमेटिक्स–एग्रीकल्चर विकास कृषि व्यापार को चारों तरफ फैलाने का कार्य भी ई–कृषि करता है। इसका मुख्य लक्ष्य सारी उपस्थित यांत्रिकियों जैसे (कम्प्युटर, मोबाइल, उपग्रह, सिस्टम, स्मार्ट कार्ड) आदि के द्वारा कृषकों को दक्ष बनाने और फूड वेल्यु चैन के पार साझेदारी को समृद्ध बनाना ही कृषि का मुख्य लक्ष्य है। इसके महत्वपूर्ण उदाहरण निम्नलिखित हैं

1. संचार और सूचना तकनीक के माध्यम से किसानों में मांग आधारित कृषि सम्बन्धित सूचना उपलब्ध करना ताकि वे मूल्य, जुताई के विभिन्न तरीकों फसल सुरक्षा और उत्पादों के सही दामों पर सक्षम खरीददारों से सीधा सम्बन्ध स्थापित कर सकें।
2. सूचना तकनीकी द्वारा भूमि रिकॉर्ड्रों का आवेदन अंकीकरण, ऑन लाइन ऋण के लिए आवेदन, खेती प्रबंधन, कृषि संबंधी आंकड़े और डाटा आदि की सुविधाएं।

2. कृषि में जानकारी आधारित प्रसार सेवा 'एम–कृषि'

एम–कृषि सीसीए भारतीय कृषि अनुसंधान संस्थान, नई दिल्ली द्वारा टाटा कंसल्टेंसी सर्विसेज, मुम्बई के नवोन्मेषी प्रयोगशाला के साझेदारी में जलवायु परिवर्तन अनुकूलन हेतु किसानों के सशक्तिकरण के लिए विकसित दो–तरफा अभिनव मोबाइल परामर्श सेवा है, जिसे पारस्पारिक संचार के लिए विशेषकर हैडसेट विन्यास प्रदान किया गया है। मोबाइल एम–कृषि पर फसल विषय–वस्तु तक पहुँचने के लिए इसमें जीपीआरएस नेटवर्क का उपयोग किया जाता है और इसे मेवात (हरियाणा), धार (मध्य प्रदेश) के सूखा संवेदनशील गांवों, गंजम (ओडिशा) एवं रायगढ़ (महाराष्ट्र) के बाढ़ प्रभावित गांवों में कृषि सेवा आपूर्ति के लिए विकसित किया गया है।

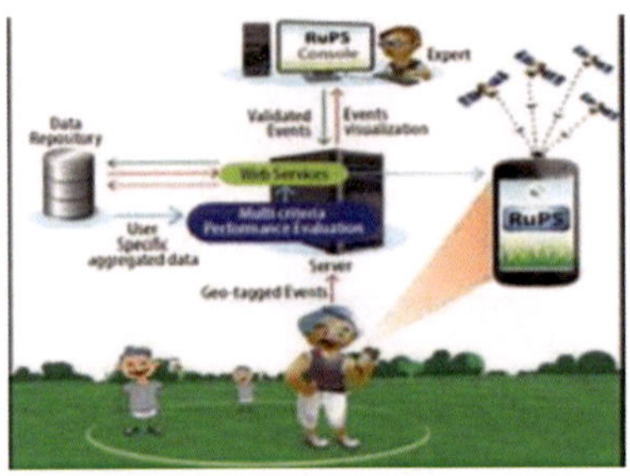

चित्र:21.3 एम कृषि के साधन

इसकी सेवाओं को चार क्षेत्रीय भाषाओं में प्रदान किया जाता है। इस सेवा के माध्यम से एक द्विमार्गी पारंपारिक प्रणाली स्थापित की गई है। जिसमें वर्तमान कृषि प्रसार प्रणाली पर कोई अतिरिक्त भार नहीं डाला गया है और साथ ही

इसके द्वारा किसी भी समय पूछताछ की सेवा प्रदान करना, एक प्रमुख उपलब्धि है। चूंकि यह एक ऑफ–लाइन पूछताछ सेवा है, इसलिए यह किसानों को दिन अथवा रात में किसी भी समय अपने प्रश्नों के उत्तर जानने में समर्थ बनाती है। अतः कृषि विशेषज्ञ द्वारा फोन उठाने तथा उस पर प्रश्नों के उत्तर देने के सम्बन्ध में विशेषज्ञ की उपलब्धता पर निर्भरता कम हुई है। वर्तमान में इस तकनीकी से लगभग 5 हजार से भी अधिक किसान लाभ उठा रहे हैं।

3. **साईबर कृषिः** कम्प्यूटर तकनीकी के माध्यम से कृषि में सही आवश्यकताओं का पता लगाया जाता है जिससे ऊर्जा, जल, धन, समय की बचत होती है। यह किसानों को हर प्रकार की सुविधा उपलब्ध कराता है। डिजिटल डिवाइस को कम करते हुए देश भर में किसान केंद्रों की स्थापना की गई है, जहाँ कृषि से जुड़े आधुनिक अनुसंधान की जानकारी किसानों को दी जा रही है। ग्रामीण भारत में साईबर कृषि ने एक मूक क्रांति का रूप लिया है जो आने वाले समय में भारत की तस्वीर बदल सकती है।

4. **भारत सरकार का किसान पोर्टलः** भारत सरकार के कृषि एवं किसान कल्याण मंत्रालय द्वारा किसानों को कृषि एवं कृषि से जुड़े उद्यमों की जानकारी प्रदान करने के उद्देश्य से किसान पोर्टल की शुरुआत की गयी है। यह पोर्टल किसानों को एक ही स्थान पर कृषि तथा किसान कल्याण से सम्बन्धित सूचनाएं उपलब्ध कराने के लिए विकसित किया गया है। इस पोर्टल पर किसान अपने गांव, ब्लॉक, जिला या राज्य की कृषि सम्बन्धित विषयों की जानकारी प्राप्त कर सकते हैं। यह जानकारी लिखित और मौखिक रूप में उपलब्ध है। विशेष रूप से विकसित 'सुझाव खंड के माध्यम से किसान अपने प्रश्न व सुझाव भी पोर्टल तक पहुँचा सकते हैं। इसकी वेबसाइट http://Farmer.gov.in/hindi/home-new.html है। इस वेबसाइट के होम पेज पर भारत का मानचित्र है जिसमें किसी भी राज्य के मानचित्र पर क्लिक करके जिलेवार फसलों की जानकारी में राज्य और केंद्र द्वारा उपलब्ध फसल किस्में, मृदा, रोग व कीट के नाम एवं नियंत्रण उपाय, भंडारण, बाजार मूल्य, क्रेता एवं विक्रेता, फसल बीमा, मौसम, सरकारी योजनाओं से सम्बन्धित जानकारियां हैं।

5. **भारतीय कृषि अनुसंधान परिषद की वेबसाइटः** यह भारत में कृषि सम्बन्धी सूचनाओं की एक प्रमुख वेबसाइट है, जहाँ पर विभिन्न विषयों से जुड़ी विस्तृत व सटीक जानकारियां प्राप्त की जा सकती हैं। इस बहु–उपयोगी वेबसाइट पर कृषि शिक्षा, शोध, योजनाएं व प्रसार के साथ ही पूरे देश में फैले 731 कृषि विज्ञान केंद्रों और

मौसम आधारित कृषि सलाहकार सेवा भी प्राप्त की जा सकती है। इसकी वेबसाइट http://www.icar.org.in/hi है।

6. **एम किसान पोर्टलः** किसान पोर्टल एक वेबसाइट है जिसे कृषि मंत्रालय, भारत सरकार द्वारा वर्ष 2012 में विकसित किया गया था। देश का कोई भी किसान इस पोर्टल तक अपनी पहुंच स्थापित कर बीज, उर्वरक, कीटनाशक, फार्म मशीनरी, मौसम, खेत उत्पादों के बाजार मूल्य विधियों व कार्यक्रम के पैकेज, योजनाओं, बीमा, भंडारण, ऋण, न्यूनतम समर्थन मूल्य की जानकारी स्थानीय भाषा में प्राप्त कर सकता है। उपर्युक्त सभी आवश्यकताओं के लिए कम्प्युटर एवं इंटरनेट सुविधा वांछनीय है। यह जानकारी देश के सभी राज्यों में ब्लाक स्तर तक उपलब्ध है। इस पोर्टल के द्वारा केंद्रीय और राज्य सरकारें किसानों से सम्बन्धित सभी सूचनाएं एक साथ उपलब्ध करा रही हैं। इस पोर्टल से किसानों को उनकी भाषा और क्षेत्र के अनुसार मोबाइल संदेश भेजे जाते हैं। कम पढ़े–लिखे किसानों को रिकार्ड किए हुए संदेश भेजे जाते हैं। इसके अतिरिक्त इस पोर्टल से विभिन्न मोबाइल एप डाउनलोड किये जा सकते हैं। इसकी वेबसाइट mkisan.gov.in है।

7. **किसान कॉल सेन्टर (के.सी.सी.):** कृषि एवं सहकारिता विभाग, भारत सरकार के किसान कॉल सेन्टर द्वारा एक टेलीफोन कॉल पर किसानों को उनकी जिज्ञासाओं का समाधान प्रस्तुत किया जाता है। यह जानकारी मौखिक रूप से देने के साथ–साथ बातचीत समाप्त होने के बाद मोबाइल पर लिखित संदेश के रूप में भी उपलब्ध होती है। यह सप्ताह के सातों दिन प्रातः 6.00 बजे से रात्रि 10.00 बजे तक एक टोल फ्री नम्बर 1800–180–1551 अथवा 1551 पर स्थानीय भाषा में किसानों की जिज्ञासाओं का उत्तर देने के लिए कृषि एवं संबद्ध विषयों के स्नातक/स्नातकोत्तर कॉल सेन्टर एजेन्ट के रुप में कार्य करते हैं। किसानों के प्रश्नों के उत्तर देते समय कॉल सेन्टर एजेंटों द्वारा राज्य कृषि विश्वविद्यालयों, भारतीय कृषि अनुसंधान परिषद के संस्थानों के प्रकाशनों, राज्य विकास विभागों की वेबसाइट और किसान जानकारी प्रबंधन प्रणाली का हवाला दिया जाता है।

8. **किसान मोबाइल संदेशः** मोबाइल फोन ने न सिर्फ मानव जीवन पर व्यापक प्रभाव डाला है, बल्कि जीवन को सहज, सुन्दर, सुखमय और दूरियों को भी मिटाया है। इसमें ढ़ेर सारे फंक्शन जैसे कैमरा, गेम्स, एस.एम.एस., मूवी, इंटरनेट की सुविधा, घड़ी, अजार्म एवं रिमाइंडर आदि होते हैं।

ग्रामीण क्षेत्रों में किसानों की सुविधा हेतु प्रत्येक जनपद में कृषि विज्ञान केंद्र खोले गये हैं, जहाँ पर समय–समय पर कृषि सम्बन्धी महत्वपूर्ण जानकारियां किसानों को सीधे मोबाइल द्वारा दी जाती है। किसान मोबाइल संदेश संचार का एकरेखीय मॉडल है जोकि चार मुख्य अवयवों से मिलकर बना है। किसानों के लिए मोबाइल सेवाओं के लिए वेब साइट http://mkisan.gov.in है।

प्रेषक → सूचना → माध्यम → प्राप्तकर्ता → किसान / प्रसार कार्यकर्ता

सन् 2008 में शुरु हुआ यह एक अनूठा कार्यक्रम है जोकि किसानों के बीच संबंध स्थापित करता है। किसान मूल रुप से भारतीय कृषि को जीवित बनाए रखने में मुख्य भूमिका निभाते हैं। लघु सूचना सेवा कृषि को स्थायित्व देने वाले किसानों के बीच तकनीकी सूचनाओं को प्रसारित करने का बहुत ही कारगर कार्यक्रम है। कृषि विज्ञान केन्द्र के विशेषज्ञ प्रसार कार्यकर्ता एवं किसान समुदाय मोबाइल फोन की लघु सूचना सेवा की विशेषता का उपयोग करते हैं। ग्रामीण क्षेत्रों तक प्रत्येक दिन सीमित समय में बहुत बड़े जन समुदाय तक सूचना पहुँचाने का इतना सरल और कारगर कार्यक्रम कोई नहीं है।

9. **'पूसा' कृषि मोबाइल ऐप की शुरूआतः** माननीय केंद्रीय कृषि एवं किसान कल्याण मंत्री श्री राधा मोहन सिंह ने दिनांक 21 मार्च, 2016 को कृषि उन्नति मेला के दौरान मोबाइल ऐप पूसा कृषि का शुभारंभ किया। इस ऐप की मदद से किसानों को संस्थान की नवीनतम प्रौद्योगिकियों से सीधे जोड़ने के साथ–साथ उन्हें उद्यमशील किसान बनने में प्रोत्साहित करने हेतु मदद मिलेगी। इस मोबाइल एप्लीकेशन का विकास विभिन्न हितधारकों तक इन प्रौद्योगिकियों के बारे में जानकारी का प्रसार करने के उद्देश्य से किया गया है। इसे प्रारम्भ करने की 4 महीनों की कम अवधि में ही 20,000 से भी अधिक लोगों द्वारा इस ऐप को डाउनलोड किया जा चुका था और इसका उपयोग किया गया है। किसानों की सुविधा के लिए चार मोबाइल एप की शुरुआत की गई है जो http://mkisan.हवअण्पद के अलावा गूगल प्ले स्टोर से डाउनलोड किए जा सकते हैं।

10. **किसान सुविधा एपः** इस पर आज के और अगले पाँच दिनों के मौसम की जानकारी, बाजार भाव, कृषि सलाह, फसलों की बीमारियों व कीटों की पहचान व

रोकथाम आदि सूचनाएं उपलब्ध रहती हैं। साथ ही इस एप पर मौसम में चरम बदलावों के बारे में अलर्ट भेजे जाते हैं।

11. **भुवन ओलावृष्टि एपः** यह एप ओलों से हुई फसल नुकसान का अनुमान लगाने के लिये है। कृषि अधिकारी अपने मोबाइल/टेबलेट में से एप डालकर खेत में जाएगा। क्षतिग्रस्त हुई फसल का फोटो खींचकर इस एप के द्वारा भुवन पोर्टल पर विश्लेषण के लिए भेज देगा। इससे किसानों को मुआवजा देने में होने वाली देरी कम होगी।

12. **फसल बीमा एपः** यह सरकार की फसल बीमा सम्बन्धी सभी जानकारी को किसानों तक पहुँचाएगा। इसके द्वारा किसान बीमा प्रीमियम, बीमा की राशि, सब्सिडी आदि की गणना कर सकता है।

13. **एग्री मार्केट एपः** इससे किसान अपने यहाँ से 50 कि. मी. की दूरी में स्थित सभी मंडियों को जान सकता है। यदि किसान चाहे तो 50 कि.मी. के बाहर की मंड़ियों के भाव भी जान सकता है।

14. **पशु पोषण एपः** यह एप राष्ट्रीय डेयरी विकास बोर्ड द्वारा विकसित है। इसमें पशु की नस्ल, दूध का मात्रा आदि तथा उत्तम चारे के बारे में सूचना होती है।

15. **धान की जानकारी हेतु राइस नॉलेज मैनेजमेंट पोर्टलः** धान की उन्नत तकनीकों की विस्तृत जानकारी प्राप्त करने के लिए भा.कृ.अनु.प. द्वारा एक अलग पोर्टल का निर्माण किया गया है। इसकी वेबसाइट http://www.ekmp.co.in है। धान के उत्पादन को बढ़ाने के लिए आरकेएमपी पर नवीन तकनीकों, प्रक्रियाओं तथा भविष्य की रणनीतियों का विस्तृत से वर्णन किया गया है।

16. **गन्ना उत्पादन बढ़ाने के लिए केन इन्फोः** गन्ना उत्पादन एव उत्पादकता बढ़ाने के लिए किसानों को गन्ने से संबंधित संपूर्ण जानकारी जैसे गन्ने की उन्नत किस्में, उचित सस्य तकनीकों, नवीन प्रणालियों, फसल प्रबंधन, तथा सांख्यिकीय आंकड़ों की विस्तृत जानकारी पोर्टल पर दी गयी है। इसकी वेबसाइट http://www.caneinfo.nic है।

17. **डीडी किसान टेलीविजन चैनलः** इस चैनल की शुरूआत देश के माननीय प्रधानमंत्री श्री नरेंद्र मोदी द्वारा 26 मई 2015 को की गई थी। इसके माध्यम से किसान कृषि या कृषि से जुड़े व्यवसायों की विस्तृत जानकारी प्राप्त कर सकते हैं। यह देश का पहला चैनल है, जो किसानों के लिए 24 घंटे कार्यक्रम प्रसारित करता है। इसमें कृषि, पशुपालन, मछली पालन, मुर्गी पालन, मधुमक्खी पालन,

केंचुआ पालन, मशरूम उत्पादन, फूलों की खेती, कृषि यंत्र, बाजार भाव, मौसम इत्यादि की जानकारी दी जाती है। डीडी किसान के द्वारा किसानों को कृषि लागत में कमी करने के उपाय, जैविक व पर्यावरण हितैषी खेती के साथ उन्नत तकनीकियों, नई–नई प्रासंगिक खोजों की जानकरी दी जा रही है, साथ ही मौसम की सामयिक जानकारी देने के अलावा मंडी के भाव पर भी विशेष ध्यान है। यह चैनल दुनिया का पहला ऐसा टीवी चैनल है जो पूरी तरह किसानों और गांव को समर्पित है। खेती–किसानी, विज्ञान, पर्यावरण आर्थिक और मनोरंजन से सजा डीडी किसान चैनल ग्रामीण जीवन के उन पहलुओं को छू रहा है, जो अनछुए रह गए थे। इन कार्यक्रमों के माध्यम से अशिक्षित किसानों को अधिक लाभ होगा, क्योंकि उन्हें कृषि संबंधित जानकारी प्राप्त करने के लिए किसी दूसरे पर निर्भर नहीं रहना पड़ेगा। इसके माध्यम से किसानों को आधुनिक खेती के लिए नई ऊर्जा मिलेगी।

18. **डीडी नेशनल (कृषि दर्शन):** टेलीविजन के डीडी नेशनल चैनल पर किसानों के लिए "कृषि दर्शन" नामक कार्यक्रम सप्ताह में 6 दिन सोमवार से शनिवार को सुबह और शाम दोनों समय दिखाया जाता है। इस कार्यक्रम का समय सुबह 6.30 से 7.00 बजे और शाम 5.30 से 6.00 बजे तक होता है। कार्यक्रम में कृषि, पशुपालन, मछली पालन, मुर्गी पालन, मधुमक्खी पालन, केंचुआ पालन, मशरूम उत्पादन, फूलों की खेती, कृषि यंत्र, बाजार भाव, मौसम इत्यादि की जानकारी दी जाती है।

19. **भैंस सम्बन्धी बफैलोपीडियाः** केंद्रीय भैंस अनुसंधान संस्थान, हिसार द्वारा बफैलोपीडिया पोर्टल बनाया गया है। इस पोर्टल से भैंसों की विभिन्न नस्लों, पशु–पोषण, पशुरोग, देखभाल तथा सरकार की विभिन्न योजनाओं की जानकारी दी गयी है। इसकी वेबसाइट http://www.buffalopedia.cirb.in/hi है।

20. **जलवायु अनुकूल कृषि पर राष्ट्रीय पहल (निक्रा) पोर्टलः** जलवायु अनुकूल कृषि पर राष्ट्रीय पहल, भारत सरकार की एक महत्वपूर्ण परियोजना है, जिसका उद्देश्य जलवायु में हो रहे बदलावों को देखते हुए मौसम अनुकूल कृषि को बढ़ावा देना है। इसकी वेबसाइट http://www.nicra. और icar.in/nicraevised है। इस पोर्टल पर विपरीत जलवायु परिस्थितियों को झेल सकने में सक्षम फसल किस्मों व पशुओं की नस्लों के बारे में बताया गया है। परियोजना के अन्तर्गत मौसम अनुकूल सस्य क्रियाओं तथा नवीन तकनीकों का भी वर्णन किया गया है। यह पोर्टल सूखा तथा बाढ़ प्रभावित क्षेत्रों के किसानों के लिए विशेष रूप से लाभदायक है।

21 **ब्लॉकचेनः** ब्लॉकचेन तकनीक एक आशाजन डिजिटल पहल है जिसका उपयोग कृषि मूल्य श्रृंखला के अनेक पहलुओं पर जानकारी को समेकित करने के लिए किया जा सकता है। उदाहरण के लिए, यह खेत से बाजार तक फसल की यात्रा को ट्रैक कर सकता है। ब्लॉकचेन का आंकड़ा एकत्रण उपभोक्ताओं को सूचित निर्णय लेने एवं ब्लॉकचेन बाजार में लागत कम करने में सहायक है। ब्लॉकचेन तकनीक को व्यापक रूप से अपनाने से किसान अधिक स्मार्ट बनेगें और उनके जीवन की गुणवत्ता में बड़े पैमाने पर सुधार होगा।

कृषि की विभिन्न परियोजनाओं में सूचना एवं संचार तकनीक का उपयोग

1. प्रधानमंत्री फसल बीमा योजना बड़े पैमाने पर सूचना एवं संचार तकनीक का उपयोग करेगी। इसमें फसल नुकसान होने पर किसान अपने खेत का मोबाइल से फोटो खींचकर भेजेगा। फिर अधिकारी उपग्रह की सहायता से उस खेत का चित्र देखकर नुकसान का अनुमान लगाएंगे और फिर बीमा राशि सीधे किसान के खाते में डाल दी जाएगी।
2. इससे फसल बीमा का क्लेम मिलने में होने वाला भ्रष्टाचार व देरी से भुगतान समाप्त होगी।
3. राष्ट्रीय कृषि बाजार के द्वारा भारत की सभी मंडियों को आपस में इंटरनेट की सहायता से जोड़ दिया जाएगा, जिससे किसान को अपनी उपज का अच्छा मूल्य मिल सकेगा।
4. सूचना एवं संचार के द्वारा 'स्मार्ट कृषि को बढ़ावा दिया जा सकता है। इसमें किसान अपने खेत के सॉयल हैल्थ कार्ड' का डाटा अपने स्मार्ट फोन ऐप से जोड़कर सही सुझाव प्राप्त कर सकता है कि कौन–सी फसल उगाएं, कितना उर्वरक डालें। साथ ही ऐसे ऐप बनाए जाएं जो मृदा में नमी की मात्रा नाप कर बता दें कि अब सिंचाई की आवश्यकता है।
5. खेत में ड्रिप सिंचाई पद्धति को सूचना एवं संचार के द्वारा स्मार्टफोन द्वारा दूर से ही नियंत्रित किया जाए। इससे पानी भी बचेगा और पैदावार भी बढ़गी।

कृषि एवं ग्रामीण क्षेत्र में सूचना एवं संचार तकनीक की समस्याएं

1. ग्रामीण भारत में साक्षरता कम होने के कारण समझ नहीं पाते हैं।

2. ग्रामीण क्षेत्रों में बिजली की कमी के कारण सूचना एवं संचार के साधन सुचारु रूप से कार्य नहीं कर पाते हैं।
3. ग्रामीण क्षेत्रों में रहने वाले अधिकांश किसानों की आर्थिक स्थिति कमजोर होने के कारण स्मार्टफोन या लैपटॉप नहीं खरीद सकते हैं।
4. ग्रामीण क्षेत्र में इंटरनेट की पहुँच सीमित है, वहाँ कनेक्टिविटी भी ठीक नहीं है।
5. ग्रामीण क्षेत्रों में स्थानीय भाषा में सूचना एवं संचार के पर्याप्त साधन नहीं है।

निष्कर्ष: भारत में सूचना एवं संचार तकनीक विकसित होने से एक ओर ग्रामीण क्षेत्रों एवं कृषि में कार्य कलापों में सुधार हुआ है, वहीं दूसरी ओर मोबाइल एवं इंटरनेट से किसानों ने नयी तकनीकियों को अपनाना शुरू कर दिया है। वर्तमान में कृषि में सूचना एवं संचार साधनों लैस किसान अब प्रगतिशील कहला रहे हैं। यदि सरकार एवं निजी संगठन मिलकर संचार साधनों द्वारा कृषि प्रसार का कार्य करें, तो देश में शीघ्र ही दूसरी क्रांति आ सकती है। यह तभी सम्भव है जब सभी ग्रामीण क्षेत्रों में बिजली एवं इससे चलने वाले साधन हों। इस दिशा में अब भारतीय कृषि अनुसंधान परिषद के अनेक संस्थान कार्य कर रहे हैं। किसान इनका समय से लाभ उठाकर अपनी खेती को लाभप्रद बना सकते हैं।

22

स्मार्ट कृषि हेतु सरकारी योजनाएं

भारत सरकार कृषि क्षेत्र को उच्च प्राथमिकता दे रही है तथा कृषि को स्मार्ट तकनीक से संचालित करने एवं किसानों की आय को दोगुनी करने हेतु अनेक योजनाएं चला रही है। जिनमें मृदा स्वास्थ्य कार्ड योजना, एग्री उड़ान, परम्परागत कृषि विकास योजना, नेशनल एग्रीकल्चर मार्केट, प्रधानमंत्री किसान संपदा योजना, राष्ट्रीय टिकाऊ कृषि मिशन, एग्रीकल्चर स्किल कौंसिल ऑफ इंडिया, पशु हाट पोर्टल, हरित क्रांति–कृषोन्नत योजना इत्यादि प्रमुख है। इन योजनाओं के क्रियान्वयन में एआई और डिजिटल आधारित स्मार्ट कृषि को प्राथमिकता दी जा रही है। किसानों की आय बढ़ाने व ग्रामीण अर्थव्यवस्था को मजबूत करने के लिए परम्परागत तकनीक के स्थान पर आधुनिक तकनीकियों द्वारा फसलों का उत्पादन बढ़ाने, खेती की लागत कम करने, फसल उत्पादन के बाद होने वाले नुकसान को कम करने तथा खेती से जुड़े बाजारों का सुधार करने पर भारत सरकार जोर दे रही है। जिसके अंतर्गत कृषि एवं संबद्ध व्यवसाय में किसानों की आय एवं ग्रामीण युवाओं के लिए रोजगार के अवसर बढ़ाये जा सकेंगे। जिसमें खाद्य पदार्थों का एकत्रीकरण, भंडारण, प्रसंस्करण, रसद, खाद्य तैयारी, रेस्ताराओं और अन्य संबद्ध सेवाओं के लिये मांग इत्यादि मुख्य घटक हैं, क्योंकि व्यापक कृषि–खाद्य प्रणालियों में खेती से अलग रोजगार के अनेक अवसर उभरकर आयेंगे। स्मार्ट कृषि हेतु नई तकनीक एवं आमदनी वृद्धि हेतु अवसरों का संक्षिप्त विवरण निम्नलिखित है, जैसे;

1. मेगा फूड पार्क एवं उत्पाद की कीमत

खेत से बाजार तक मूल्य श्रृंखला समेत खाद्य प्रसंस्करण के लिए आधुनिक अवसंरचना उपलब्ध कराने हेतु देश में प्रधान मंत्री किसान संपदा योजना की मेगा फूड पार्क स्कीम की शुरुआत की गई है। इसके लिये केन्द्र सरकार की ओर से 42 मेगा फूड पार्क बनाने की अनुमति दी गयी है, जिनमें वर्ष 2008 से 8 शुरू हो गये हैं। ग्रामीण क्षेत्रों में एक मेगा फूड पार्क के द्वारा लगभग 25–30

हजार किसानों को लाभ होता है। इस पार्क में बहुस्तरीय, शीतगृह, शुष्क माल गोदाम, सब्जियों की डिहाइड्रेशन, लाइन, आधुनिक गुणवत्ता नियंत्रण और परीक्षण प्रयोगशाला सहित फलों एवं सब्जियों की प्रसंस्करण जैसी दूसरी सुविधाएं उपलब्ध रहेंगी। इस मेगा फूड पार्क परियोजना में आधुनिक आधारभूत सुविधाएं उपलब्ध रहेंगी जिसमें बागवानी और गैर–बागवानी उत्पादों को सड़ने से बचाने की हर सुविधा है। इस परियोजना से किसानों को अपने उत्पादों की उत्तम कीमत तो मिलेगी ही, उनके उत्पाद कम से कम खराब होंगे। इसके अतिरिक्त कृषित उत्पादों और उद्यमशीलता के व्यापक अवसर पैदा होने से राज्य के युवाओं को रोजगार मिलेगा। इसके अंतर्गत मेगा फूड पार्क की स्थापना के लिए 50 करोड़ रुपयें तक वित्तीय अनुदान राशि दी जाती है। मेगा फूड पार्क कम से कम 50 एकड़ क्षेत्र में स्थापित किया जाता है और सकल कलस्टर आधारित अवधारणा के अंतर्गत काम करता है। केन्द्रीय खाद्य प्रसंस्करण उद्योग मंत्री हरसिमरत कौर बादल ने 7 जुलाई, 2017 को पंजाब में मक्का आधारित प्रथम मेगा फूड पार्क की आधार शिला रखी। यह पार्क पंजाब राज्य के कपूरथला जिले के फगवाडा में विकसित किया गया है। इस पार्क में 25 से 30 खाद्य प्रसंस्करण इकाइयां स्थापित की जाएगी और वार्षिक व्यापार रुपये 450 से 500 करोड़ की संभावना, पार्क की स्थापना से प्रत्यक्ष व अप्रत्यक्ष रूप से 5000 व्यक्तियों को रोजगार का अवसर मिल रहा है, साथ ही 25000 किसान भी लाभान्वित हो रहे हैं।

2. चावल जैव पार्क

यह पार्क किसानों को यह दिखाएगा कि बायोमास उपयोग के द्वारा किस प्रकार से उनकी आमदनी में वृद्धि की जाए अर्थात चावल के पुआल भूसी और दानों से मूल्य संवर्धित उत्पाद तैयार किए जाएंगे। दालों के मामले में भी इस प्रकार के जैव पार्क तैयार किए जा सकते हैं। इससे किसानों को बायोमास के हर हिस्से से आमदनी और रोजगार प्राप्त करने में सहायता मिलेगी।

3. हॉर्टिकल्चर पार्क

बागवानी उत्पादों के प्रसंस्करण, मूल्यवर्धन और पैकिंग को एक व्यवसाय के रूप में बढ़ावा देने के लिए राष्ट्रीय बागवानी बोर्ड द्वारा 'हॉर्टिकल्चर पार्क' विकसित करने की योजना चलायी जा रही है। इस योजना का उद्देश्य बागवानी उद्यमियों को एक स्थान पर सभी आवश्यक आधारभूत सुविधाएं प्रदान करना है, जिससे व्यवसाय स्थापित करने में आसानी हो। ऐसे हॉर्टिकल्चर पार्क मुख्य रूप से उन क्षेत्रों में विकसित

किये जा रहे हैं, जहाँ बागवानी उत्पादन तो यथेष्ट हो, परन्तु इनके प्रसंस्करण और विपणन आदि की पर्याप्त सुविधा न हो। इन क्षेत्रों में बागवानी उत्पादों की एक बड़ी मात्रा व्यर्थ चली जाती है, जिससे उत्पादकों को भारी नुकसान उठाना पड़ता है। हॉर्टिकल्चर पार्क में सुविधाओं को इस प्रकार विकसित किया जाता है कि सभी उद्यमी इनका एक समान रूप से साझेदारी में उपयोग कर सकें। इसके अंतर्गत संग्रह, छंटाई, श्रेणीकरण, पूर्व–शीतलन, प्राथमिक प्रसंस्करण, पैकिंग, भंडारण गोदाम, शीत श्रृंखला, परिवहन, मूल्यवर्धन, विपणन, गुणवत्ता जांच प्रयोगशाला, जल आपूर्ति, व्यर्थ जल उपचार और प्रशिक्षण तथा सम्मेलन सुविधाएं आदि विकसित की जाती हैं। हॉर्टिकल्चर पार्क विकसित करने का कार्य सार्वजनिक क्षेत्र के संगठनों या निजी प्रमोटर कंपनियों द्वारा किया जा सकता है। इसके लिए राष्ट्रीय बागवानी बोर्ड द्वारा परियोजना लागत के 50 प्रतिशत तक वित्तीय सहायता प्रदान की जा सकती है, जिसकी अधिकतम सीमा 4 करोड़ रुपये तक की गई है। उद्यमियों को अपनी इकाई की स्थापना स्वयं करनी पड़ती है, लेकिन व्यवसायिक बागवानी योजना के अंतर्गत ये बैंक एंडिड सब्सिडी के हकदार होते हैं।

4. पशु चारा ज्ञान पोर्टल की शुरुआत

कृषि देश की ग्रामीण अर्थव्यवस्था की रीढ़ की हड्डी है, जिसमें डेरी की अहम भूमिका है। भारत विश्व में सबसे बड़ा दुग्ध उत्पादक देश है, लेकिन इसके कारण प्रति पशु उत्पादकता में सुधार की अपार क्षमताएं उपलब्ध हैं। इसको ध्यान में रखते हुए पशु चारा उत्पादकता की गुणवत्ता सुधार एवं पशु चारा गुणवत्ता नियंत्रण के संबंध में राष्ट्रीय डेरी विकास बोर्ड द्वारा आनंद में पशु चारा ज्ञान पोर्टल की शुरुआत की गई है। इस पोर्टल पर पशु चारा उत्पादन से संबंधित विभिन्न विषयों की जानकारी दी गई है। इसके अतिरिक्त सस्ता पशुचारा बनाने, आपूर्ति, कच्चे माल इत्यादि के बारे में भी सूचना उपलब्ध हैं।

5. ई–पशु हाट पोर्टल

केंद्र सरकार के पशु पालन, डेयरी और मत्स्य पालन विभाग ने देश में पहली बार राष्ट्रीय बोवाइन उत्पादन मिशन के अंतर्गत ई–पशुधन हाट पोर्टल शुरुआत की है। यह पोर्टल गौ पशुओं की देशी नस्लों के लिए प्रजनकों और किसानों को जोड़ने में एक महत्वपूर्ण भूमिका निभा रहा है। इस पोर्टल के द्वारा किसानों को देशी नस्लों की नस्लवार सूचना प्राप्त होती है। इसमें पशु आहार और चारे की

उपलब्धता के लिए पूरी जानकारी भी दी गई है। देश के किसानों की सुविधा के लिए पशु क्रय और विक्रय के लिए यह ऑनलाइन पोर्टल तैयार किया गया है। इससे किसान एवं प्रजनक देशी नस्ल की गाय एवं भैंसों को खरीद एवं बेच सकेंगे। इस पोर्टल के द्वारा देशी नस्लों के संरक्षण, संवर्धन एवं विकास को एक नई दिशा मिल रही है। इस पोर्टल का उद्देश्य बिचौलियों की भूमिका को समाप्त करना और पारदर्शी विधा से पशु व्यापार को बढ़ावा देते हुए पशु पालकों को उचित मूल्य दिलवाना है। इस बारे में विस्तृत विवरण www.pashuhat.gov.in से मिल सकता है।

6. किसान चैनल

देश की आत्मा को समझने की शुरुआत भारत के गांव–देहात से होती है। 26 मई, 2015 को शुरु किया गया 24 घंटे का यह किसान चैनल सभी कृषि तकनीकों का प्रसार, जल के संरक्षण और जैविक खेती जैसे विषय की जानकारी देता है, साथ ही सभी विषयों के विशेषज्ञों से किसानों की समस्याओं का सीधा समाधान भी करवाया जाता है।

7. सब्जियों की आधुनिक प्रसंस्करण प्रौद्योगिकी

सुविधाजनक और उच्च गुणवत्ता वाले, सुरक्षित, शुद्ध, समान गुण वाले खाद्य पदार्थों की बढ़ती उपभोक्ता मांग के फलस्वरूप सब्जी प्रसंस्करण में अधिक नवीनतम और विविधीकरण आया है। नए उत्पाद जैसे; चटनी और पैक किए गए सेम, तैयार सलाद और पूर्व तैयार फ्राई मिक्स सुपर मार्केट और निर्यात व्यापार में तेजी से प्रवेश कर रहे हैं।

8. मृदा स्वास्थ्य कार्ड योजना

खेती की भूमि की उर्वरा शक्ति को बनाए रखना बहुत ही आवश्यक है और इसकी जानकारी किसानों को रहे, यह सुनिश्चित करना एक महत्वपूर्ण काम है। इसके लिए वर्तमान सरकार ने फसलों के अनुसार मृदा स्वास्थ्य कार्ड की योजना शुरु की है, ताकि इसकी सहायता से किसान अपनी भूमि पर उचित मात्रा में उर्वरकों का उपयोग करके अच्छी पैदावार बनाए रखने में सफल हो सकें। सम्पूर्ण भारत में खेत की मिट्टी का स्वास्थ्य की जांच हेतु 19 फरवरी, 2015 को देश के प्रधानमंत्री श्री नरेन्द्र मोदी ने राजस्थान के सूरतगढ़ में 'मृदा स्वास्थ्य कार्ड योजना' का शुभारंभ किया था। इस अवसर पर प्रधानमंत्री नरेन्द्र मोदी ने

"स्वस्थ धरा, खेत हरा" का नारा दिया। यह योजना कृषि मंत्रालय के कृषि एवं सहकारिता विभाग की देख–रेख में भारत के सभी राज्यों, केन्द्र शासित प्रदेशों में लागू होगी। केन्द्र सरकार की इस योजना के अंतर्गत किसान अपने खेत की मृदा की जांच करा सकेंगे। मृदा स्वास्थ्य कार्ड योजना के दो लाभ हैं, एक तो इससे उपज की गुणवत्ता बढ़ेगी जो पोषण को बढ़ाएगी, दूसरे इससे किसानों की निवेश लागत में कमी आएगी। इस प्रकार यह योजना धारणीय विकास के दर्शन के भी अनुकूल है।

मृदा स्वास्थ्य कार्ड, वस्तुतः एक ऐसा कार्ड है, जिसमें मृदा के स्वास्थ्य की वर्तमान स्थिति के बारे में सूचनाएं संग्रहीत की जाती हैं। इस कार्ड से किसानों को अपनी भूमि की उर्वरता के स्तर की जानकारी प्राप्त करने में सहायता मिलती है और वह अधिक उपज प्राप्त करने के लिए फसल की आवश्यकतानुसार सही मात्रा में उर्वरक और जैविक खाद का उपयोग कर सकता है। संतुलित मात्रा में उर्वरक का पता चल जाने से न केवल खेती की लागत में कमी आएगी बल्कि मृदा की उर्वरा शक्ति को बनाए रखने में भी सहायता मिलेगी। मृदा स्वास्थ्य कार्ड, 12 प्रॉंचलों के आधार पर जिनमें समाष्टि पोषक तत्वों (एन.पी.के.), द्वितीयक पोषक तत्व (मोलिब्डनम व सल्फर), सूक्ष्म पोषक तत्वों (जिंक, फैरस, कॉपर, मैंगनीज तथा मोलिब्डनम) के साथ भौतिक प्राचल (पी.एच, विद्युत चालकता एवं जैविक कार्बन) सम्मिलित हैं, के आधार पर बनाया जाता है। यह कार्ड प्रत्येक तीन वर्ष के चक्र में एक बार जारी किया जाएगा। इससे समय–समय पर भूमि प्रबंधन से मृदा के स्वास्थ्य में आए बदलाव को भी जाना जा सकता है। खेती हेतु उर्वरकों की समय व सही कीमत पर उपलब्धता सुनिश्चित करने हेतु बजट में शहर के कचरे को कम्पोस्ट में परिवर्तित करने के लिए नई नीति बनाने का लक्ष्य रखा गया है।

9. प्रधानमंत्री फसल बीमा योजना

किसानों की आमदनी को सबसे अधिक चोट मौसम के बिगड़ने या अन्य प्राकृतिक आपदाओं के कारण पहुँचती है। इससे राहत देने के लिए सरकार ने प्रधानमंत्री फसल बीमा योजना शुरू की है। इसकी मुख्य विशेषता यह है कि इसमें किसानों को बहुत कम प्रीमियम देना पड़ता है। बीमा कंपनियां खरीफ फसलों के लिए जो तय करेंगी, किसानों को उसमें सिर्फ 2 प्रतिशत देना होगा। रबी फसलों के प्रीमियम दर का सिर्फ डेढ़ प्रतिशत किसान देंगे। वहीं बागवानी और कपास की फसलों के मामले में किसानों को 5 प्रतिशत प्रीमियम देना होगा। बाकी प्रीमियम केंद्र और राज्य की सरकारें बराबर–बराबर देंगी। कम से कम 25 प्रतिशत क्लेम

राशि सीधे किसानों के बैंक खाते में आएगी। फसल कटाई के बाद परिवहन और भंडारण के बाद उपज का नुकसान होता है, जिससे किसान को लाभ कम मिलता है। इसलिए भंडार गृहों और शीत भंडार गृहों की संख्या तेजी से बढ़ाई जा रही है। साथ ही खाद्य प्रसंस्करण को भी बढ़ावा दिया जा रहा है, जिससे अतिरिक्त उपज का उपयोग हो सकता है और मूल्यवर्धन से किसानों की आमदनी भी बढ़ी। ग्रामीण क्षेत्रों में छोटे स्तर पर इस प्रकार के उद्यम स्थापित करने के लिए सहायताओं और सुविधाओं को अधिक व्यापक बनाया जा रहा है।

किसानों की प्रधानमंत्री फसल बीमा योजना के कार्यान्वयन में इस वर्ष 2018 तक 40 प्रतिशत कृषि क्षेत्र को इस योजना के अंतर्गत लाया जा रहा है। सरकार की यह फसल बीमा योजना कम प्रीमियम पर अधिकतम बीमा का लाभ देती है। इस योजना में सभी खाद्य फसलें, तिलहन, वार्षिक व्यवसायिक या साग–सब्जी का बीमा होता है। खरीफ की सभी फसलों और तिलहन के लिए अधिकतम 2 प्रतिशत एवं 1.5 प्रतिशत रबी की फसलों और तिलहन के लिए और व्यवसायिक फसलों और फल व सब्जी के लिए 5 प्रतिशत का वार्षिक प्रीमियम देना है। प्रीमियम की शेष राशि में केन्द्र और राज्य सरकारें बराबर हिस्सा का योगदान करेंगी।

10. समेकित कृषि विपणन योजना

इसकी सह–योजना कृषि विपणन ढांचे के अंतर्गत पैदावार बाढ़ प्रबंधन व विपणन ढांचे के लिए पूंजीगत लागत की सहायता देती है, साथ ही समेकित वैल्यु चैन स्थापित करना व रेफ्रीजिरेटेड वाहन आदि भी इसमें सम्मिलित हैं। पैदावार बाद उत्तम प्रबंधन के लिए आईसीएआर संस्थान व कृषि विज्ञान केन्द्रों को भी किसानों को आवश्यक कौशल व विधियों का प्रशिक्षण देने में सम्मिलित किया गया है।

11. समेकित कृषि मॉडल

इस मॉडल के अंतर्गत मुर्गी पालन, मछली पालन, डेयरी और अलग–अलग सब्जियों व फलों की खेती इस प्रकार की जाती है, जिससे किसान को वर्ष भर नियमित आय प्राप्त होती रहे और वह आत्मनिर्भर होकर अपने परिवार के भरण–पोषण की आपूर्ति कर सकें।

12. प्रधानमंत्री कृषि सिंचाई योजना

कृषि की मानसून पर निर्भरता कम करने और हर खेत तक जल पहुँचाने के उद्देश्य से 1 जुलाई, 2015 को प्रधानमंत्री कृषि सिंचाई योजना की शुरुआत की

गई है। इस योजना में वर्तमान में संचालित योजनाओं यथा जल संसाधन, नदी विकास और गंगा संरक्षण मंत्रालय के त्वरित सिंचाई लाभ कार्यक्रम, भूमि संचालन विभाग के समेकित जल प्रबंधन कार्यक्रम तथा कृषि एवं सहकारिता विभाग के खेत पर जल प्रबंधन को मिला दिया गया है। इस योजना के क्रियान्वयन में तीन मंत्रालय सम्मिलित हैं। इस योजना का लक्ष्य सभी खेतों के लिए सिंचाई उपलब्ध कराना है और प्रति बूंद अधिक फसल से जल का सदुपयोग बढ़ाना है। सभी जनपदों के लिए जिला सिंचाई योजना तैयार करने के लिए अधिकारियों को प्रशिक्षित किया जा रहा है। देश के सभी जिलों को जिला सिंचाई योजना तैयार करने के लिए राज्यों को राशि दी गई है। प्रधानमंत्री सिंचाई योजना भी शुरू की गई है। यही नहीं, मनरेगा के तहत वर्ष 2016–17 में वर्ष पोषित क्षेत्रों में 5 लाख तालाबों और कुंओं की व्यवस्था भी की गयी है।

13. परम्परागत कृषि विकास योजना (पीकेवीवाई)

जैविक खेती को बढ़ावा देने के लिए एवं किसानों को रसायन मुक्त आदान उपलब्ध कराने के लिए 1 अप्रैल, 2015 से 'परंपरागत कृषि विकास योजना' प्रारंभ की गई। इस योजना के अंतर्गत किसानों के समूह को जैविक खेती करने के लिए प्रोत्साहित किया जाता है। परम्परागत कृषि विकास योजना कार्यक्रम राज्य सरकारों द्वारा किया जाएगा। इस योजना के सकल आवंटन में केन्द्र–राज्य की हिस्सेदारी 60: 40 के अनुपात में होगी। केन्द्र शासित प्रदेशों में सकल व्यय केन्द्र सरकार द्वारा किया जाएगा। इस योजना के दो लक्ष्य हैं, पहला जैविक कृषि उत्पादन को बढ़ाना तथा दूसरा जैविक खेती से मृदा स्वास्थ्य को उत्तम बनाना है। वर्ष 2018–19 के अंत तक 20 हेक्टेयर क्षेत्र वाले कुल 50 हजार क्लस्टर्स का निर्माण किया गया है। इस योजना के अंतर्गत 50 या उससे अधिक किसानों को एक क्लस्टर के रूप में 50 एकड़ भूमि पर जैविक खेती करनी होती है। प्रत्येक क्लस्टर में 65 प्रतिशत किसान सीमांत या लघु श्रेणी के होने आवश्यक हैं। प्रत्येक क्लस्टर के किसानों को संयुक्त रूप से 10 लाख रुपये प्रदान किये जाते हैं। बजट 2016–17 में योजना के माध्यम से 3 साल में 5 लाख एकड़ क्षेत्र में जैविक खेती करने का लक्ष्य रखा गया था। उत्तर–पूर्वी राज्यों के लिए जैविक मूल्य श्रृंखला विकास हेतु तीन वर्षो के लिए वर्ष 2015–16 में 400 करोड़ रूपये का आवंटन किया गया था जिससे जैविक खेती की योजना को आगे बढ़ाने में सहायता मिली। मनरेगा के तहत जैविक खाद के लिए 10 लाख कम्पोस्ट गड्ढ़ों का निर्माण किया गया है।

14. कृषि–वानिकी और नीमलेपित यूरिया

राष्ट्रीय कृषि–वानिकी कार्यक्रम हेतु पहली बार 2016–17 के बजट में 75 करोड़ केंद्रों का प्रावधान किया गया है। इससे मेडों पर पेड़ अभियान को गति मिलेगी। यही नहीं, की मृदा उर्वरता बढ़ाने के लिए अब देश में नीम कोटेड यूरिया भी मिल रहा है। इससे किसानों को 100 कि.ग्रा. की जगह 90 कि.ग्रा. यूरिया का ही उपयोग करना पड़ रहा है जिससे लागत मूल्य में कमी आई है तथा यूरिया का गलत उपयोग भी अब नहीं हो पाएगा।

15. राष्ट्रीय कृषि बाजार (ई–नाम)

कृषि उपज को उचित मूल्य पर बाजार में बेचना, आज भी अधिकांश किसानों के लिए कठिन चुनौती है। अक्सर किसानों को कड़ी मेहनत से तैयार उपज को कम दामों पर बिचौलियों को बेचना पड़ता है। इस समस्या से छुटकारा दिलाने के उद्देश्य से 1 जुलाई, 2015 को 'राष्ट्रीय कृषि बाजार' योजना की शुरूआत की गई है। राष्ट्रीय कृषि बाजार या ई–नैम एक अखिल भारतीय इलेक्ट्रोनिक ट्रेडिंग पोर्टल है जो कृषि मंडियों को जोड़कर बाजार का निर्माण करता है। यहाँ किसी भी किसान/व्यापारी को देश की मंडी में सामान खरीदने व बेचने की सुविधा होती है। यह कोई नया या वैकल्पिक बाजार नहीं है बल्कि वर्तमान समय में उपलब्ध मण्डियों को एक नेटवर्क में जोड़कर किसानों और कृषि व्यापारियों को आमने–सामने कर देता है। इस बाजार के माध्यम से खरीददार किसी राज्य में बैठकर दूसरे राज्य की मंडी से सामान का भाव तय कर सकता है और माल खरीद सकता है। इस योजना के अंतर्गत देश की प्रमुख मंड़ियों को इलेक्ट्रोनिक ट्रेडिंग प्लेटफार्म से जोड़ा गया है। इस कार्य को पूर्ण करने के लिए सितंबर, 2016 तक 200 मंडियों, मार्च 2017 तक अन्य 200 मंडियों एवं मार्च 2018 तक शेष मंडियों को सामान्य ई–मार्केट प्लेटफार्म पर जोड़ दिया गया है। इसके अतिरिक्त बाजार की सुविधाओं को गांवों तक और उपज को बड़ी मंडियों तक सुरक्षित रूप से पहुँचाने की पहल भी की गई है। इसके लिए आवश्यक आधारभूत ढांचे को मजबूत बनाने की प्रक्रिया प्रारंभ कर दी गई है। ऐसा माना जा रहा है कि यदि किसानों को उनकी उपज की उचित कीमत मिलने लगे, तो आमदनी बढ़ने में ज्यादा देर नहीं लगेगी। कृषि उत्पादों की ट्रेडिंग में रुचि रखने वाले ग्रामीण परिवेश के युवाओं के लिए स्वरोजगार के रूप में इस व्यवसाय को अपनाने का यह अच्छा अवसर हो सकता है।

16. किसानों के लिए मोबाइल एप की शुरूआत

किसानों की सुविधा के लिए चार मोबाइल एप शुरू किए गए हैं जो www.mkisan.gov.in के अलावा गूगल प्ले स्टोर से डाउनलोड किए जा सकते हैं।

17. राष्ट्रीय गोकुल मिशन

कृषि और पशु–पालन भारतीयों की पारंपरिक आजीविका है। पशुधन की दृष्टि से सम्पन्न भारत में लगभग 190 मिलियन गोपशु हैं, जो विश्व के कुल गोपशु संख्या का लगभग 14.5 प्रतिशत है। इनमें से 151 मिलियन (80 प्रतिशत) गोपशु देशी नस्ल के हैं। परन्तु, भारत में विगत कुछ वर्षों में बढ़ती क्रॉस ब्रीडिंग से देशी तथा विदेशी नस्लों की गायों के पहचान पर संकट उत्पन्न हो गया है। इसलिए देशी नस्ल की गायों के संरक्षण और नस्ल के आनुवांशिक विकास को बढ़ावा देने के लिए भारत सरकार के कृषि मंत्रालय द्वारा 28 जुलाई, 2014 को राष्ट्रीय गोकुल मिशन की शुरुआत की गई थी। गोकुल मिशन परियोजना के अंतर्गत वैज्ञानिक ढंग से देशी नस्लों का संरक्षण एवं विकास किया जा रहा है। राष्ट्रीय पशु प्रजनन एवं डेयरी विकास कार्यक्रम के अधीन राष्ट्रीय गोकुल मिशन द्वारा किए गए कार्य अत्यंत उपयोगी सिद्ध हो रहे हैं। इस योजना से जहाँ एक ओर खाद्य सुरक्षा के लक्ष्य को प्राप्त किया जा सकेगा, वहीं यह पशु पालकों की आय के स्तर को भी बढ़ाने में सहायक होगा।

राष्ट्रीय गोकुल मिशन के उद्देश्य

- देशी गोपशु नस्लों का संरक्षण एवं विकास करना।
- देशी पशुओं की नस्लों का आनुवंशिक सुधार और पशुओं की संख्या में वृद्धि करना।
- दुग्ध उत्पादन एवं उत्पादकता को बढ़ावा देना।
- देशी नस्लों जैसे; साहीवाल, गिर, थारपरकर, लाल सिंधी और अन्य देशी नस्लों के पशुओं को आनुवंशिक रूप से उन्नत करना।
- कृषि एवं प्रजनन के लिए उच्च आनुवंशिक गुणों वाले सांडों का वितरण करना।

18. नीली क्रांति मिशन

प्रधानमंत्री की अध्यक्षता में आर्थिक मामलों की मंत्रिमंडलीय समिति द्वारा 22 दिसंबर, 2015 को मत्स्य पालन के समेकित विकास एवं प्रबंधन हेतु मिशन

मोड में एक अमरेला योजना के क्रियान्वयन को मंजूरी प्रदान की गई है। पांच वर्षीय इस मिशन के अंतर्गत मत्स्य पालन क्षेत्र की संभाव्यताओं के दोहन से संबंधित अनेक योजनाएं क्रियान्वित की जा रही हैं। मत्स्य पालन और मत्स्य पालन क्षेत्रों के विकास एवं प्रबंधन के लिए उचित व्यवस्था सुनिश्चित करके मत्स्य उत्पादन में 6 से 8 प्रतिशत की वार्षिक वृद्धि दर का लक्ष्य प्राप्त करना है। यह योजना उत्तर–पूर्वी राज्यों और संघ शासित प्रदेशों सहित सभी राज्यों में लागू की है। केन्द्र प्रायोजित इस योजना के लिए 5 वर्षो हेतु 3 हजार करोड़ रुपये का आवंटन किया गया है, जो केन्द्र सरकार उपलब्ध करवाएगी। इस योजना का मुख्य उद्देश्य आंतरिक एवं समुद्री दोनों क्षेत्रों में भारतीय मत्स्य उत्पादन क्षमता को बढ़ाना तथा 2020 तक उत्पादन को तीन गुना करना तथा विपणन आधार संरचना, प्रौद्योगिकी एवं नवप्रवर्तन के माध्यम से मछुआरों की आय को दोगुना करना है। इस योजना से बहुआयामी लाभों की संभावना है। जहाँ एक ओर यह भारत में खाद्य सुरक्षा को सुनिश्चित करेगा, वहीं दूसरी ओर यह रोजगार के अवसर उपलब्ध करवाएगा।

19. राष्ट्रीय खाद्य सुरक्षा मिशन

राष्ट्रीय विकास परिषद ने 29 मई, 2007 को आयोजित 53 वीं बैठक में खाद्य सुरक्षा मिशन शुरु करने के लिए एक प्रस्ताव पारित किया था, जिसके तहत राष्ट्रीय खाद्य सुरक्षा मिशन अक्टूबर, 2007 में प्रारंभ किया गया। इसके क्रियान्वयन का ढांचा त्रि–स्तरीय है–राष्ट्रीय, राज्य और जिला स्तर। राष्ट्रीय स्तर पर केंद्रीय कृषि मंत्री की अध्यक्षता में गठित सामान्य परिषद इस मिशन का नीति निर्माणकारी घटक है, जो इस मिशन को दिशा–निर्देश एवं मार्गदर्शन प्रदान करती है। राज्य स्तर पर मुख्य सचिव की अध्यक्षता में राज्य सुरक्षा मिशन कार्यकारी समिति का प्रावधान है। जिला स्तर पर योजना का कार्यान्यवन कृषि तकनीकी प्रबंधन एजेंसी (आत्मा) द्वारा किया जाता है।

20. एग्री उड़ान

वर्ष 2017 में भारतीय कृषि अनुसंधान परिषद को 'एग्री उड़ान' नामक एक कृषि उद्यमशीलता विकास आधारित योजना के कार्यान्वयन का दायित्व सौंपा गया था। इसका उद्देश्य ग्रामीण क्षेत्रों के युवाओं को बड़ी संख्या में कृषि व्यवसाय के प्रति जागरूक करना, प्रशिक्षण देना और ऐसे उपक्रम स्थापित करने में सहायता करना है। इस क्रम में भाकृअनुप के अंतर्गत कार्यरत नेशनल एकेडेमी ऑफ एग्रीकल्चर

रिसर्च एवं प्रबंधन हैदराबाद में विभिन्न प्रकार के कृषि स्टार्टअप के विकास पर कार्य किया जा रहा है। इसमें निजी क्षेत्रों के कृषि से संबद्ध उद्यमों से भी बड़ी संख्या में संपर्क कर उन्हें इस अभियान से जोड़ने का प्रयत्न किया जा रहा है।

21. एग्रीकल्चर स्किल कौंसिल ऑफ इंडिया

यह संस्था केंद्र सरकार के कौशल एवं उद्यमशीलता विकास मंत्रालय के अधीन कार्यरत है। इसका दायित्व कृषि एवं संबद्ध क्षेत्रों में कार्यरत किसानों कृषि श्रमिकों तथा कृषि प्रसार कर्मियों को अधिक कुशल बनाना और उनकी क्षमता विकास करने में हर संभव सहायता प्रदान करना है। कृषि क्षेत्र में आए ठहराव, गुणवत्ता से युक्त मानव संसाधनों का कृषि को छोड़ते हुए अन्य क्षेत्रों की ओर तेज पलायन, जलवायु परिवर्तन की बढ़ती चुनौतियां, अंतर्राष्ट्रीय कृषि बाजार में बदलाव की स्थितियां आदि को देखते हुए इस संस्था की भूमिका अधिक है। वर्तमान समय में इस परिषद द्वारा 157 से अधिक प्रकार की ट्रेनिंग कृषि से संबद्ध विभिन्न क्षेत्रों में प्रदान की जा रही है। इसमें विशेष रूप से कृषि यंत्रीकरण, परिशुद्ध खेती, कृषि सूचना प्रबंधन, जैविक खेती, डेयरी फार्म प्रबंधन, कटाई उपरान्त आपूर्ति श्रृंखला प्रबंधन, बागवानी उत्पादन नर्सरी प्रबंधन, ग्रामीण उद्यमशीलता आदि का उल्लेख किया जा सकता है।

22. हरित क्रांति–कृषोन्नति योजना

केंद्रीय मंत्रिमंडल की आर्थिक मामलों की समिति ने कृषि क्षेत्र में छतरी योजना के रूप में हरित क्रांति–कृषोन्नति योजना को 12 वीं पंचवर्षीय योजना से आगे यानी कि वर्ष 2019–20 तक जारी रखने की स्वीकृति प्रदान की है। इस छतरी योजना के अंतर्गत कृषि एवं संबद्ध क्षेत्र में जुड़ी 11 योजनाएं सम्मिलित हैं। इन सभी योजनाओं का उद्देश्य समग्र और वैज्ञानिक विधियों से कृषि उत्पादन और उत्पादकता को बढ़ाना और किसानों को उचित मूल्य दिलवाने में सहायता करना है। केंद्र सरकार द्वारा इन योजनाओं में निम्न योजनाएं सम्मिलित हैंः–

- बागवानी के एकीकृत विकास के लिए मिशनः इसका उद्देश्य बागवानी उत्पादन बढ़ाकर, आहार सुरक्षा में सुधार करके तथा कृषि परिवारों को आय समर्थन देकर बागवानी क्षेत्र के समग्र विकास को प्रोत्साहित करना है।
- तिलहन और तेल पाम पर राष्ट्रीय मिशनः इसका उद्देश्य देश के चिन्हित जिलों में उचित विधाओं से क्षेत्र विस्तार और उत्पादकता बढ़ाकर चावल, गेहूँ, दालें, मोटे अनाज तथा वाणिज्यिक फसलों का उत्पादन बढ़ाना है।

यह कार्य व्यक्तिगत कृषि स्तर पर मृदा उर्वरता तथा उत्पादकता बहाल करके और कृषि स्तरीय अर्थव्यवस्था बढ़ाकर किया जाएगा। इसका एक और उद्देश्य खाद्य तेलों की उपलब्धता को सुदृढ़ बनाना और खाद्य तेलों के आयात को घटाना है।

- बीज तथा पौध रोपण सामग्री पर मिशनः इसका उद्देश्य प्रमाणित/गुणवत्ता संम्पन्न बीज का उत्पादन बढ़ाना, एसआरआर में वृद्धि करना, कृषि से बचे बीजों की गुणवत्ता को उन्नत करना, बीज प्रजनन श्रृंखला को मजबूत बनाना, बीज उत्पादन में नई प्रौद्योगिकी और विधियों को प्रोत्साहित करना, प्रसंस्करण परीक्षण आदि को बढ़ावा देना है।
- कृषि मशीनीकरण पर उपमिशनः इसका उद्देश्य छोटे और सीमांत किसानों तक कृषि मशीनीकरण पहुँच में वृद्धि करना, उन क्षेत्रों में कृषि मशीनीकरण बढ़ाना जहाँ कृषि बिजली की उपलब्धता कम है, भूमि के छोटे पट्टे और व्यक्तिगत स्वामित्व की उच्च लागत के कारण होने वाले आर्थिक नुकसानों की भरपाई के लिये 'कस्टम हायरिंग सेंटरों' को प्रोत्साहित करना, उच्च तकनीकी एवं उच्च मूल्य के कृषि उपकरणों का केंद्र बनाना, प्रदर्शन और क्षमता सृजन गतिविधियों के माध्यम से हितधारकों में जागरुकता कायम करना, देश भर में स्थापित निर्दिष्ट परीक्षण केंदों पर प्रमाणीकरण तथा प्रदर्शन, परीक्षण सुनिश्चित करना है।
- **सतत कृषि के लिये राष्ट्रीय मिशनः** इसका उद्देश्य विशेष कृषि पारिस्थितिकी में एकीकृत कृषि, उचित मृदा स्वास्थ्य प्रबंधन और संसाधन संरक्षण प्रौद्योगिकी के मेल–जोल से सतत कृषि को प्रोत्साहित करना है।
- **एसएमएईः** इसका उद्देश्य राज्य सरकारों, स्थानीय निकायों आदि द्वारा संचालित व्यवस्था को मजबूत बनाना, खाद्य और आहार सुरक्षा प्राप्त करना तथा किसानों का सामाजिक–आर्थिक सशक्तिकरण करना है ताकि कार्यक्रम नियोजन और क्रियान्वयन व्यवस्था संस्थागत बनाई जा सके। इसके साथ–साथ विभिन्न हितधारकों के बीच उपयोगी सम्पर्क किया जा सके, मानव संसाधन विकास को समर्थन दिया जा सके तथा इलेक्ट्रॉनिक एवं प्रिंट मीडिया, अंतर व्यक्तिगत संचार और आईसीटी उपायों को नवाचारी बनाया जा सके।
- **पौध संरक्षण एवं पादप अलगाव पर उप–मिशनः** इसका उद्देश्य कीड़े–मकोड़ों, बीमारियों, अनचाहे पौधों, छोटे कीटाणुओं और अन्य कीटाणुओं

आदि से कृषि फसलों तथा उनकी गुणवत्ता को होने वाले नुकसान को कम करना है। इसके साथ ही, इनके अंतर्गत बाहरी प्रजाति के कीड़े–मकोड़ों के हमलों से कृषि जैव सुरक्षा करने और विश्व बाजार में भारतीय कृषि सामग्रियों के निर्यात में सहायता करने और संरक्षण रणनीतियों के साथ श्रेष्ठ कृषि व्यवहारों को प्रोत्साहित करने पर सबसे अधिक बल दिया गया है।

- **कृषि विपणन पर एकीकृत योजनाः** इसका उद्देश्य कृषि विपणन संरचना विकसित करना, कृषि विपणन संरचना में नवाचार तथा नवीनतम प्रौद्योगिकी तथा स्पर्धी विकल्पों को प्रोत्साहित करना है। कृषि उत्पादों के श्रेणीकरण, मानकीकरण और गुणवत्ता प्रमाणीकरण के लिए संरचना सुविधा उपलब्ध कराना, राष्ट्रव्यापी विपणन सूचना नेटवर्क स्थापित करना तथा कृषि सामग्रियों के अखिल भारतीय व्यापार के लिए साझा ऑनलाइन बाजार प्लेटफॉम के द्वारा बाजारों को एकीकृत करना है।

- **राष्ट्रीय ई–गवर्नेसः** इसका उद्देश्य विभिन्न कार्यक्रमों के अंतर्गत किसान और किसान केंद्रित सेवाओं को लाना है। इसके अतिरिक्त विस्तार सेवाओं की पहुँच एवं प्रभाव को बढ़ाना, पूरे फसल चक्र में सूचनाओं और सेवाओं तक किसानों की सेवाओं में सुधार करना, केंद्र/राज्य की वर्तमान आईसीटी पहलों को बढ़ावा, एकीकृत करना, किसानों की उत्पादकता बढ़ाने के लिए किसानों को समय पर प्रसंगिक सूचना उपलब्ध कराकर कार्यक्रमों की क्षमता तथा प्रभाव में वृद्धि करना है।

- **कृषि सहयोग पर एकीकृत योजनाः** इसका उद्देश्य सहकारी समितियों की आर्थिक स्थिति सुधारने के लिए वित्तिय सहायता उपलब्ध कराना, क्षेत्रीय असंतुलन को दूर करना, कृषि विपणन, प्रसंस्करण, भंडारण, कम्प्यूटरीकरण और कमजोर वर्गों के लिए कार्यक्रमों में सहकारी विकास में तेजी लाना है। साथ ही, इसके अंतर्गत कपास उत्पादकों को उनके उत्पादों के लिए लाभकारी मूल्य दिलवाना तथा विकेंद्रीकृत बुनकरों को उचित दरों पर गुणवत्ता सम्पन्न रूई की आपूर्ति सुनिश्चित करने पर बल दिया गया है।

- **कृषि गणना, अर्थव्यवस्थाएं तथा सांख्यिकी पर एकीकृत योजनाः** इसका उद्देश्य कृषि गणना करना, प्रमुख फसलों की उपज/लागत का अध्ययन करना, देश की कृषि आर्थिक समस्याओं पर अनुसंधान अध्ययन

करना, कृषि सांख्यिकी की विभिन्न विधियों में सुधार करना और फसल रोपण से लेकर फसल के काटे जाने तक की स्थिति के बारे में आनुक्रमिक सूचना प्रणाली बनाना है।

23. स्मार्ट ग्रामीण जीवन के लिए गोबर धन योजना

ग्रामीणों के जीवन को बेहतर बनाने के लिए वर्ष 2018–19 के बजट में गोबर–धन यानी गैलवनाइजिंग ऑगेनिक बायो–एग्रो रिसोर्स धन योजना की घोषणा की गई है। इस योजना में खेती और पशु–पालन से जुड़े एक बड़े जन समूह की भागीदारी, उनका आर्थिक लाभ और समग्र विकास की एक महत्वपूर्ण अवधारणा इस योजना में परिलक्षित होती है। इस योजना के अंतर्गत पशुओं के गोबर और खेतों के ठोस अपशिष्ट पदार्थों को कम्पोस्ट, बायोगैस और बायो–सीएनजी में परिवर्तित किया जाएगा। इस योजना के अंतर्गत पहले चरण में चयनित 115 जिलों के गांवों में ठोस और जानवरों के मलमूत्र का उपयोग खाद बनाने के लिए संसाधन उपलब्ध कराए जाएंगे। इससे ऊर्जा उत्पादन के उद्देश्यों का बढ़त मिलेगी और बायोगैस के निर्माण में एक क्रांति का आगाज होगा। इस योजना से देश में बड़ी मात्रा में नुकसान हो रहे गोबर एवं मानव व पशु का उपयोग हो सकेगा।

संदर्भ ग्रंथ

1. समार्ट कृषि के लिए उन्नत कार्य प्रणालियां द्वारा डॉ. वाई.एस. शिवे और टीकम सिंह, कुरुक्षेत्र, सितम्बर, 2020
2. स्मार्ट खेती, द्वारा निमिश कुमार, विज्ञान प्रगति, जून, 2020
3. भारत में स्मार्ट कृषिः चुनौतिया एवं संभावनाएं द्वारा गिरिजेश सिंह मेहरा व प्रतिभा जोशी, कुरुक्षेत्र, जनवरी, 2022
4. टिकाऊ खेती में नैनो उर्वरक की भूमिका द्वारा कपिला शेखावत एवं अन्य, खेती, नवम्बर, 2021
5. रोबोटिक्स एवं आर्टिफीशियल इंटेलीजेंस से बदली कृषि द्वारा अभिजीत खडत्कर एवं अन्य द्वारा खेती, अप्रैल, 2022
6. नीम लेपित यूरिया का फसलों की उत्पादकता एवं मृदा स्वास्थ्य पर प्रभाव द्वारा मंगल सिंह एवं अन्य, गेहूँ एवं जौ स्वर्णिमा, 2020
7. किसानों के लिए मद्‌दगार ड्रोन तकनीक द्वारा अनिता मीणा एवं अन्य, गेहूँ एवं जौ स्वर्णिमा, 2016, आठवां अंक
8. मोबाइल एग्रीकल्चरः किसानों तक पहुंचाने का सशक्त माध्यम द्वारा अंकिता झा एवं अन्य गेहूँ एवं जौ स्वर्णिमा, 2016
9. कृषि में नैनो क्रान्ति–इफको की सौगात द्वारा चेतन कुमार दौतानिया एवं अन्य
10. नैनों खाद का खेती के लिए उपयोग द्वारा अजित सिंह एवं अन्य गेहूँ एवं जौ स्वर्णिमा, 2020
11. नैनो उर्वरकः सतत् एवं टिकाऊ कृषि में एक नई पहल द्वारा नितेश कुमार एवं अन्य द्वारा गेहूँ एवं जौ स्वर्णिमा, 2020
12. स्मार्ट कृषि के लिए नैनो उर्वरक द्वारा डॉ. के. एन. तिवारी, कुरूक्षेत्र, जनवरी, 2022
13. कृषि में ड्रोनः एक अद्‌भूत वैज्ञानिक खोज द्वारा सूरज गोस्वामी एवं अन्य गेहूँ एवं जौ स्वर्णिमा, 2019

14. क्लामेट स्मार्ट एग्रीकल्चर है उत्तम कृषि विकल्प द्वारा मनीषा टम्टा एवं अन्य, खेती, जून, 2020

15. आधुनिक कृषि में ड्रोन का बढ़ता उपयोग द्वारा अनुज भटनागर एवं अन्य, खेती, 2020

16. Smart Fertilizers—A boon for Indian agriculture Praveen K Jaga* and V K Garg, Indian Farming, 19–22; January 2022

17. ta sensing and computation technologies Data sensing and computation technologies for amimal welfare A P Ruhil1, T K Mohanty 2 and S S Lathwal3, Indian Farming 69(03): 54–59; March 2019

18. Agronomic Approaches for Biofortification of Staple Food Crops 19 Somanath Nayak, Sunil Mandi, Kirttiranjan Baral, Radha Prasanna, and Yashbir Singh Shivay, Biofortification of Staple Crops

19. Protected Cultivation, M. Hasan and Y.S. Shivay

20. Neem Coated Urea, Dr. Dinesh Kumar, Employment News, 2015.